工程机械

理论与设计

主　编 ● 管会生

副主编 ● 周春华　郭立昌

主　审 ● 郭京波

西南交通大学出版社

·成　都·

图书在版编目（CIP）数据

工程机械理论与设计 / 管会生主编. 一成都：西
南交通大学出版社，2020.7
ISBN 978-7-5643-7261-3

Ⅰ. ①工… Ⅱ. ①管… Ⅲ. ①工程机械 – 教材 Ⅳ.
①TU6

中国版本图书馆 CIP 数据核字（2019）第 272337 号

Gongcheng Jixie Lilun yu Sheji
工程机械理论与设计

管会生　主编

责任编辑　　王　旻
特邀编辑　　王玉珂　赵鲜花
封面设计　　何东琳设计工作室

出版发行　　西南交通大学出版社
　　　　　　（四川省成都市金牛区二环路北一段 111 号
　　　　　　西南交通大学创新大厦 21 楼）
邮政编码　　610031
发行部电话　028-87600564　　028-87600533
网址　　　　http://www.xnjdcbs.com
印刷　　　　成都勤德印务有限公司

成品尺寸　　185 mm×260 mm
印张　　　　21.5
字数　　　　537 千
版次　　　　2020 年 7 月第 1 版
印次　　　　2020 年 7 月第 1 次
定价　　　　58.00 元
书号　　　　ISBN 978-7-5643-7261-3

随着国家经济建设的发展，在许多世纪工程诸如港珠澳大桥、青藏铁路等建设中大型工程机械扮演着越来越重要，甚至是不可或缺的角色，这是因为工程机械已是集机、电、液、远程控制，以及智能化于一体的现代化机电装备。跨海、深井、高原长大隧道都需要具有特殊功能的大型工程机械装备，现代工程机械开发也越显得十分重要。

工程机械经典设计理论和设计方法是开发各种工程机械的基础，设计人员应当系统地学习和掌握，并通过与现代设计理论、思想、方法和手段相结合，从中不断吸收新的知识，积累设计经验，从而提高设计能力和水平。

工程机械基础理论，包括土的一般理论、岩石理论、工程机械行驶理论、工程机械牵引性能、稳定性计算等。通过基础理论介绍使读者了解工程机械作业对象的物理机械特性，工作装置的切削、破碎机理，行走机构的行驶理论，牵引力与各阻力的关系，工程机械牵引参数和牵引特性以及动力性能等内容。通过设计方法介绍使读者了解工程机械产品的设计思想、设计原则要求，设计方法和手段，并清楚设计过程和步骤。在本书后面着重针对各种典型工程机械介绍其构造原理、相关设计计算和工程应用。如今工程机械设计已不再是单一的机械设计，而是综合运用了多方面的基础理论、技术、专业知识和诸多当代技术成果而进行的交叉学科的现代化设计。

西南交通大学是国内最早从事工程机械教学和研究的高等院校，尤其是在面向铁路建设与维护方面的工程机械研究上具有特色。本书编写的宗旨是使读者了解不同工程机械的设计原理和方法，具备初步工程机械产品设计能力。本书可作为高校学生教材，也可供从事工程机械产品设计和运用的技术人员阅读参考。

参与本书编写工作的还有赵康、陈明、蔡鸿、黄鸿颖等同学，感谢他们在本书编写过程中所做的大量基础工作，感谢出版社编辑部老师的指导和为本书出版所付出的辛勤劳动。

由于时间仓促、水平有限，书中难免有不足之处，恳请专家和读者批评指正。

编　者

2020 年 5 月

目 录
CONTENTS

第三篇　土石方工程机械

第四篇　铁路线路机械

第五篇　桥梁施工机械

第六篇　隧道工程机械

绪　论

一、工程机械的作用

工程机械是各使用部门施工和作业所用机械的总称，在中国工程机械工业协会发布的标准中被定义为：凡土石方工程，流动起重装卸工程，人货升降输送工程，市政、环卫及各种建设工程、综合机械化施工以及同上述工程相关的生产过程机械化所应用的机械设备，称为工程机械。

工程机械作为高效的作业机械出现在建设工程施工的各个环节。其作用有：

（1）减轻体力劳动，提高劳动生产率。

（2）加快工程建设进度，缩短工期。

（3）提高工程质量。

（4）降低工程造价，提高经济效益和社会效益。

（5）提高机械化作业水平，完成靠人力难以承担的高强度工程施工。

工程机械应用领域涉及交通运输业建设（铁路、公路、港口、机场、管道输送等），能源业建设和生产（煤炭、石油、火电、水电、核电等）、原材料工业建设和生产（有色矿山、黑色矿山、建材矿山、化工原料矿山等）、农林水利建设（农田土壤改良、农村筑路、农田水利、农村建设和改造、林区筑路和维护、储木场建设、育材、采伐、树根和树枝收集、江河堤坝建设和维护、湖河管理、河道清淤、防洪堵漏等）、工业民用建筑（各种工业建筑、民用建筑、城市建设和改造、环境保护工程等）以及国防工程建设等。

二、工程机械分类

我国工程机械行业产品范围主要是从通用设备制造业和专用设备制造业大类中分列出来的，"七五"发展规划中制定为18大类，2011年中国工程机械工业协会因行业发展和管理的需要制定标准对工程机械重新进行了定义和分类，从18大类扩展为20大类：① 挖掘机械；② 铲土运输机械；③ 起重机械；④ 工业车辆；⑤ 压实机械；⑥ 路面施工与养护机械；⑦ 混凝土机械；⑧ 掘进机械；⑨ 桩工机械；⑩ 市政工程与环卫机械；⑪ 混凝土制品机械；⑫ 高空作业机械；⑬ 装修机械；⑭ 钢筋及预应力机械；⑮ 凿岩机械；⑯ 气动工具；⑰ 军用工程机械；⑱ 电梯与扶梯；⑲ 工程机械配套件；⑳ 其他专用工程机械。

（1）挖掘机械。挖掘机械分间歇式挖掘机、连续式挖掘机。它包括轮式、履带式单斗液压挖掘机、斗轮挖掘机、挖掘装载机、滚切、铣切式挖掘机等。

（2）铲土运输机械。铲土运输机械包括装载机、铲运机、推土机、平地机、叉装机、除荆机及非公路自卸车等。

（3）起重机械。起重机械分流动式起重机、建筑起重机。它包括轮式、履带式起重机、清障车；塔式起重机、桥式起重机、门式起重机、桅杆起重机、汽车起重机、缆索起重机、施工升降机、卷扬机及高空作业机械等。

（4）工业车辆。工业车辆分机动工业车辆（内燃、蓄电池、双动力）和非机动工业车辆。包括工程运输车辆（载重汽车、自卸汽车、牵引车、挂车、推顶车等）、装卸机械（叉车、堆垛机、翻车机、装车机、卸车机等）3类。

（5）压实机械。压实机械包括静作用压路机、振动压路机、震荡压路机、冲击压路机及振动夯实机械等。

（6）路面施工与养护机械。路面施工与养护机械包括沥青路面施工机械、水泥路面施工机械、路面基层施工机械、路面附属设施施工机械、路面养护机械等。常用路面机械有摊铺机、拌和设备、洒布机(车)、路面铣刨机、路面划线、清扫、除雪等机械。

（7）混凝土机械。混凝土机械包括混凝土搅拌机、搅拌楼、混凝土搅拌运输车、混凝土泵、混凝土泵车、混凝土制品机械、振动器、混凝土喷射机械手及混凝土浇筑机等。

（8）掘进机械。掘进机械分全断面隧道掘进机、非开挖设备、巷道掘进机等，如盾构机、TBM、顶管机、水平定向钻、悬臂式掘进机。

（9）桩工机械。桩工机械包括柴油打桩锤、液压桩锤、压桩机及旋挖钻孔机、地下连续墙成槽机、地基加固机械等。

（10）市政工程与环卫机械。市政工程与环卫机械分市政机械、环卫机械、垃圾处理设备及园林机械等。它包括扫路车、洒水车、自卸式垃圾车、垃圾破碎、焚烧填埋设备、管道吸污车及架线、铺管机、剪草机等。

（11）混凝土制品机械。混凝土制品机械包括混凝土砌块成型机、混凝土空心板成型机、混凝土构件成型机、混凝土构件整修机等。

（12）高空作业机械。高空作业机械包括伸缩臂式高空作业车、高树剪枝车、桥梁检修车、高空消防救援车、各种高空作业平台等。

（13）装修机械。装修机械包括砂浆制备及喷涂机械、涂料喷刷机械、地面修整机械、擦窗机及建筑装修机具等。

（14）钢筋及预应力机械。钢筋和预应力机械包括钢筋冷拔、切断、弯曲加工机械，预应力张拉机械及钢筋焊接机等。

（15）凿岩机械。凿岩机械包括凿岩机、露天钻机、井下钻车钻机、破碎机、钻机（车）等。

（16）气动工具。气动工具分回转式和冲击式气动工具及气动马达。包括气钻、气动抛光机、气锯、气动扳手、钉枪、气动凿毛机、气动泵、马达等。

（17）军用工程机械。军用工程机械包括装扫雷、布雷机械、装甲工程车、多用途工程车、军事保障作业车、路桥机械及挖壕机等。

（18）电梯与扶梯。电梯与扶梯包括电梯、扶梯及自动人行道。

（19）工程机械配套件。工程机械配套件包括液压件、传动件（变速箱、驱动桥）、驾驶室等。

（20）其他专用工程机械。其他专用工程机械分铁路线路机械、电站及水利专用工程机械、矿山工程机械、桥梁、隧道工程机械等。

从铁路工程建设和养护维修看常用工程机械主要有：土石方工程机械（推土机、铲运机、平地机、装载机、挖掘机、压路机械、岩石破碎及骨料加工设备），铁路线路机械（道砟清筛机、道砟捣固车、道床动力稳定车、道床配砟整形车以及钢轨打磨车)，桥梁施工机械（架桥机、提梁机、运梁车），隧道工程机械（盾构机、TBM掘进机、隧道支护机械等）。

三、工程机械组成

工程机械由动力系、底盘、工作装置等组成。

（1）动力系：提供动力（内燃机、电动机）。

（2）底盘：

① 传动系：实现动力传递（机械传动、液力机械传动、液压传动和电传动）。

② 行走系：实现车辆移动与支承（轮式、履带、轨行式）。

③ 转向系：方向控制。

④ 制动系：减速与停车。

（3）工作装置：实现作业要求。

四、工程机械的国内外现状

1. 国外状况

目前，国外工程机械技术较先进的国家主要有美国、日本、德国、瑞典等，这些国家是工程机械的主要生产国，产品大多销往欧、亚、非洲广大地区的国家。

美国是世界上最早发展工程机械的国家之一。从最初的蒸汽机驱动工程机械，到如今智能化工程机械，美国一直引领着世界工程机械的发展潮流。很多工程机械，例如挖掘机、装载机、平地机、推土机等都由美国人首次研制成功。从美国工程机械主要企业的起源来看，大多萌芽于19世纪末，并与采矿业和农业有着密不可分的联系。美国主要工程机械生产商有：① 卡特匹勒（Caterpillar）公司。卡特彼勒公司总部位于美国伊利诺伊州，成立于1925年，当时主要生产拖拉机。1931年以后，逐步发展为以生产推土机、装载机、平地机、铲运机、压实机械和重型卡车为主的公司。现在，卡特彼勒公司已成为生产工程机械、运输车辆和发动机的跨国大公司，是世界上最大的土方工程机械和建筑机械生产厂家，也是全世界柴油机、天然气发动机和工业用燃气涡轮机的主要供应商，公司的产品质量、数量以及新技术开发等一直在世界上处于领先地位。主要产品：推土机、铲运机、装载机、挖掘机、平地机、摊铺机、搅拌机、压实机械等。② 约翰·迪尔（JohnD·eere）。约翰·迪尔公司，是世界领先的农业、林业产品和服务供应商。主要产品：推土机、装载机、铲运机、平地机等。③ 特雷克斯（Terex）公司。特雷克斯公司是一家全球性多元化的设备制造商，总部设在美国康涅狄格州的西港（Westport），生产高空作业平台、建筑机械、起重设备、物料处理与采矿设备、筑路及其他产品。主要产品：起重机、铲运机等。④ 凯斯（Case）公司。凯斯公司是一家农业及建筑设备制造商，总部位于威斯康星州瑞新郡（Racine）。主要产品：推土机、装载机、挖掘机等。

日本工程机械行业起步于20世纪50年代，目前为仅次美国的第二大工程机械生产国。日本工程机械行业经历了一个从无到有、从弱到强、从模仿到创新的复杂过程，这其中包括行业诞生之初对国外生产技术的模仿和代工生产，还包括伴随日本工程机械行业生产规模和市场的扩大，以及自主创新能力增强带来的销售市场国际化、技术输出和所能获得的垄断优势。日本主要工程机械生产商有：① 小松制作所（Komatsu）。小松制作所（即小松集团）成立于 1921 年，总部位于日本东京。小松制作所在美国、欧洲、亚洲、日本和中国设有 5 个地区总部，集团子公司 143 家，员工 3 万多人，2010 年集团销售额达到 217 亿美元。该公司在日本重化工业器材制造公司中排名第一，世界排名是第二名。产品涉及工程机械、产业机械、地下工程机械、电子工程和材料工程以及环境工程等领域，工程机械主要产品：挖掘机、推土机、铲运机、平地机等。② 三菱重工业公司。三菱重工为包括造船、重型机械、飞机制造、铁路车辆的重工业制造集团。主要产品：装载机、挖掘机、平地机、摊铺机、拌和机、铣削机。③ 川崎重工业公司。川崎重工是从船舶建造起步，并以重工业为主要业务，其业务涵盖航空、航天、造船、铁路、发动机、摩托车、机器人等领域。主要产品：航空宇宙、铁路车辆、建设重机、电自行车、船舶、机械设备等。④ 日立建机有限公司。日立建机是一家世界领先的建筑设备生产商，总部位于东京。凭借其丰富的经验和先进的技术开发并生产了众多一流的建筑机械，成为世界上最大的挖掘机跨国制造商之一。日本最大的 800 吨级超大型液压挖掘机（即 EX8000）就来自于日立建机。主要产品：建筑机械、运输机械及其他机械设备。

德国是世界第三大工程机械制造国，工程机械产品种类繁多，市场细分程度高，拥有各种规格的挖掘机、装载机、起重机、升降机、搅拌机、压路机以及工程技术和系统方案等，满足各种自然和地理条件的建筑和道路工程要求。此外，还包括用于沙、石、水泥等各种建材加工的机械设备，可以说涵盖了建筑工程的方方面面。德国企业在产品设计和生产过程中注重与用户沟通，精于细节，保证了产品的针对性和售后满意度。德国主要工程机械生产商有：① 利勃海尔集团（Liebherr）。利勃海尔集团由汉斯利勃海尔在 1949 年建立，是德国著名的工程机械制造商，其产品包括起重机、大型载重车、挖掘设备、飞机零部件、家用电器等。主要工程机械产品：挖掘机、推土机、装载机、起重机等。② O&K（奥轮斯坦·科佩尔）。O&K 矿业公司最早可以追溯到 1876 年，刚开始时公司致力于使用窄轨铁路来有效搬运泥石。1949 年公司的业务转向建设机械和露天采矿设备，尤其是挖掘机，在液压挖掘机方面 O&K 始终处于世界领先水平。1998 年，O&K 并入美国 TEREX 集团，其主打产品还是集中在矿业机械上。主要产品：挖掘机、装载机、平地机等。③ 德马格（Demag）。德马格起重机械有限公司，被誉为"起重机械专家"。2002 年，德马格起重机械被西门子（19%）和 KKR 财团（81%）的合资公司收购。主要产品：H 系列挖掘机、起重机、摊铺机等。④ 克虏伯（Krupp）。克虏伯（Krupp）是 19 到 20 世纪德国工业界的一个显赫的家族，其家族企业克虏伯公司是德国最大的以钢铁业为主的重工业公司。主要工程机械产品：起重机、挖掘机、凿岩机械等。

2. 国内状况

我国工程机械的起步相对于其他发达国家而言较晚。自 20 世纪 50 年代开始，我国工程机械行业经过 70 余年的发展，目前已能设计制造各种工程机械产品达 20 类，基本能为各类建设工程提供成套工程机械设备。1979 年改革开放以来，随着国民经济稳定高速发展，国家对交通运输、能源水利、原材料和建筑业等基础设施建设的投资力度不断加大，从而带动工程机械的快速发展。工程机械行业高速发展主要从"七五"计划开始，全国有 18 个省市都曾把工程机械产品作为本地区的支柱行业来发展，投资力度不断加大。20 世纪 80 年代以来，全国组建了 17 个工程机械集团公司。从"七五"到"九五"期间，行业累计完成投资 100 多亿元。进入 21 世纪以来，工程机械保持了高速增长态势，工程机械行业创新理念得到了全面发挥，在企业体制、机制、管理改革、自主知识产权、营销理念和营销网络方面都取得了明显成效。科技投入的不断增长提高了企业核心竞争能力，在这个过程中涌现了一大批优秀的工程机械企业，下面介绍其中几个：

（1）徐州工程机械集团有限公司（简称徐工），创建于 1989 年，被称为中国工程机械行业的排头兵，是集国内大型工程机械开发、制造、出口为一体的企业，亦是中国工程机械行业规模最大、产品品种与系列最齐全、最具竞争力和影响力的大型 企业集团。徐工注重技术创新，建立了以国家级技术中心和江苏徐州工程机械研究院为核心的研发体系，徐工技术中心在国家企业技术中心评价中持续名列行业首位。主要产品：系列塔式起重机、升降机、施工升降机、汽车吊、装载机等。

（2）三一重工股份有限公司（简称三一重工），创建于 1989 年，是中国工程机械行业标志性品牌，全球享有盛誉的工程机械制造商。其产品中的混凝土机械、挖掘机械、桩工机械、履带起重机械、港口机械为中国第一品牌。其制造的混凝土泵车全面取代进口，连续多年产销量居全球第一；其旗下挖掘机械一举打破外资品牌长期垄断的格局，实现中国市场占有率第一位。2012 年，三一重工成功并购了混凝土机械全球第一品牌德国普茨迈斯特，改变了行业的竞争格局。其主要产品：混凝土机械、挖掘机械、起重机械、桩工机械、筑路机械等。

（3）中联重科股份有限公司（简称中联重科），创建于 1992 年，主要从事建筑工程、能源工程、环境工程、交通工程等基础设施建设所需重大高新技术装备的研发制造。中联重科成立二十多年来，年均复合增长率超过 65%，为全球增长最为迅速的工程机械企业。公司生产具有完全自主知识产权的 13 大类别、86 个产品系列，近 800 多个品种的主导产品，是全球产品链最齐备的工程机械企业，公司的两大业务板块混凝土机械和起重机械均位居全球前两位。主要产品：混凝土机械、塔式起重机、环卫机械、挖掘机等。

（4）柳工集团（简称柳工），前身为从上海华东钢铁建筑厂部分搬迁到广西柳州市而创建的柳州工程机械厂，始创于 1958 年，以装载机/挖掘机系列著称。1993 年，柳工集团以工程机械板块设立柳工工程机械股份有限公司，并在深圳证券交易所上市，是国内挖掘机行业最具代表性的上市公司。主要产品：轮式装载机、挖掘机、压路机等。我国是国际工程机械制造业的四大基地之一（其他三个基地为美国、日本、欧盟），工程机械在国内已经发展成了机械工业的 10 大行业之一，在世界上也进入了工程机械生产大国行列，但是离生产强国还有很长的一段路需要走，工程机械的使用寿命和性能等方面还有很大的提升空间。从一定程度上来说，我国的工程机械还存在产品档次低、技术核心不达标、相关技术缺乏、产品创新能力不强、节能环保不达标等问题，造成了在国际市场中所占的份额不高的情况。

（5）中国铁建重工集团有限公司（简称中国铁建重工），成立于 2007 年，隶属于世界 500 强企业中国铁建股份有限公司，是集高端地下装备和轨道设备研究、设计、制造、服务于一体的专业化大型企业，铁建重工始终瞄准"世界一流、国内领先"的目标，坚持"科技创新时空，服务引领未来"的理念，通过"原始创新、集成创新、协同创新、持续创新"的自主创新模式，加强"产、学、研、用"的结合，掌握了多项具有世界领先水平和自主知识产权的核心技术，打造了掘进机、特种装备、轨道设备三大战略性新兴产业板块，成为全球领先的隧道施工智能装备整体解决方案提供商。先后被评为"国家重大技术装备首台（套）示范单位""中国最佳自主创新企业""国家 863 计划成果产业化基地""中国机械工业百强企业""中国工程机械制造商 10 强企业""中国轨道交通创新力 TOP50 企业"和"制造业向服务型制造业成功转型的典型企业"等。主要产品：盾构、TBM 掘进机，隧道凿岩台车，混凝土喷射机械手，混凝土机械，煤矿机械，等。

五、工程机械技术的发展趋势

就整体而言国产工程机械产品在质量、寿命和可靠性等方面，与国外产品相比确实存在着一定的差距。随着国内企业管理水平、生产制造工艺水平的不断提高，以及关键零部件的全球采购，产品设计集成技术的进步，国内工程机械取得了快速发展。

工程机械技术的发展趋势：

（1）电子控制技术应用不断扩大。

（2）计算机管理及故障诊断、远程监控系统及整机智能化。

（3）提高生产率。

（4）提高耐用性和延长元件寿命。

（5）提高维修保养性能。

（6）提高操作舒适性和效率。

（7）更加重视环境保护。

目前，工程机械的研究与发展主要致力于大型化，提高机械的生产率，广泛采用新技术、新方法、新工艺来提高机器的性能，并向节能、环保方向发展。目前，电子技术、液压技术、计算机技术、激光技术在工程机械上有了广泛的应用。以微电子、互联网技术为重要标志的信息时代，不断研制出集液压、微电子、电子监控及信息技术于一体的智能系统，并应用于工程机械中，进一步提高产品的性能及高科技含量，促进工程机械向智能化发展。

六、本课程的性质与任务

本课程是机械设计制造及自动化专业、工程机械专业方向的主干核心课。课程的任务是综合运用先修课程中学生所学到的有关知识与技能，结合各种实践教学环节，培养学生树立正确的设计思想，具有工程机械产品设计和创新能力；内容包括工程机械设计一般理论、设计程序和总体设计方法和典型工程机械结构等专业知识，要求学生掌握专业技术实验技能和工程机械产品设计技能。通过该课程学习使学生具备一定的解决工程机械专业领域复杂工程技术问题和管理工作的能力，为将来从事机械设计和管理工作打下基础。

第一篇

岩土基本理论

第一章 土的一般理论

由工程机械的分类可知，土方机械、石方机械、压实机械以及钻孔机械其作业（切削、破碎、压实、钻凿和挖掘）的对象都是岩土材料。部分具有行走机构的工程机械，其走行装置也受地面条件的影响。因此，设计和研究工程机械必须弄清楚岩土的物理机械性质以及岩土与机械的作用关系。一般地，工程机械设计时通常要考虑以下几方面情况：

1. 作业对象对工作装置的影响

岩土的特性影响工作装置的切削阻力和装斗效率。合理的工作装置形式、结构及尺寸参数可以降低切削阻力，提高工作装置和刀具寿命，进而获得良好的作业效率。

2. 地面对行走机构的影响

工程机械作业时其行走机构应具备良好的通过性能和牵引性能。地面应能支持住机器，避免机器在作业时下陷，并有良好的通过性能。车辆行走机构在相应地面上应能充分发挥出牵引力。

可见，岩土既是工程机械的切削对象又是其行走机构的支承基础。岩土的物理机械性质直接影响工程机械的作业阻力、运行阻力、牵引性能及运行通过性。为了正确地设计和运用工程机械，仅仅具备机械设计的知识是不够的，还应具备一定的岩土知识。

本章主要介绍了土的分类、土的物理机械性质、土的切削理论、土的压实理论。

第一节 土的分类

一、按土的一般特性分类

土是岩石经风化、搬运、沉积所形成的产物，通常由固体矿物、液体水和气体3部分组成。不同的土其矿物成分和颗粒大小存在着很大的差异，颗粒、水和气体的相对比例也各不相同。

有些土在有一定含水量时带有一定的黏性，土的黏性直接影响工程机械的行驶阻力和工作装置的切削阻力以及铲斗的装斗效率，因此有必要了解无黏性土和黏性土的分类和特性。

1．无黏性土

无黏性土又称为摩擦性土，其颗粒之间无黏聚力或黏性，如砂土、干砂。

2．黏性土

黏性土的颗粒之间有黏聚力或黏性存在，如黏土。

试验证明，无论是黏性土还是无黏性土，受到外力作用后，都表现为在剪应力作用下而破坏，其力学行为符合土力学中的库伦摩擦定律，即

a. 无黏性土：在发生破坏时，其剪切面上的极限剪应力与法向应力成正比，即

$$\tau'_m = \mu_2\sigma = \sigma\tan\varphi \quad （\text{MPa}） \qquad (1.1)$$

b. 黏性土剪切面上的极限剪应力不仅与法向应力有关，而且与其黏聚力 C 有关（见图1.1）。

$$\tau''_m = C + \mu_2\sigma = C + \sigma\tan\varphi \quad （\text{MPa}） \qquad (1.2)$$

式中　μ_2——土的内摩擦系数；

　　　φ——土的内摩擦角，$\mu_2 = \tan\varphi$。

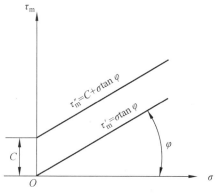

图 1.1　库伦摩擦定律

二、按土的粒度分类

土通常由土颗粒、水和空气三相物质构成。若土粒间的空隙全部被水充满，形成饱和土，即为两相土；若土粒间的空隙无水，形成干土，也是两相土。土各相的相对含量决定了土的状态与性质。

土颗粒的大小称为粒度。把大小相近的颗粒合并为一组，称为粒组。颗粒直径表示颗粒的大小，称为粒径，土按其颗粒大小分为：

漂石——粒径大于 200 mm　　　　　卵石及碎石——粒径 20～200 mm

砾石——粒径 4～20 mm　　　　　　砂粒——粒径 2～4 mm

砂——粒径 0.25～2 mm　　　　　　细砂——粒径 0.05～0.25 mm

泥砂——粒径 0.005～0.05 mm　　　黏土——粒径 0.005 mm 以下

土颗粒分类如图 1.2 所示。

砾石

砂

黏土

图 1.2　土颗粒分类

实际上土是各种不同大小的颗粒混合在一起的，其物理机械性质与各种颗粒所占比例、含水量、密实程度以及气候等自然条件有关，而土中各粒度成分是决定土的性质的主要因素，常以此进行分类，即按土中所含某一粒径的颗粒质量占据土的全质量的百分比来分类，如表1.1所示。

表 1.1　土按粒度成分分类

土的种类	按质量计算的颗粒（其尺寸以 mm 计）含量/%		
	砂粒 （2.00 ~ 0.05）	粉粒 （0.050 ~ 0.005）	黏土粒 （小于 0.005）
砂土	—	< 15	< 3
粉质砂土	—	15 ~ 50	< 3
亚砂土	颗粒尺寸为 2.00 ~ 0.25 者 > 50	较砂土少	3 ~ 12
细亚砂土	尺寸为 2.00 ~ 0.25 的颗粒 < 50	较砂土少	3 ~ 12
粉质土		较砂土多	< 12
亚黏土	比粉质土多	—	12 ~ 18
重质亚黏土	比粉质土多	—	18 ~ 25
粉质亚黏土		较砂土多	12 ~ 25
黏土	任意	任意	> 25

三、土的粒度等级及级配

粒度等级对于承载能力和压实来说是一个重要的因素，它可从颗粒尺寸分布曲线中获得：

$$C_u = \frac{d_{60}}{d_{10}} \qquad (1.3)$$

d_{60} 和 d_{10} 是对应于在颗粒尺寸分布曲线上 60% 和 10% 的粒径直径值。如果 C_u 值小于 5，那么土被认为是均匀级配的，如果 C_u 值大于 15，则认为土的级配是良好的，如果 C_u 值介于这两者之间，则认为土的级配是中等级的。

良好级配的材料，其曲线覆盖了整个粒径尺寸范围。大微粒所留下的空间由小微粒填充，这样可以构成密实结构，形成良好的承载能力。粒径多数相同的微粒曲线表明材料是均匀级配的，此时，没有小的微粒去填充空隙。因此，均匀级配材料相较于良好级配材料更难获得高密实度和承载能力。

粒径大小分布对于土的力学特性以及压实设备的选择有着极为重要的意义。

粒径大小分布由筛分试验获得，必要时，也可以做沉淀试验。目测分析能够对粗颗粒土进行归类。

筛分试验：干燥土样本穿过一系列不同网孔的标准筛子，计算通过材料的质量占整个样本质量的百分比。根据这些数据便可以在图上绘制一条表示材料颗粒大小的尺寸分布曲线。

沉淀试验：如果黏土和粉土的含量超过一定标准，如 15%，就应该进行沉淀试验，在沉淀试验中，土样本、水和化学试剂一起经过精心混合之后，用密度计测量溶液的浓度。随后，微粒尺寸分布就可以计算和绘制出来。

土颗粒尺寸分布曲线如图 1.3 所示，土的筛分试验如图 1.4 所示。

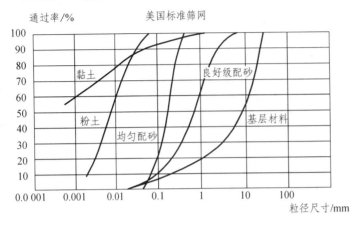

图 1.3　土颗粒尺寸分布曲线　　　　图 1.4　土的筛分试验

四、土的等级

在研究机器与土相互作用时，为表示土的可切削性、土的密实度、松散性，可按土的冲击指数和切削比阻力分为 4 个等级，其分级级别的定义如表 1.2 所示。

表 1.2　土等级定义

土级别	土　质	切削比阻力 /(N/cm^2)	冲击次数/次
I	砂土、亚砂土、不含夹杂物的轻质亚黏土、粉质土	($\sigma=45°$) 5 以上	0~7
II	中等含水量不含夹杂物的亚黏土、中等和较高含水量的轻质黏土	5~10	8~15
III	低含水量的密实亚黏土、含砾石和卵石的重亚黏土、中等含水量的黏土	10~15	16~23
IV	密实的黏土、干燥的黄土、轻质的泥岩、未胶结的磷钙土和砾岩	15~25	24~30

第二节　土的物理机械性质

一、土的含水量与塑性

土的含水量是土中所含水的质量 m_2 与土颗粒的质量 m_1 之比，以百分数表示

$$W = \frac{m_2}{m_1} \times 100\%$$

（1.4）

在一定条件下，压实某含水量的土壤达到标准密度所消耗的能量为最小，则该含水量为土的最佳含水量 W_0。

土在外力作用下发生变形，当外力解除后，土保持其变形形状的能力称为土的塑性。黏性土是可塑性土，而砂和砾石等则为非塑性土。

含水量对土的塑性有显著影响，当含水量大于一定界限时，黏性土会呈现某种流动状态。这一含水量极限称为黏性土的流动界限（液限）或称为塑性上限 W_s。当含水量小于某一界限时，则黏性土会失去压延性而变成硬性的固体状态。这一极限含水量称为黏性土的压延界限（塑限）或称为塑性下限 W_x。含水量的流动界限和压延界限可以通过试验测定。

随着含水量的不同，黏性土将具有不同的物理状态，如图 1.5 所示。当含水量小于塑性下限 W_x 时为硬性土；当含水量大于塑性上限 W_s（即流动界限）时，则为流动性土；当含水量处于 $W_s \sim W_x$ 时，则属于塑性土。

图 1.5　黏性土的 3 种物理状态

$W_s - W_x = I_p$，称为塑性土的塑性指数。按照塑性指数 I_p，可将塑性土分为表 1.3 所示的类别。

表 1.3　塑性土的分类

塑性指数（I_p）	>17	7 ~ 17	1 ~ 7	<1
塑性分类	高塑性土	塑性土	低塑性土	非塑性土

二、土的密度与重度

土的自然密度 γ_0 是土在自然状态（具有自然含水量）下，土的质量 m_0 与体积 V_0 之比

$$\gamma_0 = \frac{m_0}{V_0} \qquad (\text{kg} / \text{m}^3) \tag{1.5}$$

土的干密度 γ_d 是土颗粒的质量 m_1 与土的总体积 V_0 之比

$$\gamma_d = \frac{m_1}{V_0} \qquad (\text{kg} / \text{m}^3) \tag{1.6}$$

土的自然重度 γ_{g0} 是土在自然状态（具有自然含水量）下，单位体积土所受的重力

$$\gamma_{g0} = \frac{m_0 g}{V_0} \qquad (\text{kN} / \text{m}^3) \tag{1.7}$$

土的自然重度与土的矿物成分、空隙率、含水量等因素有关，一般 γ_{g0} 在 15 ~ 20 kN/m³ 之间。

三、土的黏着性

土的黏着性是指土壤黏附在其他物体上的能力，当黏性土的含水量增加到一定程度后，土开始具有黏附在不同物体上的能力（这一含水量称作黏着界限 W_n）。在一定范围内增加含水量，土的黏着性增加，但含水量超过某一范围时，含水量越大，土的黏着性反而减小。

评价土黏着性的另一指标是比黏着力 P_{bn}。比黏着力是使单位面积的金属片与土脱离所需的力。对于黏土，P_{bh} 在 7 ~ 8 MPa 之间，对于亚黏土，P_{bn} 在 5 ~ 7 MPa 之间。

土的黏着性是大部分塑性土在适当含水量时所共有的特性。土的黏着性会使工作装置表面黏结土层，增加土方机械的铲掘阻力，减少工作装置的装土容量。

四、土的自然坡度角

土的自然坡度角 φ_0 是堆积松散土时自然形成的堆角。自然坡度角与土的内摩擦力和黏聚力有关。对于非黏性土，自然坡度角即等于土的内摩擦角 φ。各种土在不同状态时的自然坡度角如表 1.4 所示。

表 1.4　土的自然坡度角　　　　　　　　　　　　单位：(°)

土的状态	土的名称								
	碎石	砾石	砂石			黏土		轻亚黏土	种植土
			粗砂	中砂	细砂	肥土	贫土		
干	35	40	30	28	25	45	50	40	40
湿	45	40	32	35	30	35	40	30	35
饱和	25	35	27	25	20	15	30	20	25

五、土的松散系数

土的松散系数 K_s 是同一质量的土挖松后的体积 V_w 与其自然密实状态下的体积 V_0 之比。

$$K_s = V_w / V_0 \tag{1.9}$$

初始松散系数是指土刚刚被挖松后获得的松散系数；残余松散系数是指被挖松后的土经过自重、风、雨水作用下有一定变实后的松散系数。土的松散系数如表 1.5 所示。

表 1.5　土的松散系数 K_s

土的名称	初始松散系数	残余松散系数
砂、砂质土	1.08 ~ 1.17	1.01 ~ 1.02
种植土和泥炭	1.20 ~ 1.30	1.03 ~ 1.04
黄亚黏土、松散潮湿黄土	1.14 ~ 1.28	1.02 ~ 1.05
沃性黏土、重亚黏土、大卵石、自然湿度黄土	1.24 ~ 1.30	1.04 ~ 1.07
块状黏土、带有碎面的黏土	1.26 ~ 1.32	1.06 ~ 1.09
硬黄泥、软泥炭土	1.33 ~ 1.37	1.11 ~ 1.15
硬泥炭土、软的裂缝陡峭土	1.30 ~ 1.45	1.10 ~ 1.20
矿石等	1.40 ~ 1.50	1.20 ~ 1.30

六、土的黏聚力 C 和内摩擦角

黏性土在一定状态下能够承受不大的拉力，并能承受剪力的这种性质，叫土的黏聚性。由土的黏聚性形成的内聚力称为土的黏聚力，一般用 C 表示。它产生于土的固体颗粒间的分子吸引力和颗粒间的水胶连接。松散干燥的砂土不具黏聚性，黏聚性是黏性土有别于砂性土的重要特征。

土的内摩擦是由于土颗粒表面粗糙、相互嵌锁而引起的。土的内摩擦角是表征土的内摩擦性质的参数，一般用 φ 表示，内摩擦角的正切值称为内摩擦系数，一般用 μ 表示，各种土的内摩擦角列于表 1.6、表 1.7。

表 1.6　几种土的内摩擦角 φ、内摩擦系数 μ、重度 γ

土的名称	土的状态	$\varphi/(°)$	$\mu = \tan\varphi$	$\gamma/(kN/m^3)$
砂	干	$30 \sim 35$	$0.677 \sim 0.70$	$16.5 \sim 18.5$
	自然含水量	40	0.839	18
	饱和含水量	25	0.416	20
亚黏土	干	$40 \sim 46$	$0.339 \sim 1.003$	15
	湿	$20 \sim 25$	$0.364 \sim 0.466$	19
黏土	干	$40 \sim 50$	$0.839 \sim 1.192$	15.7
	湿	$20 \sim 25$	$0.364 \sim 0.466$	19.6
砂石	干	$35 \sim 40$	$0.700 \sim 0.839$	$17.6 \sim 18.2$
	湿	25	0.466	18.3
砾石	有棱角	45	0.99	17.6
	圆形	30	0.577	17.6

表 1.7　几种土的黏聚力、内摩擦角和重度

土的状态	土的名称								
	黏土			亚黏土			亚砂土		
	C/MPa	$\varphi/(°)$	$\gamma/(kN/m^3)$	C/MPa	$\varphi/(°)$	$\gamma/(kN/m^3)$	C/MPa	$\varphi/(°)$	$\gamma/(kN/m^3)$
硬性	0.10	22	21.5	0.06	25	21.5	0.02	28	20.5
半硬	0.06	20	21.0	0.04	23	21.0	0.015	26	20.0
低塑	0.04	18	20.5	0.025	21	21.0	0.01	24	19.5
塑性	0.02	14	19.5	0.015	17	19.0	0.005	20	19.0
高塑	0.01	8	19.0	0.01	13	18.5	0.002	18	18.5
流动	0.005	6	18.0	0.005	10	18.0	0.00	14	18.0

七、土对土与土对钢的摩擦系数

土对钢的摩擦系数 μ_1，土对土的摩擦系数 μ_2，可参照表 1.8 所示。初步计算时，土对钢的摩擦系数 μ_1 也可以按下式估算：

$$\mu_1 = (0.75 \sim 1)\tan\varphi \qquad\qquad (1.8)$$

式中 φ ——土的内摩擦角。

表 1.8 土对钢和土对土的摩擦系数 μ_1、μ_2

土的名称	μ_1	μ_2
砂土和亚砂土	0.35	0.8
中质亚黏土	0.50	1.0
重质亚黏土	0.80	1.2

八、土的变形系数

车轮对土作用，会使地面产生变形。地面的抗压性能可通过采用圆形压板进行的土的抗压强度试验得到。当土变形较小时，圆形压板上的法向接触应力 σ 与土的总变形量 x 之间存在的某种函数关系。

$$\sigma = C_1 x^n \qquad\qquad (1.10)$$

土的变形系数 C_1 表示土的抗压能力，反映了土的机械强度。

九、土的密实度

土的密实度是表示土质密实程度的一项机械特性。

土的密实程度可以用土的密度和孔隙比等物理特性来表示。由于取土样测定密度、孔隙比时，难以保持土样为原始状态，所以在施工现场常常采用静态和动载方法测定土的密实度。常用方法有：

1．圆锥指数法

圆锥指数法是将一顶角为 30° 的圆锥压头以大约 1.83 m/min 的速度压入土内至一定深度时，单位圆锥投影面积上所需的力即称为圆锥指数。

2．冲击指数

冲击指数是将一面积为 1 cm² 的圆形平压头，在每次 10 J 冲击功的作用下，将压头压入土中达 10 cm 深度时所需的冲击次数称为冲击指数。

第三节 土的切削理论

土方工程机械（如推土机、装载机、挖掘机、铲运机、螺旋钻孔机等）都是依靠工作装置进行切土，对于这些土方工程机械，目前关键的问题就是研究机械的工作装置和走行装置与土壤的相互作用关系。为了确定各种工作装置的结构形状、尺寸与土性质之间的关系，减少铲装土的动力消耗，提高生产率以及为了计算土的切削或铲装阻力、确定工作装置和机器相关部件的设计载荷，需要研究土的切削理论。

土方工程机械的共同特点是其切削部分都具有楔形，如图 1.6 所示。图中，切土深度为 h，切削刃宽度为 b，γ 为前角，δ 为切削角，α 为后角，β 为楔角，$\delta = \beta + \alpha$。最佳切削角 $\delta = 20° \sim 30°$。δ 小时，切削阻力小；随着 δ 增大，切削阻力增大。当 δ 达到 $60°$ 左右时，切削阻力达最大值；$\delta > 60°$ 后切削阻力增大不明显。但是 δ 角过小，切削刀变薄，强度不足，且磨损快。

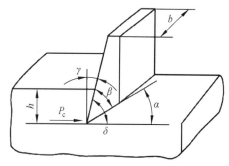

图 1.6　切削刃的几何关系图

为了减少切削刃与土之间的摩擦，后角 α 不能小于 $7°$，一般应保证 $\alpha = 7° \sim 10°$。为保证切削刃有足够的强度，β 应大于 $25°$，所以 δ 角通常介于 $20° \sim 30°$。

从土壤切削实验结果可知，土壤的切削形式可为以下 3 种类型。

（1）剪断形。随着推土板的前进，从切削刃斜面向上产生间歇的、清楚的剪断线，如图 1.7（a）所示。

（2）流动形。不像剪断形那样能产生清楚的剪断线。随着推土板的前进，土屑呈现连续的状态，恰似流动的水那样，以歪斜的形状沿着推土板向上流动，如图 1.7（b）所示。

（3）裂断形。随着推土板的前进，土屑沿着前进的方向产生初次龟裂，推土板继续前进时，在推土板前方的土壤则与初次产生的龟裂成垂直方向地产生第二次龟裂而裂断。因此土屑在推土板的作用下形成剥离状态，如图 1.7（c）所示。

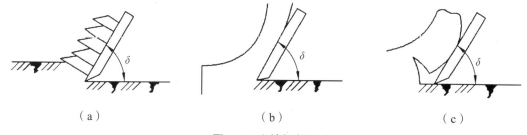

（a）　　　　　　　　　（b）　　　　　　　　　（c）

图 1.7　土壤切削形式

现将形成各种切削形式的土壤分述如下：

（1）剪断形：干燥的硅砂、潮湿的硅砂、湿的细砂土、干燥的河砂、潮湿的冲积粉砂、干燥的粉状亚黏土、松软的膨润土。

（2）流动形：松软的亚黏土、极其松软的亚黏土、松软的黏土。

（3）裂断形：捣实的亚黏土。

切削阻力与土性质和切削刃的几何参数有关。通常依据试验数据归纳的经验公式计算切削阻力：

$$P_Q = 10^6 \times bhK_b \qquad (1.11)$$

式中　P_Q——作用在刀刃上的切削阻力，N；

　　　b——切削刃宽度，m；

h——切削层厚度，m；

K_b——切削比阻力，MPa，土的切削比阻力可参考表 1.9。

表 1.9 各种土的切削比阻力 K_b 及刀刃入土的比阻力 K_r 单位：MPa

土的级别	土的名称	K_b	K_r
I	砂、砂质土、中等湿度的松散黏土、种植土	0.01 ~ 0.03	0.25
II	黏质土、中细砂砾、松散黏土、软泥炭	0.03 ~ 0.06	0.6
III	密实黏土质、中等黏土、松散黏土、软泥炭	0.06 ~ 0.13	1.0
IV	含碎石或卵石的黏土、重湿黏土、中等坚实煤炭、含少量杂质的石砾堆积物	0.13 ~ 0.25	1.4
V	中等页岩、干黏土、坚实而硬的黄土、软石膏	0.25 ~ 0.32	

第四节 土的压实理论

一、压实的概念

压实就是通过对材料施加静态或动态的外力来提高材料的密实度和承载能力的过程。密实度通常用单位体积质量来表示。材料经压实后，密实度增加。

材料的压实过程是向被压材料加载，克服松散多相材料中固体颗粒间的摩擦力、黏着力，排除固体颗粒间的空气和水分，使各个颗粒发生位移、互相靠近，从而使被压材料的颗粒重新排列达到密实。

材料压实有两个必要条件，首先是必须施加必要的外力和功，以克服其内部阻力，使颗粒发生相对滑移。其次是被压材料必须在压实过程中保持必需的稳定结构而不在外力作用下发生"流动"。施加给材料的外力和功并非都能有效促使颗粒发生位移，可能只有一部分转化为克服材料内部阻力的有效压实功。另外，被压材料所处的状态不同，需要的外力或压实功也不同。因此，压实过程既受被压材料性质及状态的影响，又受压实方法和压实工艺的影响，而且还有赖于材料自身吸收压力能量的能力（即材料的可压实性），以及选用的设备及压实工艺的合理性。

材料在压实土的过程中有 3 种压实阻力：摩擦力（见图 1.8）、内聚力（见图 1.9）和表面内聚力。摩擦力是由微粒间的相互作用引起的，它是粗粒土中最主要的阻力。内聚力是由最小微粒间的分子力造成的，它构成了细粒土中最主要的阻力源。表面内聚力是由土中水分的表面张力引起的，它在土中或多或少都有一些。

 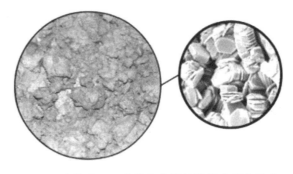

图 1.8　土的内摩擦力——颗粒间的相互作用　　图 1.9　内聚力——黏性土小微粒间的分子作用力

　　一定的压实力下，绝大多数土能够在最佳含水量时达到最高的密实度。干土较硬，压实阻力就大，而湿土则易于压实。但是，含水量越高，材料的密实度越低。最高的密实度是对应干土和湿土之间的一个最佳含水量。判断最佳含水量最常用的方法是普氏试验。

　　干净的砂和砾石，还有其他自流排水的粗粒材料，它们对含水量不敏感，在完全干燥或含水饱和的状态下能够达到最大的密实度。当含水量介于干燥和饱和状态之间时，造成较低密实度的原因是表面内聚力。

二、压实分类

　　压实方法通常有：静载压实、振动压实、冲击压实、搓揉。

1．静载压实

　　静载压实设备采用机器的自重将压力作用于地面，挤压填充材料。随着土深度的加大，作用于土上的静压力很快下降，所以静压实工具的压实深度有限，但相对薄层填充材料的压实还是有效的。改变施加在表面上的压力的唯一途径是改变压实设备的质量或接触面积。压实效果是压实速度和压实遍数的综合结果。传统静压实设备包括静压三轮压路机、静压双轮压路机和轮胎压路机（PTR）。

2．振动压实

　　振动压实的特征是对压实材料施加一系列小振幅高频率的交变力，以激起压实材料颗粒之间的相对运动，在垂直压力的作用下，使它们重新排列而变得密实。振动作用能大幅度地减少颗粒之间的内摩擦力，对减少内聚力的作用则相对较小。振动能量以压力波的形式传向压实材料深部，同样可激起下部颗粒的振动，因而它比同样自重的静碾压路机能达到更好的压实效果和压实深度。而且达到最终的密实度所需碾压遍数少，所以振动压实比静压实更有效、更经济。振动压实和冲击压实如图 1.10、图 1.11 所示。

3．冲击压实

　　冲击压实也称夯实，是利用物体从某高度上自由下落时产生的冲击力，把材料压实。当自由下落物体与材料表面接触时，冲击力产生的压力波传入铺层材料中，使材料颗粒运动。与振动平板夯实相比，冲击夯实有更大的冲程，能产生更大的冲击力，获得比振动平板夯效果更好的压实深度和良好的黏土压实能力。压实黏土的冲击式压路机，通过高速冲击对土产

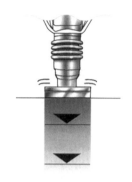

图 1.10　振动压实　　　　图 1.11　冲击压实（夯实）

生大的冲击效果。三角形的、矩形的或五角形的钢轮压路机的作用深度更大。但这种形式的压实设备在每次冲击中都有未压实区域，所以需要更多的压实遍数来保证压实的均匀性。为达到满意的压实效果，冲击式压路机必须比静碾压路机或振动压路机以更高的速度工作。大面积黏土压实作业时，使用冲击式压路机是非常经济的。

4．搓揉压实

搓揉压实是利用对土体施加交变剪切力使被压实材料发生相对滑移，重新排列而变得密实。揉搓是一种压入作用，它依靠对压实材料局部施加很大的垂直压力，使压头直接剪切侧面的材料，破坏压头下方局部材料与材料之间的联系，使之受到很大的压缩而变得密实。

在同一机械中，可以同时采用几种压实的方法，这样能利用每种压实方法的优点，提高压实效果和扩大机械的使用范围。

三、土的压实过程

土的压实是一个复杂的过程，往往不会只是某种单一的形式，排列过程、填装过程、分离过程和夯实过程，这 4 种过程往往是同时发生的。

1．排列过程

排列过程是指在压实机具的短时荷载或振动荷载下，土颗粒重新排列的过程。例如在砂的碾压过程中，由相同粒径颗粒组成的均匀砂的密实度与相互接触的砂粒的排列位置有关。假设相同粒径的砂粒为球状颗粒，这些颗粒排列疏松时具有很大的体积，因此需要使单个的颗粒之间相互靠拢而重新排列以减少空气间隙的体积。天然土是由各种不同粒径颗粒组成的，在压实过程中细颗粒进入粗颗粒的间隙中，在最佳级配下能获得最大密实度。

2．填装过程

土由单一粒径颗粒尺寸组成时，所能达到的密实度往往小于由不同粒径颗粒组成的土。因此，主要由不同粒径组成的天然土有必要使其以一定的方式排列，即较小的颗粒填入较大的颗粒之间，这样几乎充满了整个空间，增加了整体密实度。由于单个颗粒必须移动一段距离，所以促进力必须在一段时间内是有效的。通过促进作用使微小颗粒通过结构层的间隙移动并充满粒料层之间的空隙。

3．分离过程

在某些土中，特别是在黏性土中，其颗粒间的空间往往被水充满，这些水可以大部分通过毛细作用力排到表面。这个排出过程需要一定的时间，其效果主要取决于持续的捣入力。用准静荷载（揉搓和压力）将水从黏性土颗粒间隙中分离出来。

4．夯实过程

为了使基层具有较高的承载能力，在重型结构基础建设时必须采用夯实的方法。其特点是对材料产生的应力变化速度很大，在高速冲击力的作用下，单个粒料有可能破碎，而被填入粒料的间隙中，从而增加了密实度和稳定性。

以上说明的4种不同的过程似乎是独立的，但事实上所有这些过程也许在同时发生、相互影响和持续出现。不同的材料、不同的土状况，压实过程不同，所以在工程中要影响到压实设备的选择。

四、不同类型的土的压实特性

1．砾石和砂

砾石和砂（见图1.12）的粒径范围是从鸡蛋大小到0.06 mm左右，砂和砾石是自流排水性材料，所以在压实时对含水量不是很敏感。即使下雨和地面泥泞的情况下，压实工作也可以连续进行，水的含量从全干到全湿，都可以得到良好的压实效果。如果细粒料超过5%~10%，水的含量便有重要意义，压实时就应选在最佳或接近最佳含水量处。如果砂和砾石是均匀级配的，由于材料的低抗剪强度，那么表层（顶部0~15 cm）通常很难达到高的密实度。

砾石和砂的压实常用振动压路机，这些机器对于厚层连续压实可以获得良好的效果，且是一种有效且经济的方法。一般，中型和重型的振动压路机用以压实厚层填料。轻型振动压路机对薄层有很好的压实效果。

图1.12　砾石和砂

2．粉　土

粉土的粒径在0.06~0.02 mm变化，尽管根据土分类体系中这些极限值只有细微的差别，但它可能含有小部分其他类型的土而影响它的压实特性。

粉土中的压实阻力包括摩擦力、内聚力以及表面内聚力，所有的这些阻力必须由压实机械克服。在纯粉土或混有很多其他粗粒的粉土中，内聚力较小，如果黏土的含量增加，那么内聚力也随之增大。

与所有细颗粒土一样，粉土的压实依赖于含水量，要得到理想的压实效果，含水量不应偏离最佳点。在最佳含水量点，粉土相对容易压实。高含水量时，由于同时受振动的影响，粉土便变得像液体。

采用振动设备压实粉土最为有效，如果黏土的含量很低，压实层厚数与压实砾石和砂的厚度一样。如果黏土含量超过 5%，则应采用较大的机器，降低压实层厚度，就可以克服材料中的内聚力。在这种情况下，凸块式压路机的压实效果可能比光轮更好。

3. 黏 土

黏土由最小的微粒组成，粒径小于 0.005 mm。颗粒如此之小，人眼无法察觉。当黏土含量达到 15%，已足够表现出黏土的特性。其中内聚力和表面内聚力是主要的阻力因素。内聚力的大小取决于黏土含量、微粒大小、形状以及黏土的矿物成分。

含水量对于材料的压实阻力有着很大的影响。在位于最佳含水量点或稍高于该点，压实是最有效的。黏土的坚硬度同样影响着压实度。在液限以上，黏土的承载能力会下降。然而在液限以下，则压实的作用力需要提高。黏土需要相对大的压实力（和粗粒土相比）。振动凸块式压路机非常适用于黏土压实。因为当黏土的抗压强度最高时，它可以将所需的高压和剪切力传递给含水量在最佳含水量点或在其以下的黏土，压实层厚度通常限制在 15～40 cm。高速冲击压路机同样适用于黏土压实，对于大型黏土填充物的压实是非常经济的。在这种情况下，黏土厚度限制在 15～20 cm。

含水量高于最佳含水量的黏土的抗压强度较小，可以采用光轮振动压路机或者用轮胎压路机来压实。粉土和黏土如图 1.13 所示。

图 1.13　粉土和黏土

五、沥青混合料的压实

1. 轮胎式压路机碾压沥青混合料的原理

轮胎式压路机的工作装置是两排并列布置的充气轮胎，该两排充气轮胎也是它的行驶机构。当压路机按照一定行驶路线、规律和速度在被压的混合料上行驶时，整机的重量通过两排轮子作用于被压混合料上，此时，轮子对被压混合料有两种作用力：其一是垂直向下的静作用力，具有一定级配的混合料在垂直静载荷的作用下，颗粒重新排列和互相靠近，小颗粒进入大颗粒的空隙中，从而使混合料的密度增加，发生永久变形，随着滚压次数的增多，混合料的密度进一步增加，最后达到实际残留变形等于零；其二是切向的对混合料的揉碾作用力。

2．振动钢轮与沥青混合料的作用原理

振动压路机碾压轮内有振动器，可以使钢轮产生振动。振动力作用在被压实材料上，产生振动压实。

振动轮对地面冲击一次，被压实材料就产生一个冲击波，这个冲击波在被压实材料的内部沿纵深方向扩散和传播，随着振动轮的不断振动，冲击波也将不断产生和持续扩散，被压实材料的颗粒在冲击波的作用下，由静止状态变为振动状态，这种振动状态使颗粒间的摩擦阻力大大降低，为颗粒的运动创造了十分有利的条件，被压实材料由原来松散堆积的不稳定状态，逐渐变为相互填充的状态，大颗粒之间相互嵌合，小颗粒在振动下运动到大颗粒的缝隙中，逐步形成密实稳定状态，振动轮的自重和冲击力加快了填充密实的速度。当被压实材料初步密实后形成一个整体，材料的刚性增大，材料传播振动能力增强，振动轮的振动频率接近材料的自振频率，材料与碾压轮发生共振，使被压实材料的振动加大，振动力进一步向纵深传播，使深层材料得到密实。由此可见，振动压路机是靠振动轮的高频振动，产生冲击波，使材料产生共振，材料的内摩擦阻力大大降低，再利用压路机的自重和冲击力将材料压实，这样提高了压路机压实的密实度和压实速度，使材料的深层得到压实，压实能力大大优于静作用压路机。

六、沥青混合料压实影响因素

影响沥青混合料压实效果的因素比较多，最主要的因素有：压实温度、载荷作用时间和作用频率等。

1．压实温度

沥青混合料路面的压实性能受配比设计、沥青品种、压实温度等因素的影响，但是以压实温度的影响最大。因此，只有掌握温度对压实性能的影响规律，才能保证压实度和使用性能的要求。

沥青的黏度受温度的影响而升高或降低，不同种类沥青的黏度受温度的影响也不同。在初压时应避免温度过高或过低，当碾压温度过高时，沥青黏性低，混合料易错位和活动，推移现象较严重，还容易出现裂纹；当碾压温度过低时，沥青黏度高，已难以压实，如过度碾压，就会出现发裂现象。

气温高，温度下降的速率就会慢，有效的压实时间就多。因此在实际施工中，较高温度时，可使用较低的摊铺温度和拌和温度，以降低拌和时的燃料消耗。所以将气温分为低温 5 ~ 10 ℃，偏低温 10 ~ 15 ℃，常温 15 ~ 20 ℃，偏高温 20 ~ 30 ℃，高温 > 30 ℃，这对摊铺后温度有不同的要求，如表 1.10 所示。

表 1.10　对沥青混合料摊铺后温度的要求

施工现场气温/℃	要求摊铺后的温度/℃
> 20	130 ~ 135
15 ~ 20	135 ~ 140
5 ~ 10	140 ~ 145

表 1.11 列出了沥青混凝土路面摊铺层受气温影响的有效压实时间，从中可以看出，当气温在 15 °C 以下时，有效压实时间只有 34 min，特别是在气温为 5 °C 时，有效压实时间只有 17 min，这就增加了压实作业的难度。因此在施工各个环节必须紧密配合，配备足够数量的压实设备，力争在有效时间内完成碾压作业。

表 1.11 不同气温下沥青混合料温度降至 80℃的时间

气温/°C	摊铺后温度/°C	到达 80 °C 的时间/min
32	132	52
20	132	38
15	140	34
10	145	25
5	145	17

当沥青层厚增大 25% 时，其有效压实时间将会增加近 50%。对薄的沥青层碾压时，反而要比厚的沥青层压实困难些，这主要是因为薄的沥青层温度降低速度要比厚层快得多，从而使其有效压实时间大大缩短。

2．载荷作用时间

根据沥青混合料的性质，载荷的作用时间必须在混合料的有效压实时间之内，而有效压实时间主要由混合料的温度所决定。

3．载荷作用频率（振频和振幅）

目前，越来越多的振动压路机被用来碾压沥青混合料，为了获得最佳的碾压效果，合理的振频和振幅是非常重要的。

振频主要影响沥青面层的表面压实质量。振动压路机的振频比沥青混合料的固有频率高一些，可以获得较好的压实效果。实践证明，对于沥青混合料的碾压，其振频多在 40 ~ 50 Hz 内。

振幅主要影响沥青面层的压实深度。当碾压层较薄时，宜选用高振频、低振幅。而碾压层较厚时，则可在较低振频下，选取较大的振幅，以达到压实的目的。对于沥青路面，通常振幅可在 0.4 ~ 0.8 mm 内进行选择。

七、沥青的压实度

沥青的压实度是指沥青压实后的实际密度与沥青标准密度的比值。

$$K = \frac{D}{D_0} \times 100\% \qquad (1.12)$$

式中　K ——沥青层某一测定部位的压实度，%；

D ——由实验测定的压实沥青混合料试件实际密度，g/cm^3；

D_0 ——沥青混合料的标准密度，g/cm^3。

八、土的压实试验

1. 实验室击实试验

最佳含水量可以由实验室击实试验确定。最普通的方式就是使用落锤的普氏试验。这个试验可测量土的最佳含水量和参考密实度。密实度表述为干密实度，也就是干土微粒质量与其样本体积之比。采用标准化的振动击实试验也是有效的，它们用于粗颗粒土，尤其是自流排水土。振动击实试验用的是一个比普氏试验大的试筒，它适合于含有较大颗粒的土。

2. 普氏试验

将试验的土样本置于一个柱形试筒里，用落锤压实。最大的微粒尺寸限制在试筒直径的 1/10 内。如果大微粒的比例较低，最大的微粒尺寸限制在试筒直径的 1/5 之内。对较大微粒，试筒直径取 10 ~ 15 cm。普氏试验包括两个不同的试验方法：标准型和修正型。修正普氏试验的压实力度比标准普氏试验大 4.5 倍。标准普氏试验使用质量 5.5 磅（大约 2.5 kg）的落锤，下落高度为 12 英寸（305 mm），土样本分 3 层进行击实。修正普氏试验用一个质量 10 磅（约 4.5 kg）的落锤，下落高度为 18 英寸（457 mm），土样本分 5 层进行击实。如图 1.14 所示。

图 1.14　普氏试验

3. 连续压实控制——密实度仪和记录系统

密实度仪由安装在振动轮上的加速度计和压路机控制面板上的刻度盘组成，加速度计与处理器连接。加速度计传来的信号被转变成密实度仪表上的数值（CMV），用相对测量值表示相应地面的承载能力。密实度仪深度测量范围由所选压路机型号和振幅决定。

由计算机记录的测量数据显示在驾驶员可以观察到的显示屏上，记录系统显示整个压实区。用颜色或图形的方法，使操作员很容易能分辨出需要多压实几遍的区域。数据随后可传送到计算机，用于最后的分析和存储。密实度仪（带或不带记录系统的）比较适合使用在粗粒土和填石料的压实过程。较松软的土及未压实土的信号反应弱，而硬土信号反应强。路面硬度与承载能力成正比。

第二章 岩石理论

岩石是工程机械的施工对象之一，研究影响岩石破碎的因素，找出破碎岩石的规律，对提高凿岩、破碎机械作业效率，优化作业过程具有重要意义。目前，岩石的破碎方法有机械破碎、爆炸破碎、水射流破碎等，但国内外使用最多的是机械破碎。机械破碎是对岩石施加性质不同的外加集中载荷，使岩石的一部分从岩体上分离下来。按机械破碎作用的性质不同，破岩方法可分为机械回转钻进破岩、机械冲击钻进破岩以及冲击回转钻进破岩等。岩石的物理力学性质是影响破岩效率的重要因素。

本章主要介绍岩石的分类和分级、岩石的物理机械性质、岩石的破碎理论。

第一节　岩石的分类和分级

一、岩石的分类

组成地壳的岩石，按其成因可分为：岩浆岩、沉积岩和变质岩。

岩石是矿物颗粒的集合体，岩石按矿物组成可分为：单矿物岩，如岩盐、石膏、无水石膏、灰岩、白云岩等；多矿物岩石，如各种岩浆岩。

岩石（这里指广义的岩石，包括坚硬的岩石和松散的土）按其力学特性可分为：坚固岩石、塑性岩石和松散岩石。坚固岩石和塑性岩石（如黏土）的颗粒之间存在有黏结力和内摩擦力。松散岩石之间没有黏结力，只有内摩擦力。钻进坚固岩石一般较困难，但其孔壁稳定、容易保护，而塑性岩石与松散岩石钻进比较容易，但孔壁不稳定，孔壁保护成为主要问题。

一般而言，岩浆岩是由硬度较高的矿物组成的，其硬度与强度都较高，沉积岩是由强度较低的矿物组成的，其硬度与强度也较低。

岩石的结构主要是指晶体结构和胶结物的结构，它说明矿物颗粒之间的组织形式和空间分布情况，决定岩石的各向异性和裂隙性。岩浆岩的构造特征对钻进影响不大，沉积岩的构造特征对机械破碎有较大影响。另外岩石的密度和孔隙度对机械破岩也有一定影响。

二、岩石的可钻性分级

目前进行的可钻性分级，是使用便携式岩石凿测器测定岩石的凿碎比能和凿480次后钎刃磨钝的宽度，将岩石分为7级，如表2.1所示。

岩石的可钻性是决定钻进效率的基本因素，反映了钻进时岩石破碎的难易程度。岩石可钻性及其分级在钻探施工中极为重要。它是合理选择钻进方法、钻头结构及钻进参数的依据，同时也是考核机械生产效率的根据。

表 2.1　岩石的可钻性分级

级别	凿碎比能 $a/(J/m^3)$	软硬程度	代表性岩石
I	≤186	极软	页岩、煤
II	196~284	软	石灰岩、砂页岩、橄榄岩、白云岩
III	294~382	中等	花岗岩、石灰岩、橄榄片岩、铝土岩
IV	392~480	中硬	花岗岩、硅质灰岩、大理岩、黄铁岩
V	490~578	硬	赤铁矿、磁铁石英岩、中细粒花岗岩
VI	588~676	很硬	磁铁石英岩、富赤铁矿
VII	≥686	极硬	富赤铁矿

第二节　岩石的物理机械性质

一、岩石强度

（一）岩石强度的概念

作用于岩石上的外载荷增大到一定程度时，岩石就会发生破坏。破坏时岩石所能承受的最大载荷称为极限载荷，单位面积上的极限载荷称为极限强度，简称为岩石的强度。

根据受力条件不同，岩石的强度可分为抗压强度、抗拉强度、抗剪强度和抗弯强度等；根据应力状态，岩石的强度可分为单向应力状态下的强度、两向应力状态下的强度和三向应力状态下的强度；根据加载速度，岩石强度可分为静载强度和动载强度。

在简单应力状态下，通常采用单向拉伸、压缩、剪切等试验确定岩石的强度。

在复杂应力状态下，可以采用三轴试验装置确定岩石的强度。由于岩石多是脆性的，故在岩石力学中最常用的是剪切破坏强度理论和脆性断裂强度理论。

实验室实验时试件无侧压力作用，只有在轴向压力作用下岩石直至破坏时，单位面积上所承受的载荷，叫作岩石的单轴抗压强度，其计算公式为

$$R = P/S \qquad\qquad (2.1)$$

式中　R——岩石单轴抗压强度，MPa；

$\quad\quad P$——岩石破坏时的最大载荷，N；

$\quad\quad S$——垂直加载方向试件横截面面积，mm^2。

（二）影响岩石强度的因素

岩石破碎效果与岩石强度有密切的关系，对岩石强度影响因素的分析，有利于寻求最佳破岩方法，有利于提高破岩效率。岩石强度受到下列因素的影响。

1．岩石的矿物成分

不同矿物组成的岩石具有不同的强度。岩石中石英含量高，并且石英颗粒在岩石中联结成骨架时，则岩石的强度较高。而方解石和白云石等强度较小，在碳酸盐类岩石中方解石含

量增加，则岩石强度降低。对于沉积碎屑岩来说，胶结物的成分对岩石强度有较大的影响。例如，硅质胶结的砂岩，其抗压强度高达 200 MPa 以上，而钙质胶结的砂岩，强度则为 20～100 MPa，泥质胶结的砂岩，强度往往在 20 MPa 以下。

2. 岩石的结构构造

矿物颗粒大小对岩石强度有一定的影响。一般说来，细粒岩石的强度高于粗粒岩石的强度，并且颗粒越细，这种影响越大。结晶程度对岩石强度也有影响，在岩浆岩结构中非结晶物质越多，其强度越低。层理发育的岩石其强度具有明显的各向异性，垂直于层理方向的抗压强度最大，平行于层理方向的抗压强度最小，与层理方向存在某种角度的抗压强度介于二者之间。岩石的层理、节理和孔洞等都可以看成是岩石结构构造上的缺陷。另外，多矿物集合的岩石在不同矿物颗粒的结合处或交界处，存在着许多微小的孔隙和裂缝，它们也是结构构造上的缺陷。这些缺陷破坏了岩石的连续性和完整性，在外载荷的作用下，应力往往首先集中在这些部位。

3. 岩石的容重和孔隙度

岩石的孔隙度增加，容重降低，岩石强度也降低。

4. 受力条件

岩石的抗压、抗拉、抗剪和抗弯强度有很大的差别。在单向应力状态下，岩石的抗压强度最大，而抗拉强度最小，抗剪和抗弯强度介于前两者之间。利用岩石抗剪和抗拉强度小的弱点，寻求相应的破岩方法，对提高破岩效率非常有利。

5. 应力状态

岩石在单向应力状态下，抗压强度最小；两向应力状态下次之；三向应力状态下，抗压强度最大。在钻进时，减小液柱压力，变三维应力状态为两维应力状态，是提高钻进速度的重要途径。

6. 载荷速度

岩石的抗压强度也是随着加载速度的增加而增大的。在高速加载时（例如冲击试验）得到的抗压强度值要比低速加载时（例如一般材料试验机的加载）大得多。

7. 湿度和温度

湿度对岩石的强度有很大影响。当水侵入岩石时，水就顺着裂隙进入润湿岩石全部自由面上的每个矿物颗粒。由于水分子的加入改变了岩石的物理状态，削弱了颗粒间的联系，使岩石强度降低，降低程度决定于岩石内孔隙和裂隙状况、组成矿物的亲水性和水的物理化学性质。

温度对岩石的单向抗压强度产生一定的影响，随着温度上升，岩石的抗压强度下降。

二、岩石硬度

（一）岩石硬度的概念

岩石硬度定义为岩石表面抵抗硬物局部压入的能力。岩石的硬度与抗压强度有着密切的联系，但又有区别，岩石抗压强度是岩石整体破碎时的阻力，而岩石的硬度是硬物局部压入岩石表面的阻力，是岩石表面抗破碎的能力。根据理论分析，岩石抗压入硬度为单向抗压强度的（$1+2\pi$）倍。岩石硬度测量时定义为岩石产生脆性破碎时接触面上单位面积上的载荷，叫作岩石硬度值，其计算式为

$$P_Y = p / S \tag{2.2}$$

式中　P_Y——岩石硬度值，MPa；

　　　p——产生脆性破碎时压模上的载荷，N；

　　　S——压模底面面积，mm^2。

有人建议把岩石硬度定义为：岩石抵抗工具侵入的阻力，这里"侵入"一词的含意包括压碎、划刻、研磨、切削甚至冲击等。基于上述概念，测定岩石硬度的方法有压入法、阻尼划刻法、研磨法和冲击回弹法等。

另外要说明的是：岩石硬度指的是岩石的组合硬度或胶结硬度，而不是岩石中某个矿物颗粒的硬度。一般认为，岩石的组合硬度对凿岩时岩石破碎的速度有较大影响，而矿物颗粒的硬度对凿岩过程中工具的磨损有显著的影响。

（二）影响岩石硬度的因素

既然岩石的抗压入硬度与抗压强度成正比，那么影响强度的所有因素也影响岩石抗压入硬度。

另外，破岩工具形状和尺寸对岩石的压入硬度也有一定影响。选择合理的工具形状会使工具压入岩石的阻力最小。

三、岩石的弹性、塑性和脆性

（一）岩石弹性、塑性和脆性的概念

在外力作用下，岩石会发生变形，随着载荷不断增加，变形也不断增大，最终导致岩石破坏。岩石的变形有两种情况：一种是外力撤除后岩石的外形和尺寸完全恢复原状，这种变形称为弹性变形；另一种是外力撤除后岩石的外形和尺寸不能完全恢复而产生残留变形，这种情况称为塑性变形。

岩石从变形到破坏可能有 3 种形式：如果破坏前实际上不存在任何弹性变形，则这种破坏称为脆性破坏，呈脆性破坏的岩石称为脆性岩石；如果破坏前发生大量的塑性变形，则这种破坏形式称为塑性破坏，呈塑性破坏的岩石称为塑性岩石；先经历弹性变形，然后塑性变形，最终导致破坏，则岩石的这种破坏形式称为塑脆性破坏，呈塑脆性破坏的岩石称为塑脆性岩石。

岩石大多是非均质各向异性的，其应力和应变之间的关系要比均质物体复杂得多，在一般情况下不符合胡克定律。

衡量岩石弹性的指标主要有弹性模量 E 和泊松比 μ。弹性模量是指弹性范围内应力增量与应变增量的比值。泊松比则是在弹性变形阶段横向应变与纵向应变的比值，是一个无量纲值。

（二）影响岩石弹性、塑性和脆性的因素

影响岩石变形特性的因素主要有岩石的矿物成分、结构构造、应力状态、载荷性质、受力条件、温度和湿度等。

1．岩石的矿物成分

一般岩浆岩和变质岩的弹性模量大于沉积岩，而塑性系数则相反。对于岩浆岩和变质岩来说，如果组成岩石的矿物具有高的弹性模量，则岩石也有高的弹性模量，但是岩石的弹性模量不会超过造岩矿物的弹性模量。对于沉积岩来说，弹性模量取决于岩石的碎屑和胶结物以及胶结状况。在胶结物和胶结状况相同的情况下，碎屑颗粒的弹性模量大，则岩石的弹性模量也大；在碎屑颗粒成分相同的情况下，胶结物为硅质者，岩石的弹性模量最大，胶结物为钙质者次之，胶结物为泥质者最小。

2．岩石的结构构造

细粒岩石的弹性模量大于粗粒岩石；平行于层理方向的弹性模量大于垂直于层理方向的弹性模量；岩石孔隙度增加，其弹性模量降低，塑性系数增加；岩石越均质致密，弹性模量越大，塑性系数越小；岩石结构缺陷越多，微裂隙越发育，弹性模量越小，塑性系数越大。

3．应力状态

在单向压缩下岩石往往表现为弹性脆性体，破坏前无显著的塑性变形，但是在各向压缩下岩石则表现出不同程度的塑性，破坏前都要产生一定的塑性变形。对于钻进来说，研究岩石从脆性到塑性的转变点（即从脆性变为塑性的围岩压力，又称临界围压）有重要的实际意义。因为脆性破坏和塑性破坏是两种本质不同的破坏，破碎这两种状态的岩石应采用不同的破碎方式、破碎工具和破碎参数。

4．受力条件

岩石受压缩时，颗粒之间距离缩小，颗粒间相互作用力有所增大，故弹性模量提高。而受拉伸时，弹性模量降低。

5．温度和湿度

随着孔深增加，孔底温度也增加。温度升高时，碳酸盐类和硅酸盐类岩石的弹性极限都要降低，弹性模量变小，塑性系数增大，岩石表现为从脆性向塑性转化。

四、岩石研磨性概念

在钻进过程中，钻头破碎岩石的同时，其本身也受岩石的研磨而变钝。岩石磨损钻头的能力称为岩石的研磨性。

钻头被磨损，会增加钻头的消耗，降低碎岩的效率。岩石研磨性与钻头寿命、生产效率、钻探成本直接相关，所以，岩石的研磨性是选择钻头、设计钻头、确定规程参数和制订生产定额的主要依据之一。

根据现代摩擦理论，两物体压紧并有相对位移时，两物体表面就会产生磨损。磨损量的大小决定于摩擦功 A，即

$$A = \mu pFvt \qquad (\text{N} \cdot \text{m}) \qquad (2.3)$$

式中 p ——接触面上的正压力，Pa；

F ——接触面面积，m^2；

v ——滑动速度，m/s；

t ——摩擦时间，s；

μ ——动摩擦系数。

固体的体积磨损量 V 与摩擦功成正比。即

$$V = \delta A \qquad (2.4)$$

式中 δ ——体积磨损系数，$\text{cm}^3/(\text{N} \cdot \text{m})$。

式 2.3 说明，影响岩石研磨性的因素有摩擦力、滑动速度和摩擦时间等。摩擦力取决于正压力和动摩擦系数，动摩擦系数与岩石性质、岩石表面粗糙度、摩擦面温度、滑动速度、磨损产物的清除程度和摩擦面之间的介质等有关。

第三节 岩石的破碎理论

岩石破碎是指岩石从岩体上分离的一个过程，岩石因内部的应力达到了它的强度极限而破坏。破碎岩石的方法包括剪切、冲击、压碎、研磨、疲劳、射流等。

目前用于凿岩工程的基本破岩方法是机械破碎法。根据破碎作用的方式不同，机械破碎凿岩方法可分为冲击式凿岩、回转式凿岩及回转冲击式凿岩。

一、冲击凿岩理论

为了有效地破碎岩石，进一步提高凿岩效率，必须深入揭示岩石在冲击载荷作用下的规律，研究冲击式凿岩的基本理论，用以指导凿岩机具的设计、选择和使用，以达到提高凿岩生产效率的目的。

冲击凿岩理论主要是研究冲击载荷和冲击能量及在钎杆内的传播，钎头和岩石的互相作用，眼底岩石的破碎机理。

1. 冲击能量及在钎杆中的传递

冲击凿岩时，作用于岩石上的载荷是由凿岩机的活塞在工作冲程时所产生的冲击功经由钎杆、钎头传递而来。这个冲击功的传递是由于在钎杆中激起了应力波，并借助应力波将能量传递给岩石。

2. 岩石破碎过程和机理

冲击凿岩时，钎头将冲击力传递给岩石。对于楔形钎头来讲，可以视为一个线载荷施加在一个半无限体的边界面上。岩石破碎的发生和发展以及岩体内部应力状态与变形过程有关，当采用楔形压头时（如一字形钎头），岩石的破碎过程如图 2.1 所示。

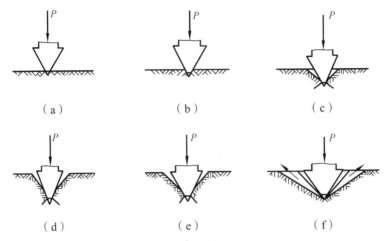

图 2.1　楔形压头侵入岩石的破碎过程

大量凿岩工程的生产实践及研究证明，不论岩石和刀具的几何形状如何，在冲击载荷作用下，岩石的破碎过程都有 3 个基本规律：

（1）呈跃进式破坏。作用于刀具上的外载荷增加时，岩石首先产生弹性形变，刀具侵入的深度也随之增加。但当外载荷增至一定值时，侵入深度迅速增加，载荷下降，产生了第一次跃进式破坏。此后载荷增加时，侵入深度又随压力的增加而增大，当其达到一定值以后，将发生第二次跃进式破坏，依次循环。

侵深（h）与载荷（P）的关系如图 2.2 所示。如此循环下去，侵深和载荷的曲线便呈波浪形。

（2）产生承压核。在刀具的前方产生承压核，此核由被粉碎了的岩粉组成，其形成是由于剪应力作用的结果。它的形成改变了刀具作用在岩石的边界条件，从而改变了岩石内部应力分布。

（3）形成破碎漏斗。在刀具侵入岩石发生跃进式破坏的时候，由于较大破碎体的分离，在岩石上形成漏斗状的崩碎坑，称之破碎漏斗。不论压头形式、侵入方式及岩石的种类如何，漏斗的顶角变化都不大，一般为 120° ~ 150°。

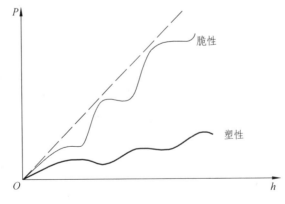

图 2.2　侵深与载荷的关系

在凿岩工作中，凿岩速度和效率是人们关心的问题，也是评价凿岩工作的主要指标，为此引进比功耗的概念（即破碎单位体积内岩石所需要的功）。冲击功是破碎效果的基本因素，是冲击式凿岩机械的主要参数之一。掌握冲击功的大小，对破岩效果的影响是很重要的。从实验的结果看出，当冲击功小于临界值时，随着冲击功的减少，比功耗急剧增加。当施加的冲击功超过临界值之后，比功耗就趋于平稳，这时的比功耗在一定的范围内波动。在实际凿岩过程中，必须使冲击功大于临界冲击功，这时的凿岩速度与冲击功成正比。

实验室里利用电动凸轮机进行凿岩实验，当冲击频率未达到一定的临界值以前，凿岩速度与频率成正比。当冲击频率超过临界值以后，随着频率的增加，凿岩速度反而下降。在冲击凿岩的过程中，随着钎头转角不同，相邻两次冲击之间的扇形面积大小亦不相同。转角过大或过小，对凿岩都不利，由此可知，转角存在着最优值。凿岩时，转角在最优值附近，凿速最大。最优转角随岩石的不同而不同。一般情况下，各种岩石最优转角介于 $22° \sim 30°$。

二、旋转切削钻眼理论

（一）钻眼过程

旋转式钻眼过程是刀具（钻头）在轴压力和回转力作用下完成的。切削型钻头的运动轨迹是螺旋线推进，以直线运动和旋转运动相结合为基础。

切削破碎岩石的过程：以钻头的钻刃与岩石作用的过程来分析（见图 2.3）。切削刀具在轴向力作用下切入岩石一定深度后，在水平力作用下切削前方的岩体。其过程大致可分为以下 4 个阶段：

（1）变形阶段［见图 2.3（a）］：刀尖接触岩石，以一定能量作用岩体，刃面与岩石接触边缘处发生最大应力。

（2）裂缝发生和小体积破碎［见图 2.3（b）］：切削力增加，E、F 处拉应力超过岩石抗拉强度而发生裂缝，在 B 处剪应力超过岩石抗剪强度，产生断裂，错动。在岩体的表面处将有小体积的岩块崩落。

（3）切削核（主压力体）形成［见图 2.3（c）］：随切削力增加，剪切裂缝扩展到自由面与赫兹裂缝相交，已破碎的部分岩石被刃体挤压成高密度、高压力的切削核，并通过切削核对岩石施加压力，一部分已碎岩块以很大速度崩出。

（4）大剪切体断裂［见图 2.3（d）］：切削力继续增加，压力超过刀具前方的岩体的抗剪强度时，发生大剪切体的断裂，原来在刀具储存的弹性能突然释放，已碎的岩块也以很大速度崩出，刀具突然切进，切削力瞬间下降，完成一次跃进式的切削循环。

刀具切入岩石时，最初是小面积接触，先切下小碎块，切削力也小。而小块形成的瞬时，切削力略有下降。随着接触面增大，切削力增大，破碎的块度也相应加大，经过若干个小碎块破碎后，导致大块破碎的形成，在大块断裂的瞬间，切削力立即下降到零。刀具的切削又重新开始。

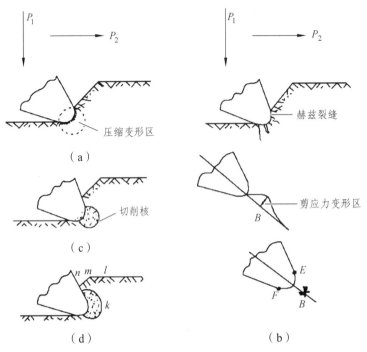

（a）

（c）

（d）

（b）

图 2.3　岩石的破碎过程

（二）切削破碎的力学分析

以图 2.4 的钻头受力情况做如下分析：P_1 为垂直方向的轴推力，P_2 为水平方向的切削力。岩石的抗压入强度 R 要阻碍钻头的垂直压入，割刃前方有 Q 力阻碍钻头的转动。钻头与岩石之间产生有垂直方向的摩擦阻力 fQ 和沿切削面的摩擦阻力 fN。γ 为切削面的倾斜角，α 为切削角，β 为前刃面与破碎面的夹角。一般 $\alpha + \beta = $ 常数，为岩石的破碎角。

据此，按力学平衡关系，可得

$$P_1 = R + fQ + fN\sin\gamma \tag{2.5}$$
$$P_2 = Q + fN\cos\gamma \tag{2.6}$$

式中　f ——钻头与岩石间的摩擦系数。

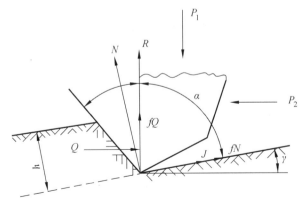

图 2.4　钻头受力图

一般 γ 角较小，因而 $\cos\gamma=1$, $\sin\gamma=0$。所以式（2.5）、（2.6）可简化为

$$P_1 = R + fQ \tag{2.7}$$

$$P_2 = Q + fN \tag{2.8}$$

Q 为切削刃前岩石断裂面上的阻力，取决于岩石的抗剪强度和形成大剪切体的断面面积。切削钻进时，要克服岩石的抗压入强度和抗剪切强度，岩石的抗剪强度远比抗压强度小，因此，通常 P_2 小于 P_1。此时，摩擦力 fN 很大，而 fQ 较小，而且 fN 是分布在较小的面积上，而 fQ 是分布在较大面积上，所以钎头的割刃边缘和后刃面处要比割刃前面磨损严重。

Q 值大小与切入深度有关。当 R 足够大时，切入深度 h 亦大，割刃前方阻力 Q 也相应增大。由此可见，轴压力 P_1 取决于下列因素：岩石的抗压强度和抗剪强度、切削厚度、钻头直径和钻头刀翼数目。切削力 P_2 主要取决于切削厚度、钻头直径和钻翼数目、钻头与岩石的摩擦系数。

影响切削力的因素可做如下分析：

（1）切削厚度 h。试验表明，切削力和切削厚度有如下关系：

$$P_2 = K_c h^n \tag{2.9}$$

式中　K_c——比例系数，即单位切削阻力，反应了岩石切削特性；

　　　n——实验指数，不同研究者，所得 n 有不同值。一般认为 $n=1$，切削力与切削厚度成正比。

（2）切削角。根据岩石性质，切削角可有 3 种情况。随着刃面倾斜程度不同，相对于破碎面的合力方向也不同。当 $\alpha<90°$ 时，合力向着暴露表面，刃前的岩体多在拉伸变形下破碎。当 $\alpha>90°$ 时，合力指向岩体内部，此时刃前的岩体处于挤压变形，需要在较大的切削力下破碎。切削力与切削角的关系如图 2.5 所示。

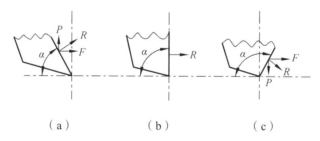

（a）　　　　　（b）　　　　　（c）

图 2.5　切削力与切削角的关系

影响旋转式钻速的因素：

轴推力和转速对钻速都有一定影响。切削钻进不同于冲击式钻眼，它需要较大的轴推力以保持钻头侵入岩石一定深度。

轴推力 P 与钻速 v 的关系：

$$v = k(P - P') \tag{2.10}$$

式中　k——比例系数，与曲线倾斜角有关；

　　　P'——切削初始推力，与岩石坚固性系数有关。$P'=35f$（f 为岩石坚固性系数）。

k 值随岩石坚固性而变化，当 $f = 2 \sim 6$ 时，$k = (10 \sim 1.35)f$。当 $f = 6 \sim 16$ 时，$k = (3.1 \sim 0.19)f$。

一般在推力一定时，每一推力下有一个最优转速，在该转速下可得到一个最优钻速。

复习思考题

1-1　简述工程机械专业学习岩土知识的必要性。

1-2　土体破坏形式有哪些？给出黏性土的库伦摩擦定律。

1-3　土通常由哪三相物质构成？

1-4　简述土的粒度与级配，何为级配良好的材料？

1-5　土壤的哪些物理性质与含水量有关？

1-6　简述初始松散系数与残余松散系数的差别。

1-7　简述被切削土屑的变形情况。

1-8　简述土壤的切削阻力与哪些因素有关。

1-9　简述材料的压实概念与压实过程。

1-10　简述材料在压实过程中受到的压实阻力是怎样的？

1-11　简述岩石的硬度和岩石的抗压强度的区别。

1-12　简述破碎过程的 3 基本规律。

1-13　简述岩石破碎的方法，机械破碎有哪些？

第三章 **工程机械行驶理论**

工程机械行走装置主要有轮式行走装置、履带式行走装置、轨行式和步行式行走装置。其中轮式和履带式行走装置是工程机械中应用最普遍的两种基本类型，其他两种行走装置的使用相对较少。

本章分别介绍轮式工程机械行驶理论和履带式工程机械行驶理论。

第一节　轮式工程机械的行驶理论

轮式行走机构通常由车架、车桥、悬架和车轮组成。轮式行走机构有以下 4 方面作用。

（1）作为行走机构：将驱动轮的旋转运动转变为机器的前进运动。

（2）作为支承结构：将垂直载荷传递给滚动表面。

（3）导向装置：能保证机器运动时可按需要改变运行方向。

（4）弹性悬挂装置：起一定的缓冲减振作用，使机器平稳运行。

轮式行走机构相对于履带行走机构而言具有以下特点：具有运行速度高，机动性好；轮式行走机构质量轻，工点转移方便、迅速；作业生产效率高。

一、轮式工程机械的行驶原理

轮式工程机械依靠发动机的动力，通过传动装置把驱动力矩传给驱动轮。作用在驱动轮上的力矩称为驱动力矩 M_K，如图 3.1 所示，由于驱动力矩的作用，在轮胎与路面的接触点 A 处，轮胎给地面一个主动力 M_K/r_d（r_d 为轮胎的动力半径），同时地面以反作用力 P_K 作用于轮胎的 A 点上，P_K 克服作业阻力、滚动阻力、坡道阻力以及加速过程的惯性力，推动轮式机械行驶。P_K 被称为切线牵引力，其方向与轮式机械的行驶方向相同。

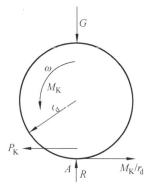

图 3.1　轮式工程机械的
行驶原理图

二、轮胎的运动学

为说明轮胎的运动情况，须先明确轮胎相关的半径定义。

产品目录上所标定的轮胎名义直径的一半称为轮胎名义半径，以 r 表示；轮胎充气后在不受载的情况下所测得的平均半径称为轮胎自由半径，以 r_0 表示；轮胎受到径向载荷时，将发生径向变形，轮轴中心到轮胎与地面接触面的距离称为轮胎的静力半径，以 r_s 表示。

当轮胎不仅承受径向载荷，还受到扭矩作用时，轮胎将发生径向变形和切向变形，将轮轴中心到轮胎与地面接触面水平反作用力之间的距离称为轮胎动力半径，以 r_d 表示。轮胎的动力半径 r_d 与静力半径 r_s 相差不大。r_d 可以按式（3.1）计算。

$$r_d = r_s - \Delta b \tag{3.1}$$

式中　b——轮胎宽度；

　　　Δ——系数，在密实的土上，$\Delta = 0.12 \sim 0.15$；在松软的土上，$\Delta = 0.08 \sim 0.10$。

轮胎滚动半径 r_g 是轮胎转动的转数 n 与其移动的距离 s 之间的换算半径。于是滚动半径：

$$r_g = \frac{s}{2\pi n} \tag{3.2}$$

轮胎在地面上滚动时，有 3 种典型运动情况。

当 $s > 2\pi r_d n$ 时，轮胎处于边滚动边滑移状态，轮胎沿行驶方向相对地面的滑动称为滑移，这一情况发生在车轮胎制动状态下行驶时。这时，$r_g > r_d$。

当 $s < 2\pi r_d n$ 时，轮胎处于边滚动边滑转的状态，轮胎沿行驶的相反方向相对地面的滑动，称为滑转。例如驱动轮牵引负荷状态行驶时就是这样。这时，$r_g < r_d$。

当 $s = 2\pi r_d n$ 时，轮胎相对地面无滑动，这时轮胎沿地面纯滚动，这时，$r_g = r_d$。

由上面的分析可知：轮胎的滚动半径 r_g 随轮胎的滑动情况而变化，r_g 与径向载荷、扭矩、轮胎刚度及地面状况等因素有关，其值可以根据试验测得。

轮胎做纯滚动时，轮轴中心的移动速度称为理论速度 v_T，$v_T = r_d \omega$。轮胎有滑移或滑转时轮轴中心移动的实际速度称为实际速度 v，$v = r_g \omega$。由此可以根据实际速度 v 与 v_T 的比较来判别车轮的运动状态是纯滚动、滑移或滑转，即 $v_T = v$（纯滚动），$v > v_T$（滑移），$v < v_T$（滑转）。

轮胎滑转时有速度损失，用 v_δ 表示轮胎的理论速度与实际速度的差，即 $v_\delta = v_T - v$。

用 δ 表示轮胎的滑转程度，即轮胎滑转率。用轮胎的滑转率 δ 和滑转效率 η_δ 作为评价轮胎滑转情况的指标。

它们的定义是：

滑转率 δ

$$\delta = \frac{v_T - v}{v} \times 100\% \tag{3.3}$$

滑转效率 η_δ

$$\eta_\delta = \frac{v}{v_T} = 1 - \delta \tag{3.4}$$

式中　v_T——轮胎理论速度，$v_T = 2\pi r_d n$；

v——轮胎实际速度，$v = 2\pi r_d n$。

三、轮胎动力学

轮胎的受力状态如图 3.2 所示，其中，图 3.2（a）为驱动轮在驱动转矩作用下直线行驶的情形，图 3.2（b）是从动轮行驶的情形。

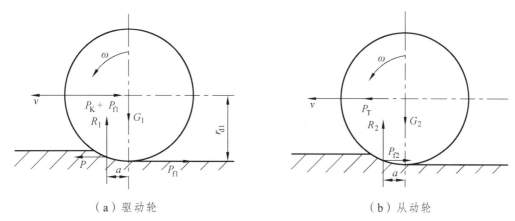

（a）驱动轮　　　　　　　　　　　　（b）从动轮

图 3.2　轮胎受力情况

1．驱动轮对轮心的力矩平衡方程式

$$M_K - P \cdot r_d - R_1 a = 0 \tag{3.5}$$

将此式除以 r_d 得

$$\frac{M_K}{r_d} - P - R_1 \frac{a}{r_d} = 0 \tag{3.6}$$

M_K / r_d 是驱动轮转矩所发挥的圆周力，它在数值上应该等于切线牵引力 P_K，P 是牵引力，a / r_d 是驱动轮滚动阻力系数，用 f_2 表示，$R_1 a / r_d$ 为滚动阻力，用 P_{f1} 表示，有

$$P_K - P - P_{f1} = 0 \tag{3.7}$$

牵引力是切线牵引力 P_K 与滚动阻力 P_{f1} 之差，P 是 P_K 的一部分。即：牵引力 P 是驱动轮克服自身滚动阻力后输出的平行于地面并沿行驶方向作用的推力。

切线牵引力 P_K 是附着性质的力，它表示在牵引元件作用下，地面产生的平行于地面并沿着行驶方向的总推力。它要克服工程机械的作业阻力、滚动阻力、坡道阻力、加速过程中的惯性力及风阻力，实现工程机械的作业和行驶。

在轮胎未发生全滑转情况下，P 将随作业阻力的增加而增加，它的最大值发生在全滑转条件下，其大小由土的物理性质和轮胎结构所决定，我们把全滑转情况下 P 的最大值定义为最大牵引力或附着力

$$P = \varphi \cdot G_\varphi \tag{3.8}$$

式中 φ——附着系数；

G_φ——附着质量。

轮胎的滑转要消耗发动机的功率，降低机器的效率、加速轮胎的磨损。

2．从动轮的力矩平衡方程式

从动轮被机架推着前进，所以作用在轮轴上的推力 P_T 与土对车轮的滚动阻力 P_{f2} 相平衡，P_{f2} 与垂直反力 R_2 对轮心所形成的力矩相平衡：

$$P_{f2} \cdot r_d = R_2 \cdot a \qquad (3.9)$$

$$P_{f2} = R_2 a / r_d = G_2 f_2 \qquad (3.10)$$

$$f_2 = P_{f2} / G_2 \qquad (3.11)$$

由此可见，滚动阻力系数是轮胎在一定条件下滚动时所需推力与轮胎负荷之比，即单位车辆重力所需之推力，换言之，滚动阻力等于滚动阻力系数与轮胎负荷之乘积。

一般将驱动轮滚动阻力 P_{f1} 和从动轮滚动阻力 P_{f2} 之和统称为车辆滚动阻力，即

$$P_f = P_{f1} + P_{f2} = f \cdot G \qquad (3.12)$$

滚动阻力系数由试验确定，滚动阻力系数与路面的种类，行驶车速以及轮胎的构造、材料、气压等有关，表 3.1 给出了工程机械在某些路面上，以一定速度行驶时，滚动阻力系数的大致数值。

表 3.1 滚动阻力系数 f 的数值

路面类型	滚动阻力系数	路面类型	滚动阻力系数
良好的沥青或混凝土路面	0.010～0.018	压实土路（雨后泥泞土路）	0.100～0.250
一般的沥青或混凝土路面	0.018～0.020	干砂	0.100～0.300
碎石路面	0.020～0.025	湿砂	0.060～0.150
良好的卵石路面	0.025～0.030	结冰路面	0.015～0.030
坑洼的卵石路面	0.035～0.050		
压实土路（干燥的）	0.025～0.035		

工程机械有效牵引力 P_{KP} 为驱动轮胎克服自身滚动阻力和从动轮滚动阻力之后输出的平行于地面，并沿行驶方向作用的推力。

$$P_{KP} = P_K - P_{f1} - P_{f2} = P_K - P_f \qquad (3.13)$$

四、影响滚动阻力的因素

车轮在行驶时要克服各种阻力，其中包括滚动阻力。克服滚动阻力所消耗的功通常有 3 部分：克服轮胎变形、路面变形和二者之间的摩擦。滚动阻力系数是上述 3 种能量消耗的综合反映。因此讨论轮胎动力学必然要涉及影响滚动阻力的因素。

1．轮胎变形的影响

轮胎变形会使得地面垂直反力与轮轴负荷 G 形成滚动阻力矩，将此滚动阻力矩除以车轮动力半径 r_d 即为滚动阻力（与行驶方向相反），可见轮胎滚动阻力矩大小由轮胎变形决定。然而轮胎变形又要消耗能量用以克服橡胶、帘布的摩擦，以及车轮组件之间的机械摩擦，如内、外胎之间，轮胎与轮辋之间的机械摩擦。

所有影响轮胎变形的因素都将影响滚动阻力值，如轮胎气压、轮胎的宽度与直径。

（1）轮胎气压：轮胎充气压力对滚动阻力的影响较为复杂，在考虑轮胎气压的同时还必须考虑行驶的路面条件，做出全面分析。

当轮胎行驶于坚硬路面上时，则行走系统功率的消耗主要决定于轮胎的变形量。很显然轮胎充气压力越高、变形量就越小，则相应的滚动阻力就小。

当轮胎行驶于松软路面或未加修整的场地时，路面变形量很大是使滚动阻力增加的重要因素，此时多采用降低轮胎充气压力的办法降低接地压力，以获得较大的附着力，但总的来看这种办法并不是降低滚动阻力的最有效措施。

（2）轮胎宽度和直径：增加轮胎宽度可以增加接地面积，有利于降低路面的变形，因此可以降低滚动阻力。但实际研究的结果表明，这种措施的效果并不显著。这是因为轮胎宽度的增加可以使其径向刚度增加，这在软路面上会引起滚动阻力增加。另外轮胎宽度增加也会使得在路面上遇到障碍的机会也增多。

实验又表明，车轮直径对滚动阻力是有影响的，车轮直径大而滚动阻力小，车轮直径小则滚动阻力大。

工程机械均采用大直径、大宽度的低压轮胎，从多方面来降低滚动阻力和提高牵引能力。

2．路面条件的影响

路面情况对滚动阻力的影响极大，平坦硬路面对车轮的滚动阻力小，而松软不平的路面对车轮面滚动阻力大。因为土变形量过大，同样也增加作用在车轮上的滚动阻力矩，这个滚动阻力矩与所提到的情况不同的是地面对车轮反力方向倾斜于轮心方向而又不通过轮心。工程机械上采用大宽型低压轮胎在软路面上是有比较好的效果的。

3．行驶速度的影响

试验结果表明，在较低速度范围内速度对滚动阻力的影响甚微。随着车轮滚动速度的增加，滚动阻力略有降低，因为轮胎对地面短暂时间的作用对减少地面变形量略有作用。

4．从动轮与主动轮的滚动阻力

由于切线牵引力的作用，主动轮与路面接触印迹向轮胎前进方向移动，驱动力矩越大，这种现象越明显，因此地面对轮胎的垂直反力与轮心垂直距离越大，滚动阻力也越大。从动轮与地面接触印迹的变化不那么大，所以它比主动轮的滚动阻力小。

综上所述，影响滚动阻力的因素较为复杂。在工程机械的牵引计算中，由于车速较低、轮胎的规格和充气压力都加以合理地选择，因此认为滚动阻力只与对它影响最大的路面条件有关。

五、驱动轮的滑转效率与附着性能

1. 滑转效率

轮胎在作业过程中由于滑转而损失功率，通常用滑转效率标志它损失功率的多少。

$$\eta_\delta = \frac{P_K v}{P_K v_T} = \frac{v}{v_T} \tag{3.14}$$

式中　v——车体实际速度；

　　　v_T——车体理论速度。

因为

$$v = 2\pi \cdot r_g n \ ; \quad v_T = 2\pi \cdot r_d n \tag{3.15}$$

所以

$$\eta_\delta = \frac{v}{v_T} = \frac{r_g}{r_d} \tag{3.16}$$

由此看出，不论是从运动学角度，还是从动力学角度讨论滑转率和滑转效率，所涉及的本质都是一样的。

影响滑转率和滑转效率的因素是轮胎的周向变形、土的切向变形和轮胎相对地面的滑转情况，而这些因素又都随牵引力的变化而变化，也就是随车轮与地面之间的附着力而变化。因此，轮胎与地面的附着情况与滑转情况有密切关系。

2. 轮胎与路面之间的附着性能

在前面曾提到过附着力和附着系数的概念，即为了计算最大牵引力（附着力）P，而引入附着系数 φ，它是当轮胎与路面发生全滑转时附着力与附着质量的比值。由于附着力、附着质量和附着系数是工程机械设计中常用的重要参数，需要对它们做较为详细的讨论。

前面曾提及，当驱动轮有驱动力矩作用时会使轮胎的圆周力作用给路面，于是路面上的土给驱动轮以"总推力"，并把它称作为驱动轮的切线牵引力，切线牵引力克服各种阻力而使车辆前进。

切线牵引力是附着性质的力，其本质是轮胎与路面之间的摩擦力以及由于轮胎花纹与土之间嵌合而给土以挤压以致剪切的力总和。这个力随牵引负荷的增加而增加，同时伴随牵引负荷的增加，轮胎相对地面的滑转率也增加，当牵引负荷超过轮胎与地面之间附着能力的极限值之后，轮胎发生全滑转。这个过程中牵引力与滑转率之间的关系可由试验测得，图 3.3 即是所测得的曲线，称作滑转率曲线。从图 3.3 可见，某一牵引力 P_x 都对应有相应的滑转率 δ_x 和相应的附着系数 φ_x；当牵引力的增加使得滑转率 $\delta_x = 100\%$ 时（驱动轮全滑转），意味着附着力达到最大值，附着系数也达到最大值，以符号 φ 表示。此时

$$\varphi = \frac{P}{G_\varphi} \tag{3.17}$$

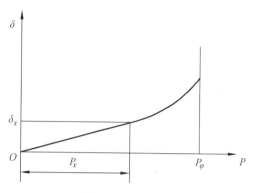

图 3.3　滑转率曲线

　　表 3.2 中所列 φ 值均为 $\delta = 100\%$ 时所测得的数据。它与许多因素有关：路面情况、轮胎结构和轮胎气压等。在硬路面上，附着系数 φ 主要取决于轮胎表面与路面之间的摩擦力的大小；在软路面上则主要取决于路面土的抗剪强度和轮胎与土之间的摩擦力；在潮湿路面上附着系数急剧下降，在泥泞路面和有水路面上附着系数下降到最低值。

表 3.2　轮胎在各种路面上的滚动阻力系数 f 和附着系数 φ

土的种类	轮胎气压/MPa									
	0.1		0.2		0.3		0.4		0.5	
	f	φ	f	φ	f	φ	f	φ	f	φ
黏性松土	0.10	0.83	0.14	0.75	0.17	0.70	0.18	0.67	0.19	0.65
	0.11	0.82	0.15	0.72	0.18	0.66	0.19	0.63	0.20	0.61
	0.12	0.80	0.16	0.68	0.19	0.62	0.21	0.58	0.22	0.55
	0.12	0.77	0.18	0.61	0.21	0.53	0.23	0.47	0.24	0.44
黏性实土	0.05	0.94	0.04	0.89	0.04	0.87	0.04	0.85	0.05	0.84
	0.05	0.89	0.05	0.80	0.06	0.75	0.06	0.71	0.07	0.69
	0.06	0.84	0.06	0.70	0.07	0.63	0.08	0.58	0.09	0.53
	0.07	0.75	0.08	0.55	0.09	0.43	0.10	0.34	0.11	0.26
非黏实土	0.06	0.78	0.06	0.70	0.07	0.65	0.08	0.62	0.09	0.60
硬柏油路	0.03	0.90	0.02	0.82	0.02	0.76	0.02	0.72	0.02	0.70

　　在松软路面上降低轮胎的充气压力可以增大接地面积、改善轮胎与路面之间的相互作用情况，因而提高了附着系数。

　　在进行总体参数的选择和确定发动机功率与底盘重量的匹配关系时，通常根据不同机种的作业特点来选择合理的附着系数 φ_H 作为额定工况，而不是把 φ 作为合理工况进行匹配。对于工程机械中的几种典型机种，通常选择 $\delta = 15\% \sim 35\%$ 范围内的某一值所对应的 φ_H 值作为额定工况进行匹配总体参数，例如，履带推土机常取 $\delta = 15\%$ 时，所对应的 φ_H 值作为额定工况，而轮式装载机取当 $\delta = 30\%$ 时，所对应的 φ_H 值作为额定工况进行总体参数的匹配。

六、轮式工程机械行驶效率

轮式机械行驶时，消耗于行走系统的功率包括两部分：一是消耗于克服滚动阻力上；二是消耗于滑转上。可以用轮式行走效率 η_x 表示行走机构功率损失的情况。轮式行走机构的效率 η_x 是车轮的输出功率与车轮的输入功率之比，等于行走机构牵引功率 N_P 与驱动功率 N_K 之比，也等于滚动效率 η_f 与滑转效率 η_δ 的乘积，即

$$\eta_x = \frac{P_{KP} \cdot v}{P_K \cdot v_T} = \eta_f \cdot \eta_\delta \qquad (3.18)$$

其中 η_f 为滚动阻力所引起的功率损失，即

$$\eta_f = \frac{P_{KP} v}{P_K v} = \frac{P_K - P_f}{P_K} = 1 - \frac{P_f}{P_K} \qquad (3.19)$$

η_δ 为轮胎滑转所引起的功率损失，即

$$\eta_\delta = \frac{P_K v}{P_K v_T} = \frac{v}{v_T} = \frac{r_g}{r_d} \qquad (3.20)$$

由此可见，工程机械的作业阻力（或挂钩牵引力）一定时，减小滚动阻力就可以提高滚动效率；如果近似地认为滚动阻力不随作业阻力而改变，那么作业阻力越大、滚动效率就越高，但从经济的角度看来，尽可能降低滚动阻力是提高滚动效率的根本所在。前面讲过的一切影响滚动阻力的因素都是影响滚动效率的因素。

滑转效率（3.14）式，滑转效率随滑转率或牵引力的增加而减小。

根据以上对轮式工程机械的行驶效率的分析得出如下结论：

① 为提高轮式工程机械的行驶效率，就应该减少轮胎的滚动阻力。

② 为提高轮式工程机械的行驶效率，就应该提高轮胎与路面的附着能力，减小滑转损失。

③ 轮式工程机械的行驶效率随作业阻力而变化。作业阻力同时影响到滚动效率 η_f 和滑转效率 η_δ，而且使二者趋于相反方向的变化。我们用图 3.4 表示这种变化过程，当作业阻力等于零时，其滚动效率等于零，而滑转效率等于 1。当有效牵引力增加时，其滚动效率随之提高，而滑转效率却降低。可见，当轮式工程机械的有效牵引力增加时，其滚动效率和滑转效率对其行驶效率起着相反的影响，因此可以肯定：当有效牵引力为某一数值时，其行驶效率达到最大值。

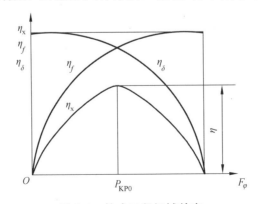

图 3.4 轮式工程机械效率

第二节　履带式工程机械行驶理论

履带式工程机械不像轮式工程机械那样在硬路面上行驶得机动、灵活和快速，但也不像轮式工程机械那样在松软路而上因有较高的接地压力难以通过，同时滚动阻力也较大。特别是在同等功率条件下，履带式行走装置比轮式行走装置能够发挥出较大的牵引力。这说明在不同的作业条件下，两种行走机构各有长处。

履带式行走机构由驱动轮、支重轮、托链轮、引导轮、履带（统称为"四轮一带"）、张紧装置等组成。履带围绕驱动轮、托轮、引导轮、支重轮呈环状安装，驱动轮转动时通过轮齿驱动履带使之运动，履带车辆就能行驶。

一、履带式工程机械行驶机构组成

履带行驶机构通常由悬架机构和行走装置两部分组成，如图 3.5 所示。

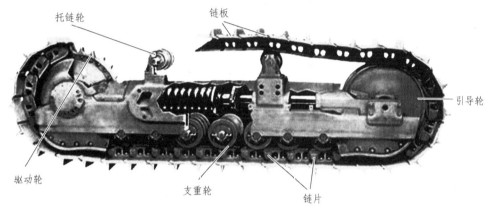

图 3.5　履带行走机构的组成

1．履带车辆的悬架机构

悬架机构是用来将机体和行走装置连接起来的部件，它把机体的重量传给行走机构并缓和地面传给机体的冲击，保证工程机械行驶的平衡性。

目前，工程机械所采用的悬架结构类型主要有以下几种：

（1）刚性悬架。机体和行走装置刚性连接，无弹性元件和减振器，不能缓和冲击和振动，但具有较好的作业稳定性，一般用于运动速度较低的挖掘机、吊管机、挖沟机和履带装载机上。

（2）半刚性悬架。机体前端与行走装置弹性连接，后端以铰链形式与行走装置刚性连接，机体的部分质量经弹性元件传递给支重轮，可以部分地缓和冲击与振动。同时，台车架可以绕铰接点相对机体做上下摆动，使履带能较好地适应地面的不平情况，接地压力均匀，附着性能好。目前，履带推土机多采用这种悬架结构。

（3）弹性悬架。设有整体式台车架，支重轮安装在几个平衡台车或独立台车上。托链轮、引导轮等则固定在机架上，机体的全部重量（包括行走装置中的托链轮、引导轮、驱动轮等）都经弹性元件传给支重轮，因此，比半刚性悬架具有更好的缓冲性能，并且能更好地适应地面不平情况。但结构复杂，承载能力较低，目前仅用于小型或高速履带车辆上。

2.履带行走装置

（1）履带总成。履带总成包括履带板、链轨节、履带销及其连接螺栓组件。履带板的宽度，履带接地长度及履带轨距在总体设计中确定。履带承受很大的拉力，且在泥水砂土中工作，主要损坏形式是磨损。

（2）驱动链轮。驱动链轮应保证与履带总成的正确啮合关系，其直径尺寸要有利于降低整机重心高度，增加履带的接地长度，还要综合考虑整机离地间隙，多数履带式工程机械将驱动链轮布置在后方。

（3）支重轮。支重轮承受整机重量并在履带上滚动，防止履带横向滑脱，要求支重轮滚动表面具有高强度和耐磨性，并具有可靠的密封结构，保证在泥水砂土中可靠工作。

（4）托链轮。托链轮安装在履带的上方区段，减少履带的跳动和下垂量，防止履带侧向滑脱，其位置应有利于使履带脱离驱动链轮的啮合。

（5）引导轮和履带张紧装置。它用于引导和张紧履带，并调节履带的松紧程度，要求其张紧可靠，调整方便，具有一定的调整范围，缓冲性能好。

二、履带式机械的行驶原理

履带行驶机构的构造比车轮复杂，它由驱动轮、引导轮、支重轮、链轨和台车架所组成。驱动链轮与链轨相啮合，犹如链条传动一样，所以链轮与链轨在啮合传动过程中，无论负荷多么大，链轮与链轨是不可能打滑的，即在任何条件下只要链轮能够回转，则链轨就能绕驱动轮和引导轮而绕转。履带车辆之所以能够克服各种阻力而向前行驶，就是因为驱动轮通过履带把驱动力传给地面。与此同时，地面对履带的反力通过履带传给驱动轮，再通过驱动轮作用到车体上去驱使整车前进。

履带式机械是靠履带卷绕时地面对履带接地段产生的反作用力推动车辆行驶的。履带行走机构的行驶原理（见图3.6）。由于履带接地面积大，每个履带板的履刺都受到地面反力作用，而整条履带的切线牵引力为

$$P_K = \sum \Delta P_i \qquad (3.21)$$

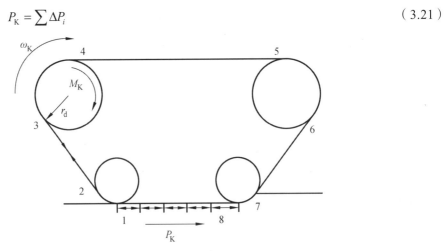

图3.6　履带式机械行驶原理图

履带式机械行驶时，假设发动机经传动系传递到驱动轮上的驱动力矩为M_K，在M_K的作

用下，驱动段产生大小等于驱动力矩 M_K 与驱动轮动力半径 r_d 之比的拉力 P_K，对于履带内部的零部件来说，P_K 是内力，P_K 力图把接地段从支重轮下拉出，致使土对接地段的履带板产生水平的反作用力。这些反作用力的合力 P_K 叫作履带式机械的驱动力，其方向与机器行驶的方向相同，履带式机械就是在驱动力 P_K 的作用下行驶的。

履带与地面之间的附着力由两个因素组成：一是履带与地面之间的摩擦力，二是履带对地面的剪切阻力。

三、履带行驶机构运动学

履带行驶机构是由大节距链轮和链轨组成的，并且一般在低速情况下运转，它的运动情况具有低速链传动的特性；尽管驱动链轮的转速为常数，但链的运动速度却不均匀，节距越大速度越高，运动速度越不均匀，冲击与振动越严重。假设驱动轮与履带之间无滑动，则可以通过驱动轮每转一圈所卷绕（转过）的链轨节的总长计算履带卷绕运动的平均速度 v_p，当履带在地面上做无滑动行驶时履带式机械的平均行驶速度 v_p 等于理论行驶速度 v_T，即

$$v_p = \frac{z l_0 \omega_K}{2\pi} = \frac{z l_0 n}{60} = v_T \qquad \text{(m/s)} \tag{3.22}$$

式中　l_0——链轨节销孔的中心距离，mm；

　　　z——驱动链轮的啮合齿数；

　　　ω_K——驱动链轮角速度，rad/s；

　　　n——驱动链轮的转速，r/min。

而当履带式机械实际工作时，即使牵引力没有超过履带与地面的附着力，由于履带挤压土并使履带在水平方向有滑转的趋向，因而履带与地面之间存在少量的滑转，使履带式机械的实际速度 v 小于理论速度 v_T，与轮式机械相似，用滑转率 δ 来表示履带滑转的程度，则滑转率 δ 为

$$\delta = \frac{v_T - v}{v_T} \times 100\% \tag{3.23}$$

在履带车辆行驶时，若履带与地面之间无滑转时，则履带车辆的行驶速度就等于链轮与链轨传动时节圆的圆周速度，这时车辆的行驶速度即为理论速度，在数值上等于履带绕转的平均速度，即

$$v_T = r_d \omega_K \tag{3.24}$$

式中　r_d——链轮节圆半径（驱动轮动力半径），m。

当履带式车辆进行牵引作业时，即使作业阻力没有超过履带与地面之间的最大附着力，但是履刺在水平方向挤压土体，使土体发生挤压变形，因此履带仍存在少量的滑转，其结果使履带式车辆的实际速度 v 小于理论速度 v_T，即

$$v = v_T - v_\delta \tag{3.25}$$

式中　v_δ——履带相对地面的滑转速度。

通常用滑转率 δ 表示履带相对地面的滑转程度，这也就是表明了由于履带滑转而引起车

辆的行程和速度的损失情况。滑转率按下式计算：

$$\delta = \frac{v_\delta}{v_T} = \frac{v_T - v}{v_T} = 1 - \eta_\delta \qquad (3.26)$$

式中　η_δ——履带的滑转效率。

履带式车辆在空载行驶时的滑转率极小，因此常用其空载行驶速度来代替其理论速度，则滑转率又可写成

$$\delta = \frac{v_0 - v}{v_0} = 1 - \eta_\delta \qquad (3.27)$$

这一点在实测履带车辆的滑转率是很方便的。

四、履带行驶机构动力学

1. 履带式车辆驱动链轮上的动力消耗

由于履带行驶机构结构较为复杂，内部相对运动的零件较多，因此内部功率消耗也较多，这是对它进行动力学分析时要加以注意之处。

发动机传递给驱动轮的动力，除了克服作业阻力、履带沿路面的滚动阻力外，还要有一部分用来克服台车架各运动零件和履带本身的内摩擦。

$$M_K = M_{KP} + M_f + M_m \qquad (3.28)$$

式中　M_K——发动机传给驱动轮的驱动转矩；

　　　M_{KP}——克服水平作业阻力所需驱动转矩；

　　　M_f——克服履带沿地面滚动阻力所需驱动转矩；

　　　M_m——克服台车架和履带的内部摩擦所需驱动转矩。

下面分别说明这些力矩的求法：

$$M_{KP} = P_{KP} r_d \qquad (3.29)$$

$$M_f = P_f r_d \qquad (3.30)$$

式中　P_f——履带在路面上行驶的滚动阻力。

M_m包括履带链轨节铰销中的摩擦，引导轮、托链轮轴承中的摩擦，支重轮轴承中的摩擦和支重轮沿链轨的滚动摩擦，驱动链轮与链轨啮合时的摩擦及履带的振动等所需的驱动转矩。即

$$M_m = M_{m1} + M_{m2} + M_{m3} \qquad (3.31)$$

式中　M_{m1}——克服履带链轨节铰销中的摩擦所需驱动力矩；

　　　M_{m2}——克服引导轮、托链轮轴承中的摩擦所需驱动力矩；

　　　M_{m2}——克服支重轮轴承中的摩擦和支重轮沿链轨的滚动摩擦所需驱动力矩。

2. 履带式行驶机构的滚动阻力

从式（3.28）所表达的驱动轮转矩消耗情况来看，其中损失掉的转矩包括有两部分：一

部分是由行驶机构各摩擦副中的摩擦阻力所造成的损失，如 M_m；另一部分是由于履带行驶机构在行驶时，履带的滚动阻力所造成的损失，如 M_f。

将式（3.28）除以驱动轮动力半径 r_d，便可求得相应的阻力：

$$\frac{M_K}{r_d} = \frac{M_{KP}}{r_d} + \frac{M_f}{r_d} + \frac{M_m}{r_d} \tag{3.32}$$

即

$$P_K = P_{KP} + P_f + P_m \tag{3.33}$$

在这两部分损失中，M_m / r_d 消耗于行走机构的内部，而 M_f / r_d 则消耗于行走机构的外部。

外部行驶阻力 $P_f = M_f / r_d$ 和内部行驶阻力 $P_m = M_m / r_d$ 很难单独测出，通常只能在拖动试验中把两种损失混在一起测出。在拖动试验中，被测车辆（不加任何制动）由牵引车牵引，用测力计测量出牵引时的拉力，此拉力就是被测车辆的滚动阻力（见图3.7）。

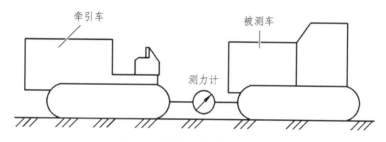

图 3.7　履带式滚动阻力测定

根据试验结果，滚动阻力 P_f 近似地与机重 G 成正比，因而滚动阻力常常用滚动阻力系数与机重的乘积来去示

$$P_f = fG \tag{3.34}$$

式中　f——履带式机构的滚动阻力系数；

　　　G——履带式机械的总重量。

在表3.3中列出了不同地面条件下从试验中获得的滚动阻力系数 f 值。

表 3.3　履带式机械的滚动阻力系数 f 和附着系数 φ

支承面种类	f	φ	支承面种类	f	φ
铺砌的路面	0.05	0.6～0.8	细砂地	0.10	0.45～0.55
干燥的土路	0.07	0.8～0.9	收割过的草地	—	0.7～0.9
柔软的砂质路面	0.10	0.6～0.7	开垦的田地	0.10～0.12	0.6～0.7
沼泽地	0.10～0.15	0.5～0.6	冻结的道路	0.03～0.04	0.2

由于履带行驶机构的特殊性，通常将把履带行驶机构内部摩擦阻力中固定数值那一部分纳入外部滚动阻力中去形成了等效滚动阻力，再把随链轮驱动力而变化的那一部分摩擦阻力以驱动效率 η_q 考虑而形成等效驱动转矩 $M_K \cdot \eta_q$。这样归纳的结果，由于把履带行驶机构视作

无内摩擦损失的机构而使得对它进行动力学计算和测试都很方便，即

$$\frac{M_K}{r_d}\eta_q = \frac{M_{KP}}{r_d} + \frac{M_f}{r_d} \tag{3.35}$$

$$P_K' \cdot \eta_q = P_{KP} + P_f = P_K \tag{3.36}$$

五、影响履带行驶阻力的因素

1．外部行驶阻力的影响因素

履带行驶机构的外部行驶阻力主要是由履带前方土的垂直变形而引起的，尽管履带下面土所承受的是带状负荷，但土的垂直变形却十分复杂，影响履带行驶机构外部行驶阻力的主要因素有：

（1）土的变形特性。随土的性质和状态的差异而不同，履带行驶机构在松软土上的行驶阻力比在干燥、密实土上的行驶阻力要大得多。

（2）履带接地比压对行驶阻力有影响，降低接地比压可以显著地减少行驶阻力。

（3）履带的结构尺寸对行驶阻力也有影响。从降低滚动阻力的观点来看，在接地比压相等的情况下，狭而长的履带显然要比宽而短的履带更为有利。然而在设计履带合理尺寸时，不仅要考虑到滚动阻力的因素，而且还要研究履带形状对履带承载能力和转向阻力的影响。设计合理的履带形状需要综合考虑滚动阻力、附着能力、承载能力、转向阻力等多方面的因素。

2．内部行驶阻力的影响因素

（1）履带张紧度的影响。履带过分张紧或松弛都会引起摩擦损失的增加。履带张紧度过大，由于法向压力增大而使各轴承和铰链中的摩擦损失增加。当履带过分松弛时，则履带上下振动所消耗的功率以及履带绕过托轮、驱动轮、导向轮时的冲击损失都会增加。显然这些损失都与行驶速度有关。当速度增高时，最佳张紧度也随之降低。当行驶速度较低时，则最佳张紧度也提高。因此，对于低速作业的履带式机械、其张紧度以较松弛为宜。

（2）轴承和铰链中的润滑和密封条件的影响。润滑和密封对履带节销摩擦损失和寿命有重要的影响。当密封性能较差时，水、泥砂进入摩擦表面，增大了摩擦损失。因此，现代履带工程机械的支重轮上广泛采用了密封性能良好的浮动油封，这种油封由两个金属密封环和两个"O"形橡胶环组成，在安装时通过"O"形橡胶圈弹性变形，保证在两个金属密封圈和密封端面产生一定轴向力以保持密封能力。值得提出的是近年来已开始采用液体润滑油润滑的履带销。这种密封结构和润滑方式不仅减少了摩擦功率的损耗，而且大大延长了履带的使用寿命。

（3）支重轮沿链轨滚动摩擦的影响。影响支重轮滚动摩擦的主要因素是支重轮的直径。适当地增大支重轮的直径有助于减少滚动摩擦损失。但支重轮直径越大，履带接地压力分布不均匀程度越大，使地面起伏较大，这反过来倒会增加支重轮的滚动阻力以及由于履带板附加转动而增加了摩擦损失。

六、履带行驶机构的附着性能及其影响因素

履带与地面的附着性能是指它们之间的相互作用所具有的抗滑转能力，这一点与轮式工

程机械附着性能的概念并无本质上的差别。附着性能表现在为使履带克服全部外界阻力而行驶时地面对履带的"总推力"，也把它叫作履带的切线牵引力。

由于履带行驶机构与地面相互接触的部分，即有履带板的接触，又有履刺的插入，随着驱动链轮在驱动转矩作用下，履带触地部分与地面共同作用，产生推动车辆行驶的与车辆前进方向相同的作用力，即履带行驶机构与土的附着力。附着性能的好坏，可用滑转率和附着力来分析。

履带与土的附着能力可以用与一定滑转率相应的牵引力来表示。通常采用正常工作所允许的最大滑转率 δ_H（或称额定滑转率）和履带完全打滑的滑转率 $\delta=100\%$ 作为滑转曲线上的特征点。与 δ_H 相应的牵引力 P_H 称为额定牵引力；与 $\delta=100\%$ 相应的牵引力 P_φ 称作附着力。

正常工作所容许的最大滑转率是根据不同用途的履带式工程机械的工作特点，人为给定的一个数值。对于履带式工程机械，δ_H 应根据保证机器在作业时具有最大生产率的条件来规定。对于履带式推土机通常取 $\delta_H=10\%\sim15\%$。

根据试验结果，在由附着条件所决定的最大牵引力 P_φ 与机器附着重量 G_φ 之间存在近似正比例关系。因此也常常用两者的比例系数 φ 来表示履带与路面间的附着性能，称为附着系数，可由下式表示：

$$\varphi = \frac{P_\varphi}{G_\varphi} \tag{3.37}$$

如前所述，地面对履带的抗滑转反力是由地面与履带间的摩擦力和履刺挤压、剪切土体的反力这两部分组成的。

当履带在硬路面行驶时主要依靠摩擦力推动车辆前进；在软路面上行驶时，则履刺参与工作。对于摩擦性的土质（例如干砂土），履刺间土的抗剪切能力主要取决于砂土的内部摩擦力。对于黏性土质来说，履带的尺寸（它决定剪切面积的大小）会对附着性能产生显著的影响。也就是说，随着履带接地面积的增大，履带的附着能力也就增强。

关于履刺的作用，对于黏性土质，增加履刺的高度有助于提高履带的附着能力。履刺的高度对砂质土的附着能力影响很小。而对于亚黏性土则履刺高度对附着能力的提高有显著的影响。但是履带式机械在黏性土上行驶时，常常因为土黏结在履刺上面降低了履刺的作用。专供湿地使用的湿地推土机，广泛采用三角形断面的履带板，这种履带板脱土容易，因而提高了履刺效果。

七、履带行走机构的效率

在概念上履带式和轮式工程机械的行走机构的效率都是一样的。

$$\eta_x = \frac{P_{KP}v}{P_K v_T} = \frac{P_{KP}v}{(P_{KP}+P_{f\Sigma})} \frac{v}{v_T} \eta_q = \eta_f \eta_\delta \eta_q \tag{3.38}$$

从式（3.38）可见，履带行走机构的行驶效率等于履带的滚动效率、滑转效率和履带驱动效率之积。由于 η_q 几乎不随驱动力矩而变化，但 η_f 和 η_δ 都随有效牵引力而变，而且其变化趋势也与轮式行走机构相同。因此也可以肯定，有效牵引力为某一数值时，履带行走机构的行驶效率是最大值，这样的有效牵引力值称为最佳值。

第四章

工程机械的牵引性能

工程机械工作过程有两种典型工况：牵引工况和运输工况。

牵引工况时，工程机械需要克服工作装置作业而引起的巨大工作阻力，需要发动机和底盘系统发挥强大的牵引力。此时，工程机械以低挡工作。

运输工况时，工程机械仅需克服车辆的行驶阻力，此时，工程机械以高档工作。

工程机械牵引性能是指工程机械依靠其行走机构和地面的相互作用所发挥的牵引力来完成作业过程的能力。

本章分别介绍工程机械的牵引性能和动力性能。

第一节　工程机械的牵引性能

一、工程机械的牵引平衡

（一）驱动力的确定

工程机械的驱动力是地面作用在其行走机构上的切线牵引力，它是发动机传至驱动轮上的驱动转矩，并依靠行走机构与地面之间的附着作用才得以充分发挥。

对大多数工程机械来说，发动机的功率在输入变速箱之前，必须分出一部分来驱动车辆的辅助装置，有的工程机械还需分出相当大的部分功率来驱动工作装置。因此，在计算自由转矩 M_{ea} 时，应将这部分转矩从发动机的转矩中扣除。

$$M_{ea} = M_e - M_F - M_{out} \tag{4.1}$$

式中　M_e——发动机或发动机和变矩器复合动力装置的输出转矩；

　　　M_F——车辆辅助装置消耗的转矩，按辅助装置的实际工作情况计算；

　　　M_{out}——工作装置消耗的转矩，按工作装置驱动油泵的工作状态计算。

工程机械在等速稳定运转条件下，传至驱动轮上的驱动转矩 M_K 为

$$M_K = M_{ea} i_m \eta_m \tag{4.2}$$

式中　i_m——传动系总传动比（发动机或发动机和变矩器复合动力装置至驱动轮的传动比）；

　　　η_m——传动系总效率（发动机或发动机和变矩器复合动力装置至驱动轮的传动效率）。

在驱动转矩 M_K 作用下，行走机构切线牵引力 P_K 为

对轮式工程机械

$$P_K = \frac{M_K}{r_d} = \frac{M_{ea} i_m \eta_m}{r_d} \tag{4.3}$$

式中　r_d——驱动轮动力半径。

对履带式工程机械

$$P_K = \frac{M_K \eta_q}{r_d} = \frac{M_{ea} i_m \eta_m \eta_q}{r_d} \qquad (4.4)$$

式中　η_q——履带驱动轮效率，可取 $\eta_q = 0.96 \sim 0.97$。

（二）牵引力的平衡

工程机械工作时，无论是在牵引工况或运输工况、稳定运行或不稳定运行，都存在着抵抗、阻止机器前进的外部阻力。欲使机器向前运行，机器产生的驱动力，即圆周牵引力应该与工作阻力相互平衡。

当机器处于不稳定运行状态时，把机器的惯性力看作外部阻力，可以视为稳定状态，按静力来考虑机器的受力平衡。

工程机械在牵引工况下工作时，牵引力平衡方程为

$$P_K = P_{WK} + P_f \pm P_\alpha \pm P_J \qquad (4.5)$$

式中　P_K——发动机提供给驱动轮的牵引力；

　　　P_{WK}——工作阻力；

　　　P_f——滚动阻力；

　　　P_α——坡道阻力，上坡取正，下坡取负；

　　　P_J——惯性阻力，加速取正，减速取负。

工程机械在运输工况下工作时，工作阻力为零，但行驶速度比较高，必须考虑空气阻力。牵引力平衡方程为

$$P_K = P_f \pm P_\alpha \pm P_J + P_W \qquad (4.6)$$

式中　P_W——空气阻力。

（三）牵引功率的平衡

牵引力的平衡不能反映行走机构滑转能量的损失，为了全面反映全部能量消耗情况，正确评价发动机的负荷程度，需要引出牵引功率的平衡方程。

工程机械在牵引工况下工作，对于驱动轮可建立下述的功率的平衡方程为

$$N_K = N_P + N_f + N_\alpha + N_\delta + N_J \qquad (4.7)$$

式中　N_K——传递给驱动轮轴的功率；

　　　N_P——克服有效工作阻力消耗的功率；

　　　N_f——克服滚动阻力消耗的功率；

　　　N_α——克服坡道阻力消耗的功率；

　　　N_δ——行走机构滑转损失的功率；

　　　N_J——克服惯性阻力消耗的功率。

若将传动系和履带驱动段的功率损失以 N_{mt} 表示，或将轮式机械的传动系的功率损失以 N_m 表示。

对于整机而言，牵引工况的功率平衡方程采用轮式机械行走机构时

$$N_e = N_F + N_{out} + N_m + N_\delta + N_f + N_\alpha + N_J + N_P \tag{4.8}$$

采用履带式机构时，式（4.8）中的 N_m 应替换为 N_{mt}。

当机器沿水平路面匀速运行时，功率的平衡方程可简化为

$$N_P = N_F + N_{out} + N_m + N_f + N_\delta + N_P \tag{4.9}$$

工程机械在运输工况下工作时，牵引功率的平衡方程为

$$N_K = N_f + N_\alpha + N_J + N_\delta + N_W \tag{4.10}$$

式中　　N_W——克服空气阻力消耗的功率。

（四）牵引功率

工程机械有效作业的牵引效率 η_{KP} 为

$$\eta_{KP} = \frac{N_P}{N_K} = \eta_{FO} \eta_m \eta_f \eta_\delta \tag{4.11}$$

式中　　η_{FO}——扣除辅助装置及其他输出轴消耗的功率后，应用于驱动行驶的效率；

　　　　η_m——机器传动系统的总效率（履带行走机构应为 η_{mt}，即传动系履带驱动段的效率）；

　　　　η_f——考虑克服滚动阻力功率损失的效率；

　　　　η_δ——考虑滑转所造成功率损失的效率。

二、牵引特性

牵引特性是反映工程机械牵引性能和燃料经济性最基本的特性曲线。牵引特性以图解的形式表示了工程机械在一定的地面条件下，在水平地段以全油门做等速运行时，工程机械各挡位的牵引参数随有效牵引力 P_{KP} 而变化的函数关系。这些牵引参数包括：有效牵引功率 N_{KP}，实际速度 v，牵引效率 η_{KP}，小时燃油耗 G_P，比油耗 g_{KP}，滑转率 δ 和发动机功率 N_e（或转速 n_e）。

牵引特性可分为理论特性和试验特性两种。理论牵引特性是根据工程机械的基本参数，通过牵引计算来绘制的。由于计算时不可避免地要引入某些假设，所以理论牵引特性与实际情况总会有某些出入。试验牵引特性是通过牵引试验测得的牵引特性，较能真实地表明工程机械实际牵引性能和燃料经济性。

工程机械的牵引特性是各挡牵引性能和经济性的全面描述。一般采用机器在最低挡的某些特征性工况下各项牵引参数的具体数值作为表征机器的牵引性能和经济性的基本指标。这些特征工况有：

① 最大有效牵引功率 N_{Pmax} 工况；

② 最大牵引效率 η_{Pmax} 工况；

③ 发动机额定功率 N_{eH} 工况；

④ 额定滑转率 δ_H 工况；

⑤ 由发动机转矩决定的最大牵引力 $P_{me\,max}$ 工况；

⑥ 由附着条件决定的最大牵引力 P_{φ} 工况。

工程机械的牵引特性如图 4.1 所示。

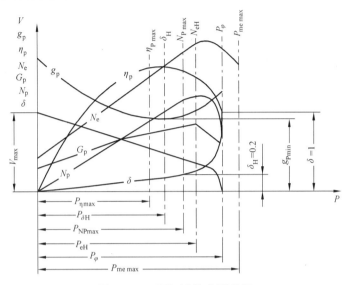

图 4.1 工程机械的牵引特性

对牵引特性进行研究有以下作用：

（1）在机械的设计过程中，牵引特性被广泛地用来研究和检查发动机、传动系、行走机构和工作装置的参数之间的匹配是否合理。

（2）比较、评价各个总体方案的动力性能和经济性能，并择优确定设计方案。

（3）评价、判别设计方案与现有同类机器相比较的优劣；通过牵引特性全面量化地描述机器的牵引性能、速度性能和经济性。

（4）在机器使用过程中，牵引特性有助于合理地使用机器，有效地发挥机器的生产率；合理地组织机械化施工中各种机型的配合，充分发挥各机器的性能。

三、理论牵引特性

理论牵引特性是根据机器的基本参数，通过牵引计算绘制的机器各挡位的有效牵引功率 N_P、实际运行速度 v、牵引效率 η_P、小时燃油耗 G_P、比油耗（燃油消耗率） g_P、滑转系数（滑转率） δ 和发动机功率 N_e 随有效牵引力 P 而变化的函数关系等牵引特性函数曲线。

一般的理论牵引特性是在机器采用有级变速的情况下，通过牵引计算获得的。若机器采用理想的自动无级变速装置，在水平面上匀速运行，且能按牵引力的变化自动调整运行速度，使发动机一直保持在相当于最大功率的恒定工况下工作时，获得的牵引特性称为机器的理想牵引特性。

求解机器牵引特性的方法有图解分析法、作图法和解析法。本书只介绍用解析法求解机械传动牵引特性的方法。

1．原始资料

为了绘制牵引特性曲线，必须已知下列原始资料：

（1）发动机调速外特性，应包括 $n_e = f_e(M_e)$，$N_e = f_N(M_e)$，$G_e = f_G(M_e)$。

（2）传动系各挡的总传动比 i_m 及相应的总传动效率 η_m。

（3）机械的使用重量 G 和附着重量 G_φ，或已知土对驱动轮的法向反力 R 和对所有车轮的法向反力。

机器的使用重量 G 中包括冷却水、润滑油、燃料等全部液体重量（燃料在容量的 2/3 以上，冷却水、润滑油、工作油按规定注入），随车工具及驾驶员体重（按 60 ~ 65 kg 计算）。

（4）行走机构的结构与参数，即轮式行走机构的轮胎型号、规格、布置方式、胎内气压、动力半径或履带式行走机构驱动轮的动力半径。

（5）地面条件，即土的类别、状态与含水量。对于铲土运输机械，典型的地面条件为自然密实的黏性新切土。

2．图解分析法绘制牵引特性的绘制步骤

（1）根据发动机调速外特性上的力矩曲线，按公式 $M_{ea} = M_e - M_F - M_{out}$，绘制扣除辅助装置和功率输出轴的消耗后的发动机力矩曲线 $M_{ea} = f_M(n_e)$，如图 4.2 所示。

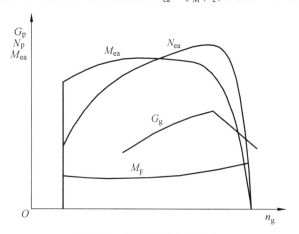

图 4.2　发动机调速外特性

当功率输出轴有功率分流时，通过下列公式绘制扣除辅助装置和功率输出轴之后的发动机有效功率 N_{ea} 曲线 $N_{ea} = f_N(n_e)$ 和小时燃油耗 G_P 曲线 $G_P = f_G(n_e)$

$$N_{ea} = N_e - N_F - N_{out} \tag{4.12}$$

$$G_{ea} = G_e \frac{N_{ea}}{N_e} \tag{4.13}$$

然后将 $M_{ea} = f_N(n_e)$、$N_{ea} = f_N(n_e)$、$G_{ea} = f_N(n_e)$ 曲线转换为以 M_{ea} 为自变量的相应曲线，并绘入图 4.3 的第二象限。

以下步骤将按功率输出轴无功率输出的情况考虑，当有功率输出时，其绘制方法并无原则差别。

（2）按公式 $P_f = fG$（对于履带式机械），或 $P_f = f[\sum R + (\beta - 1)R]$（对于轮式机械），计

算滚动阻力 P_f。自坐标原点 O 向左量取相当于 P_f 之线段 OO_1。以 O_1 作为圆周牵引力 $P_K = f_P(M_{ea})$ 直线的原点，作直线 O_1C 表示函数 $P_K = f_P(M_{ea})$，即

$$P_K = \frac{M_{ea} i_m \eta_m}{r_d} \quad\quad\quad (4.14)$$

（3）在第一象限内绘制滑转率曲线 $\delta = f_\delta(P)$。对于轮式机械（胎内气压为 0.2 ~ 0.3 Mp）：

$$\delta = 0.1 \frac{P}{G_\varphi} + (5.48 \sim 9.25)\left(\frac{P}{G_\varphi}\right)^8 \quad\quad\quad (4.15)$$

或按下列公式绘制 $\delta = f_\delta(P)$（在土壤条件变化时）：

$$\delta = \left[A\left(\frac{P}{R}\right) + B\left(\frac{P}{R}\right)^n \right]100\% \quad\quad\quad (4.16)$$

对于履带式机械：

$$\delta = 0.05 \frac{P}{G_\varphi} + 3.92\left(\frac{P}{G_\varphi}\right)^{14.1} \quad\quad\quad (4.17)$$

（4）在第一象限绘制 $v = f_v(P)$ 曲线。因为 $v = 0.377 \frac{n_e r_d}{i_m}(1-\delta)$，以 P 为自变量，给定某一 P_i 值，可由 $\delta = f_\delta(P)$ 曲线确定对应的 δ_i，由 P_i 还可以通过 $P_K = f_P(P)$ $[P_K = f_P(M_{ea})]$ 确定对应的 P_{Ki}、M_{eai}，再通过 $n_e = f_n(M_{ea})$ 曲线确定 n_{ei}。由 δ_i、n_{ei} 可求出 v_i，则（P_i，v_i）为 $v = f_v(P)$ 曲线上的一点。用同样的方法可获得足够的点，即可做出 $v = f_v(P)$。

（5）在第一象限作 $G_P = f_G(P)$ 曲线。由给定的 P_i 可顺序确定 P_{Ki}、M_{eai}、G_{eai}，因 $G_{Pi} = G_{eai}$，则（P_i，G_{Pi}）为 $G_P = f_G(P)$ 曲线上的一点。采用同样的方法，扩展该点，即可做出 $G_P = f_G(P)$ 曲线。

（6）根据 $v = f_v(P)$ 曲线作 $N_P = f_N(P)$ 曲线。由 $v = f_v(P)$ 曲线上任取一点（P_i，v_i），将 P_i、v_i 代入公式 $N_P = \frac{Pv}{3\,600}$，即可求出相应的 P_i 之 N_{Pi}。所以，依据 $v = f_v(P)$ 曲线，通过公式 $N_P = \frac{Pv}{3\,600}$ 进行计算可作出 $N_P = f_N(P)$ 曲线。

（7）作辅助曲线 $N_{ea} = f_N(P)$。由给定的 P_i，可顺序确定相应的 P_{Ki}、M_{eai}、N_{eai}，则（P_i，N_{eai}）为 $N_e = f_N(P)$ 曲线上的一点。由此可做出 $N_{ea} = f_N(P)$ 曲线。

（8）根据已得到的 $N_P = f_N(P)$、$N_{ea} = f_N(P)$ 曲线，应用公式 $\eta_P = \frac{N_P}{N_e}$ 计算，可作出 $\eta_P = f_\eta(P)$ 曲线。

（9）根据 $N_P = f_N(P)$ 和 $G_P = f_G(P)$ 曲线，应用公式 $g_P = 1\,000\frac{G_P}{N_P}$ 进行一系列计算，可作出 $g_P = f_g(P)$ 曲线。

在用图解分析法求解牵引特性的过程中，应充分注意各参数坐标比例尺的选取应保持一致性。图解分析法绘制的牵引特性如图 4.3 所示。

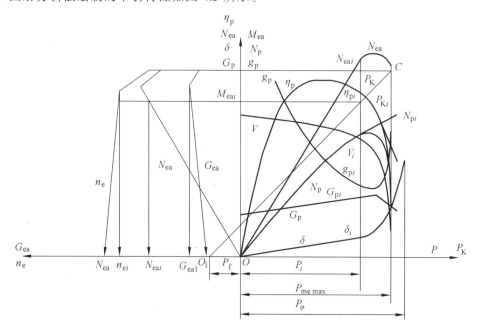

图 4.3　图解分析法绘制的牵引特性

四、试验牵引特性

工程机械的牵引特性可以通过牵引试验进行实际测定。通过这种实际测定所得到的牵引特性称为试验牵引特性。利用试验牵引特性可以全面地评价机器牵引性能和燃油经济性，也可以检验机器总体设计的合理性。

1. 牵引试验的方法和基本原理

牵引试验可以用鼓式或腰带式试验台来进行，这种试验台是按相对运动的可逆性原理制成的。在试验台上机器将停着不动，在驱动轮作用下地面则以行驶着的转鼓或履带的形式向机器的后方移动，为了保持机器不能往前运动，在水平面内通过测力计将机器固结在不动的机架上，机器的有效牵引力即由这一测力计来感受，而在鼓轮或履带链轮的输出轴上则装有制动装置（各种类型的测功器），可以进行加载和测功。

但在试验台上进行机器牵引试验的最大缺点是不能很好地反映行走机构与地面相互作用的真实情况。因此，跑道试验在目前仍然是世界各国进行牵引试验的标准方法。

跑道试验的试验地段应是微观平整的水平地面。坡度不应超过 0.5%。一般将沥青混凝土路面作为牵引试验的标准路面，在标准路面上进行的牵引试验又称为技术性试验，所获得的试验结果反映了机器可能的技术性能，便于比较不同机型的技术性能，但不代表机器在作业条件下的真实牵引性能。要全面评价机器的性能，应在包括新切土、密实土、土路、草地和沥青混凝土路面等具有代表性的路面条件下进行全面的牵引试验。

在跑道上进行牵引试验时，机器的牵引负荷是由拖挂在机器后面的负荷车来加载的。这种加载车辆可以用专门设计的负荷车或利用大功率的拖拉机来代替。通常采用控制负荷车发动机油门和换挡的方法实现制动（即加载），这样可以提供较稳定的制动力作为试验机器的载荷。

在试验时一般至少应测定以下数值：有效牵引力 P，试验车实际行驶距离 L，通过这一距离所用的时间 t，相应的燃料消耗量 G 和左、右驱动轮的转速 n_{KL}、n_{KR}，以及发动机的转速 n_e。有时为了进一步分析牵引效率的组成还可以附加测定发动机的输出扭矩和左、右驱动轮的驱动力矩 M_{KL}、M_{KR}。

如图 4.4 所示为牵引试验时所采用的电测仪器及其布置连接方案。图 4.4 中用环形测力计来测定有效牵引力 P。有效牵引力 P 由粘贴在拉力环内圆面上的大功率应变片感受。应变片组成测量电桥，电桥输出的测量信号记录在光线示波器上。机器的实际行驶距离 L 由安装在后部的五轮仪来测定。在五轮仪上装有感应式计数器，每转可以给出 6 个电脉冲信号，将其输出到光线示波器上进行连续记录。左、右驱动轮的转数分别由安装在驱动轮上的感应式计数器测定。燃油消耗量由测量油筒来测定，并由带穿孔的量杆随浮子移动来感受，通过光电计数器转换成电脉冲信号。发动机的转速由感应式计数器测定，该计数器可以在给出脉冲信号的同时直接由数码管读出转速的值，一般测定的是柴油机高压泵驱动轴转速输出的脉冲信号。试验的时间信号电脉冲由一台时间信号发生器供给。所有的电信号同时记录在一台光线示波器的纸带上。

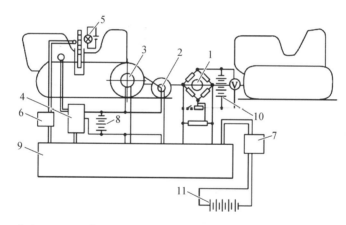

1—拉力环；2—五轮仪；3—驱动轮转速计数器；4—发动机数字转速计；
5—指示灯；6—光电计数器；7—时间信号发生器；8—计数器电源；
9—光线示波器；10—拉力环直流电桥电源；
11—示波器、时间信号发生器电源。

图 4.4　牵引试验用的电测仪器及其布置连接方案

2．试验程序

对于某种路面条件进行牵引试验时，要对每个挡进行多次试验，每次试验包括正、反方向各一个行程。机器的牵引力可以逐步提高，由空载开始，直至由行走机构的附着条件或发动机扭矩确定的该挡最大牵引力为止，试验过程中机器保持直线运行，试验结束时，及时开动和关闭记录仪器。

一般对于各挡，空载时试验 1 次，轻载时试验 5～6 次，接近最大牵引功率时试验 4～5 次，超载时试验 3～4 次。

完成上述试验后，可以获得某种地面条件时的某挡位的牵引特性，测取各挡特性后，再汇总绘入同一图上，即可以获得完整的牵引特性。

由于试验条件的偏差，牵引试验很容易产生结果不一致。为了提高试验结果的可靠性与可比性，可以采取以下措施：

（1）试验地段应尽可能选取接近实际作业中有代表性的土质条件，应严格控制、测定土的密度、含水量、强度等物理机械性质和地面坡度。

（2）牵引点高度应尽量符合实际作业情况。

（3）试验样机的技术状态应符合制造厂要求，并在试验前经过必要的跑合，使各总成工作性能稳定。此外试验前牵引机、负载车均应进行适当的空运转预热。

（4）测量仪器应按规定进行现场标定。

（5）试验过程中牵引机、负载车均应按操作规程操作，同时应尽可能地保持牵引负荷的稳定性。

3．试验数据的处理

根据牵引试验所获得的测试记录数据，经过整理即可以绘制试验牵引特性曲线。可以按下述程序确定所得的各项数值：

（1）有效牵引力 P，选择牵引负荷稳定的区段读取其平均值。

（2）实际运行速度 v，可以根据在相应区段（即读取平均有效牵引力的同一区段），由五轮仪测定的与读取有效牵引力区段相应的行驶距离 L 和相应区段的试验持续时间 t 来计算，即

$$V = 3.6\frac{L}{t} \qquad (km/h) \tag{4.18}$$

其中

$$L = m_L l$$

式中　　m_L——在这一区段内五轮仪计数器的脉冲数；

　　　　l——五轮仪的标定常数，即每一脉冲代表的行驶距离。

（3）小时燃油耗 G_P，可以根据读取有效牵引力的区段内由油耗仪测得的燃油耗量 G 来计算，即

$$G_P = 3.6\frac{G}{T} \qquad (kg/h) \tag{4.19}$$

$$G = m_G V\rho \tag{4.20}$$

式中　　m_G——计数脉冲数；

　　　　V——每个脉冲代表的容积；

　　　　ρ——燃料的密度。

（4）滑转率 δ，可以按空载和牵引负载下通过相应的实际行驶距离 L 时左右驱动的平均转数 n_0 和 n_k 来计算，即

$$\delta = \frac{n_0 - n_k}{n_0} \qquad\qquad (4.21)$$

（5）发动机的功率 N_e，可以根据在相应区段内的发动机平均转速 n_e，在台架试验测定的发动机调速外特性上取得。

（6）有效牵引功率 N_P、牵引效率 η_P、比油耗 g_P 等导出参数，可以按在绘制牵引特性曲线时所介绍的相应公式计算。

在对不同牵引负荷的试验进行上述计算后，即可以绘制出试验牵引特性曲线。

五、牵引性能参数的合理匹配

牵引特性是评价工程机械的牵引性能和燃料经济性的基本依据。牵引特性图的作用为：

（1）在牵引特性图上可以看到不同挡位下工程机械动力性和经济性各项指标的具体数值。

（2）可以从各挡特性曲线的形状、走向和分布中获知在不同牵引负荷下工程机械牵引性能和燃料经济性的变化情况、各挡传动比的分配情况和牵引力、速度的适应性能。

（3）可以根据各特征工况下的功率平衡来分析发动机额定功率的分配情况。

（4）从各特征工况在牵引特性图上的位置和相互关系中来分析牵引性能参数匹配的合理性。

通过这些分析将进一步表明各总成的工作性能是否获得充分发挥，并表示出工程机械牵引性能和燃料经济性良好或欠佳的原因。

牵引性能参数的合理匹配：

牵引性能参数是指机器总体参数中直接影响机械牵引性能的发动机、传动系、行走机构、工作装置的基本参数。由于牵引性能是车辆的基本性能，这些参数的确定也就决定了所设计机器的基本性能指标。

施工机械在作业时发动机、传动系、行走机构、工作装置既相互联系又相互制约。机器的整机性能不仅取决于总成本身的性能，而且也与各总成间的工作是否协调有着密切的关系，因此，在机器的总体参数之间存在着相互匹配是否合理的问题。只有正确地选择发动机、传动系、行走机构、工作装置的参数，并保证它们之间具有合理的匹配，才能充分发挥各总成本身的性能，从而使整机获得较高的技术经济指标。

对机械传动的车辆来说，机器的作业是通过发动机、传动系、行走机构和工作装置的共同工作来完成的，在这种共同工作过程中，机器每个总成性能的充分发挥都将受到其他总成性能的制约，而机器的牵引特性则将以机器外部输出特性的形式显示出各总成共同工作的最终结果，因此，在选择各总成的参数时，必须充分注意到它们之间相互的制约关系，这种制约关系主要反映在切线牵引力与发动机调速特性之间的相互配置，以及发动机的最大输出功率和工作阻力与行走机构滑转曲线之间的相互配置上。下面将着重讨论上述配置关系对各总成和整机性能的影响，以及如何保证机器牵引性能参数之间合理匹配的问题。

（一）切线牵引力在发动机调速特性上的配置

铲土运输机械的工作对象大多是较为坚硬的土石方，其中常常还有巨大的石块、树根等，土的均质性也比普通耕地差得多。因此，在作业过程中工作阻力会发生急剧变化，并常常出现短时间的高峰载荷以及行走机构完全滑转等情况，这是大部分铲土运输机构负荷工况的显著特点。工作阻力的急剧变化使得机器的切线牵引力也随之发生急剧的变化，后者通过传动系反映到发动机曲轴上来，就形成了曲轴的阻力矩急剧波动。许多研究表明，这种急剧波动的负荷对发动机的性能将产生很大的影响。

因此，在变负荷工况下，发动机的实际平均输出功率和平均比油耗会大大偏离它们的额定指标。平均输出功率和比油耗的数值与曲轴阻力矩 M_Z 在调速特性上的配置位置有关。对于同样变化的切线牵引力，当选择不同的传动系传动比时，可以在发动机曲轴上获得一系列相似的负荷循环。因此，通过调节传动比的方法就可以改变发动机负荷循环在调速特性上的位置，这就产生了应该如何配置曲轴阻力矩在调速特性上的位置，以获得最大的平均输出功率的问题（见图 4.5）。

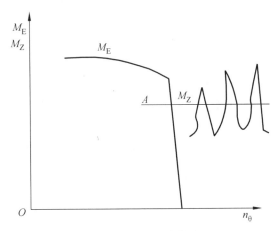

图 4.5　调速特性曲线

因此，发动机只有在稳定工况下工作时才能输出额定功率。而平均阻力矩的工作点才能配置得等于其额定转矩。当阻力矩发生波动时，发动机的最大平均输出功率总是小于它的额定功率。只有适当配置阻力矩在发动机调速特性上的位置，才能获得最大的平均输出功率。

（二）牵引性能参数合理匹配的条件

1．牵引性能参数合理匹配的第一个条件

由发动机转矩决定的最大牵引力 P_{max} 应大于地面附着条件所决定的最大牵引力（即附着力）P_φ。

满足第一个条件的原因：牵引性能参数的匹配必须保证工程机械在突然超负荷时，首先发生行走机构的滑转，而不应导致发动机熄火，此时由发动机扭矩所决定的最大牵引力应留有适当的储备（相对于地面的附着力而言）。此时，行走机构的滑转起着一种自动保护作用。它一方面减轻了司机的操作，另一方面自动地保护了发动机不致严重超载。

2．牵引性能参数合理匹配的第二个条件

当发动机在额定工况下工作时，机器的行走机构将在额定滑转率工况下工作，此时由发动机额定功率决定的有效牵引力 P_{NeH} 与行走机构额定滑转率决定的额定牵引力 P_H 应相等，即 $P_{NeH} = P_H$。

满足第二个条件的原因：工程机械在这样的匹配条件下工作时，有效牵引力稍大于额定

牵引力 P_H（例如大 10% 左右），即会引起行走机构完全滑转。这样，便于司机在作业过程中掌握作业参数，使工程机械尽可能在接近额定牵引力的范围内作业。

牵引性能参数合理匹配第二个条件的作用是：

（1）由于行走机构滑转的自动保护作用将防止发动机在作业过程中产生严重超载。

（2）使发动机在工作循环的大部分时间内将在调速区段上工作，从而可保证发动机在变负荷工况下能获得较好的动力性经济性。

3．牵引性能参数合理匹配的第三个条件

工程机械工作过程中的平均最大工作阻力 P_{max} 应等于行走机构的额定牵引力 P_H。

满足第三个条件的原因：

为了使工程机械获得较高的生产率，应保证工程机械作业过程中发生的最大工作阻力应在行走机构的额定滑转率工况附近，从而保证工作装置的容量与额定牵引力相适应。

（三）速度挡位数的选择和各挡传动比的分配

机械上采用多挡变速器的目的，主要是为了满足不同工况（运输工况和牵引工况）、不同作业条件以及工作循环中不同工序对牵引力和速度的要求。

选择挡位数和分配传动比时，通常都遵循着一些共同的原则：

（1）必须保证机器牵引特性图上各挡速度曲线有适当的重叠，并且高一挡的最大有效牵引力点应该处于低一挡的速度曲线之下（见图 4.6）。

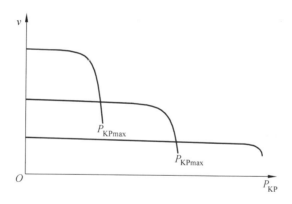

图 4.6　牵引特性的速度曲线

目的：当工作阻力大到必须换至低一挡时，机器的车速仍然接近换挡前的速度，发动机也不易熄火。

（2）为了使发动机的功率在各挡工作范围内均获得同等程度的利用（具有相同的平均功率），必须保证机器在各挡工作时发动机的扭矩、转速和功率都能在同一范围内变化。对轮式机械来说，也为了获得最大的起步加速度。

这一要求可通过按几何级数分配各挡传动比的方法来实现（见图 4.7）。

证明：由于

$$P_{K1} = C i_{m1} M'_e, \quad P_{K2} = C i_{m2} M'_e, \quad P_{K3} = C i_{m3} M'_e$$

其中

$$C = \eta_{\mathrm{m}} / r_{\mathrm{d}}$$

又有

$$P_{\mathrm{K}2} = C i_{\mathrm{m}1} M_{\mathrm{e}}'', \quad P_{\mathrm{K}3} = C i_{\mathrm{m}2} M_{\mathrm{e}}'', \quad \cdots$$

从上式中消去 $P_{\mathrm{K}2}$, $P_{\mathrm{K}3}$, $\cdots$, 则

$$i_{\mathrm{m}2} M_{\mathrm{e}}' = i_{\mathrm{m}1} M_{\mathrm{e}}''$$

$$i_{\mathrm{m}3} M_{\mathrm{e}}' = i_{\mathrm{m}2} M_{\mathrm{e}}''$$

$$i_{\mathrm{m}4} M_{\mathrm{e}}' = i_{\mathrm{m}3} M_{\mathrm{e}}''$$

由此可得

$$\frac{i_{\mathrm{m}1}}{i_{\mathrm{m}2}} = \frac{i_{\mathrm{m}2}}{i_{\mathrm{m}3}} = \cdots = \frac{M_{\mathrm{e}}'}{M_{\mathrm{e}}''} = q$$

传动比公比：

$$q = \sqrt[n-1]{\frac{i_{\mathrm{mmin}}}{i_{\mathrm{mmax}}}}$$

这就是说，根据上述分配原则所得的各挡传动比为一几何级数。

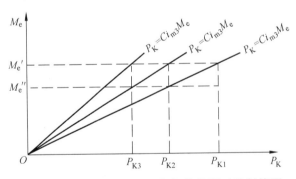

图 4.7　传动系传动比按几何级数分配时的射线图

第二节　工程机械动力性能

工程机械的动力性能是表示机械以各挡速度行驶时以下 3 个方面的能力：速度性能（最高行驶速度）、加速性能（加速时间）、坡能力（最大爬坡角度）。动力性能是工程机械，特别是以运输为主的工程机械的一项基本性能，这是因为机械的生产率在很大程度上取决于机械的动力性能。

一、动力性能的概念及动力因数

工程机械的动力性能与以下阻力有关:

滚动阻力: $P_f = G_S f \cos \alpha$ (影响车速)

坡道阻力: $P_\alpha = \pm G_S \sin \alpha$ (影响爬坡能力)

惯性阻力: $P_J = \pm x \dfrac{G_S}{g} \dfrac{dv}{dt}$ (影响加速时间)

以上阻力均与机种有关,为了便于比较不同重量机器的动力性能,引入动力因数概念。

根据运输工况下的牵引力平衡方程:

$$P_K = P_f \pm P_\alpha \pm P_J \pm P_W$$

$$= G_S f \cos \alpha \pm G_S \sin \alpha \pm x \frac{G_S}{g} \frac{dv}{dt} + \frac{K_W F v^2}{3.6^3} \qquad (4.22)$$

将上式变换后得

$$\frac{P_K - \dfrac{K_W F v^2}{3.6^3}}{G_S} = f \cos \alpha \pm \sin \alpha \pm \frac{x}{g} \frac{dv}{dt} = D \qquad (4.23)$$

由式 (4.23) 得,$(P_K - P_W)/G$ 称为动力因数 D,表示扣除风阻力后,单位机重所能提供的用来克服滚动阻力、坡道阻力和惯性阻力的切线牵引力(圆周牵引力)。

则动力因数可按下式计算:

$$D = f \cos \alpha \pm \sin \alpha \pm \frac{x}{g} \frac{dv}{dt} \qquad (4.24)$$

显然式 (4.24) 是机器在运输工况下的牵引力平衡方程的另一种表示形式。式 (4.24) 中右边前两项之和主要与道路状况有关,称之为道路阻力系数,即

$$\psi = f \cos \alpha \pm \sin \alpha$$

这样,式 (4.36) 可改写为

$$D = \psi \pm \frac{x}{g} \frac{dv}{dt} \qquad (4.25)$$

由于 P_K 和 P_W 都是实际行驶速度 v 的函数,因此动力因数是机器速度的函数,即可表示为 $D = f_D(v)$。若以 v 作为自变量,采用图解形式表示工程机械在各挡的动力因数随速度 v 而变化的曲线,该曲线称为工程机械的动力特性,如图 4.8 所示。利用动力特性,可以较方便地比较不同参数的机器的动力性能,也可以用于评价机器的速度性能、加速度性能和爬坡能力。

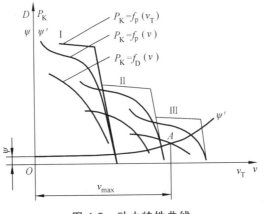

图 4.8 动力特性曲线

二、最高行驶速度

机械在一定地面条件、水平地段以不同挡位的速度行驶时，驱动力 P_K 用来克服行驶阻力 $(P_f + P_W)$，各挡的 $P_K = f_P(v)$ 及 $(P_f + P_W) = f(v)$ 曲线的交点所对应的速度表示各挡所能达到的最高行驶速度。而最高挡的 $P_K = f_P(v)$ 及 $(P_f + P_W) = f(v)$ 曲线的交点 A 所对应的速度为机械的最高行驶速度 v_{max}。这时驱动力 P_K 与行驶阻力 $(P_f + P_W)$ 相等，机械处于相对稳定的平衡状态。机械以各挡速度行驶时，行驶速度低于该挡的最高速度，如图 4.9 所示，机械以速度 v' 行驶，则驱动力 P_K 大于行驶阻力 $(P_f + P_W)$，机械可以利用剩余驱动力 $P_K - (P_f + P_W)$（图中 AB 段所示）来克服加速惯性阻力 P_j 进行加速行驶，或用来克服坡度阻力 P_a 进行爬坡。若要使机械以低于该挡最高行驶速度的某一速度 v' 等速行驶，则应减小发动机的供油量，使机械达到新的平衡状态。

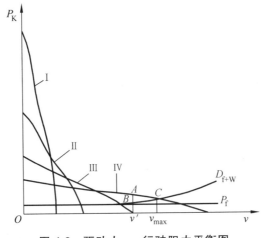

图 4.9 驱动力——行驶阻力平衡图

三、加速性能

工程机械的加速性能可以用加速度随行驶速度而变化的曲线即加速度曲线以及加速过程的时间和行程来评价。

1．加速度曲线

根据运输工况牵引力平衡方程可得加速度为

$$a = \frac{\mathrm{d}v}{\mathrm{d}t} = \frac{g}{xG}[P_\mathrm{K} - (P_f + P_\mathrm{W})] \tag{4.26}$$

由上面的曲线及式（4.26），即可以计算并绘制各挡加速度 a 随行驶速度 v 而变化的加速度曲线，如图 4.10 所示。

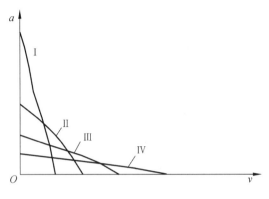

图 4.10　加速度曲线

2．加速度时间

根据加速度曲线可以计算出由某一车速 v_1 加速到另一较高车速 v 所需的时间 t。

由式（4.26），$\mathrm{d}t = \frac{1}{a}\mathrm{d}v$ 两边积分得

$$t = \int_{v_1}^{v} \frac{1}{a}\mathrm{d}v \tag{4.27}$$

由加速度曲线绘制加速度的倒数曲线，如图 4.11 所示。用图解积分法求出曲线下的面积，即为从速度 v_1 加速到速度 v 所需的时间 t。

若将整个速度区间分为若干间隔，计算出各个间隔的面积，即进行面积积分，就可以确定对应于某一行驶速度的加速时间，并绘制加速时间与行驶速度的关系曲线，如图 4.12 所示。

3．加速行程函数

图 4.13 中的单元面积 $\mathrm{d}S = v\mathrm{d}t$ 表示 $\mathrm{d}t$ 时间内的行程 $\mathrm{d}S$，所以从速度 v_1 加速到速度 v 的加速行程 S 为

$$S = \int_{0}^{t} v\mathrm{d}t \tag{4.28}$$

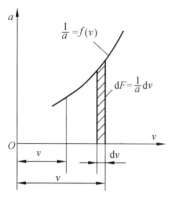
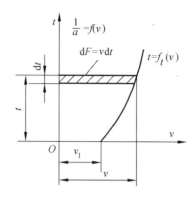

图 4.11　加速度倒数曲线　　　　图 4.12　加速时间-行驶速度曲线

同理，可以根据时间-速度曲线，用图解积分法计算从 v_1 加速到 v 的行程，并作出加速行程曲线，如图 4.13 所示。

四、爬坡能力

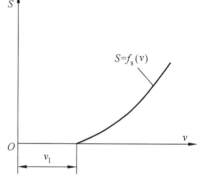

图 4.13　行程-速度曲线

爬坡能力是表示工程机械以各挡等速上坡行驶时所能爬越的最大坡度。机械在某一挡位等速运行时的爬坡能力可以按下述方法求解，由运输工况牵引平衡方程

$$G\sin\alpha = P_K - (P_f + P_W) \qquad (4.29)$$

可得爬坡角为

$$\alpha = \arcsin\frac{P_K - (P_f + P_W)}{G} \qquad (4.30)$$

利用速度特性曲线确定各挡 $P_K - (P_f + P_W)$ 的最大值，代入式（4.30）即可以计算各挡最大爬坡角为

$$\alpha_{max} = \arcsin\frac{[P_K - (P_f + P_W)]_{max}}{G} \qquad (4.31)$$

此外，机械的爬坡能力还受到附着条件及机械稳定性的限制。

第五章 工程机械的稳定性

工程机械的稳定性是指机器行驶或作业时不发生滑移和倾翻而保持正常运行与作业的性能。工程机械的稳定性包含静稳定性和动稳定性。静稳定性分析是指在进行稳定性计算时只考虑作用在机器上的稳定载荷（静力载荷），对于必须考虑稳定载荷和动载荷（惯性力）的联合作用的稳定性计算，则称为动稳定性分析。

稳定性是工程机械的主要使用性能之一，它直接影响工程机械行驶和作业的安全，只有具有良好稳定性的工程机械，其他使用性能才能得到充分发挥。工程机械稳定性的常用计算方法有稳定系数法和稳定度法等。

第一节 评价稳定性的指标

一、稳定性系数

工程机械的稳定程度可用稳定力矩与倾翻力矩的比值来表示，称为稳定性系数。即

$$K = \frac{\text{稳定力矩}}{\text{倾翻力矩}} = \frac{M_{\mathrm{w}}}{M_{\mathrm{F}}} \tag{5.1}$$

如装载机的稳定力矩为机器自重产生的力矩，而倾翻力矩是指铲斗中的物料重、惯性力、坡道阻力产生的力矩。

因此，装载机不发生倾翻的条件是：$K \geqslant 1$，考虑动载荷的影响和地面不平，一般规定 K 值应大于等于 2。

二、稳定度

工程机械的倾翻是因为作用在机器上的各力的合成重力作用线超过支承面而发生的。

如图 5.1 所示为装载机的稳定性计算图，G 为作用在装载机上的合成重力作用点，A 为前轮接地点，连接 GA，过 G 点作地面垂线 GE，得 $\angle AGE = \alpha$。如果合成重力的作用线在支承界限 A 以内，作用角小于 α，则机器不会发生倾翻；如果机器的合成重力作用线恰好通过 GA 线，则机器处于临界稳定状态，α 角被称为稳定角，$\tan\alpha$ 被称为稳定度，用 i 表示。若不计轮胎变形，则稳定度 i 为

$$i = \tan\alpha = \frac{AE}{GE} \tag{5.2}$$

稳定度是评价机器在坡道上运行的稳定性的指标。稳定度 i 也表示路面的坡度。当工程机械在大于稳定度 i 的坡道上，合成重力作用线超过支承界线，工程机械绕前轮接地点连线倾翻。

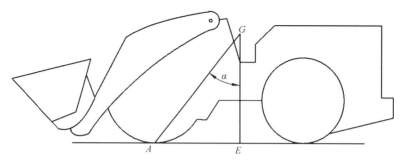

图 5.1　装载机的稳定性计算图

稳定度既可以度量纵向稳定性，也可以度量横向稳定性，如图 5.2 所示。

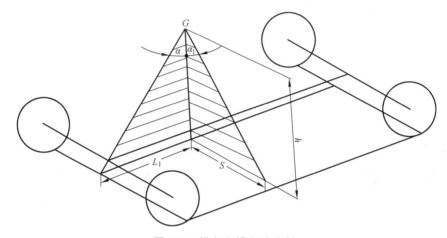

图 5.2　纵向和横向稳定性

纵向稳定力臂为 L_1，横向稳定力臂为 S，则该机的纵向稳定度为 $i = \tan\alpha = L_1 / h$；横向稳定度为 $i_1 = \tan\alpha_1 = S / h$。由此可知，稳定度与重心位置有关。重心位置越低，距离倾翻轴越远，则稳定度越大，稳定性越好。

三、重心位置的确定

确定装载机的重心位置，一般采用计算和实测两种方法。

1. 计算法确定重心位置

装载机未制造出来以前，它的重心位置一般是参考同类型装载机估计和通过计算来确定。计算重心位置时，认为装载机水平放置，并以后桥中心为原点并按图 5.3 中（a）、（b）、（c）所示方法建立坐标系（X、Y、Z）。那么装载机重心的坐标为

$$\left. \begin{array}{l} X = \dfrac{\sum G_i X_i}{\sum G_i} \\[2mm] Y = \dfrac{\sum G_i Y_i}{\sum G_i} \\[2mm] Z = \dfrac{\sum G_i Z_i}{\sum G_i} \end{array} \right\} \tag{5.3}$$

式中　$\sum G_i$、X_i、Y_i、Z_i——各总成的重量及其坐标。

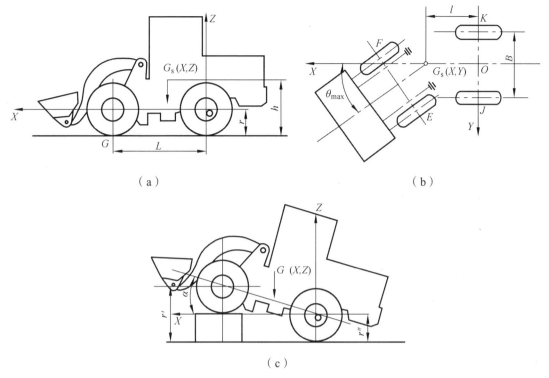

（a）　　　　　　　　　　　　（b）

（c）

图 5.3　确定重心位置简图

重心高度为

$$h = Z + r$$

式中　r——轮胎中心离地面高度。

2．实验测定法确定重心位置

以铰接式轮胎装载机为例进行实测。

（1）测量重心的水平位置（X、Y）。装载机水平放置，即 $\alpha = 0$，转角 $\theta = 0$，测出装载机的自重 G_S，及各轮胎对地面垂直载荷 G_E、G_F、G_J、G_K，则装载机重心的水平坐标 X、Y 值按下式计算：

$$\left.\begin{array}{l} X = \dfrac{G_1}{G_S}L \\[3mm] Y = \dfrac{(G_E + G_J) - (G_F + G_K)}{G_S} \end{array}\right\} \tag{5.4}$$

式中　G_1——前桥荷重。

（2）测定最大转角 θ_{max} 时，重心的水平位置［见图 5.2（b）］，此时 $\alpha = 0$，分别测出各轮胎的负荷 G_E、G_F、G_J、G_K。

$$G_S = G_E + G_F + G_J + G_K \qquad (5.5)$$

此种情况下装载机重心的坐标为

$$
\left.\begin{aligned}
X &= \frac{G_K}{G_S}\left[l + (L-l)\cos\theta_{max} - \frac{B}{2}\sin\theta_{max}\right] + \\
&\quad \frac{G_F}{G_S}\left[l + (L-l)\cos\theta_{max} + \frac{B}{2}\sin\theta_{max}\right] \\
Y &= \frac{G_E}{G_S}\left[\frac{B}{2}\cos\theta_{max} + (L-l)\sin\theta_{max}\right] - \\
&\quad \frac{G_F}{G_S}\left[\frac{B}{2}\cos\theta_{max} - (L-l)\sin\theta_{max}\right] + \frac{G_J - G_K}{G_S} \cdot \frac{B}{2}
\end{aligned}\right\} \qquad (5.6)
$$

式中　l——车架铰点到后桥中心距离；

$\quad\quad \theta_{max}$——车架最大转角；

$\quad\quad L$——轴距；

$\quad\quad B$——装载机轮距。

（3）测量装载机的重心高度 h，此时，转角 $\theta = 0$，将前桥抬起至倾角 $\alpha = 20° \sim 25°$ 左右，测量前桥或后桥的荷重。按式（5.7）计算 h，得

$$\alpha = \arcsin\frac{r' - r''}{L} \qquad (5.7)$$

$$Z = \left(X - \frac{G_1'}{G_S}L\right)\cot\alpha \qquad (5.8)$$

$$h = Z + r$$

式中　r'——抬高桥的中心离地面的高度；

$\quad\quad r''$——未抬高桥的中心离地领的高度；

$\quad\quad G_1'$——前桥抬起时的荷重。

装载机铲斗在不同位置时，其重心位置也各不相同。一般测量出装载机空载和满载运输状态时的重心，及满载动臂的最大伸出和最高举升时的重心位置即可。

第二节　稳定性计算

一、纵向稳定性计算

轮式机器沿坡道运行（或作业），或沿水平路面运行（或作业），因其所受的载荷的合力作用线超出了前轮（或后轮）接地连线，将使机器发生纵向倾翻。常用稳定度 i 评价轮式机器纵向稳定性。

1．稳定度计算

如图 5.4 所示，满载的装载机在运输作业工况下工作，当它运行到坡度角为 α 的坡道时，

过合成重心 C_2 的合力作用线 C_2B 恰好通过前轮接地连线上的 B 点，此时机器处于临界倾翻状态，其稳定度为

$$i = \tan\alpha = \frac{AB}{C_2A} = \frac{L_2}{H_2} \times 100\% \qquad (5.9)$$

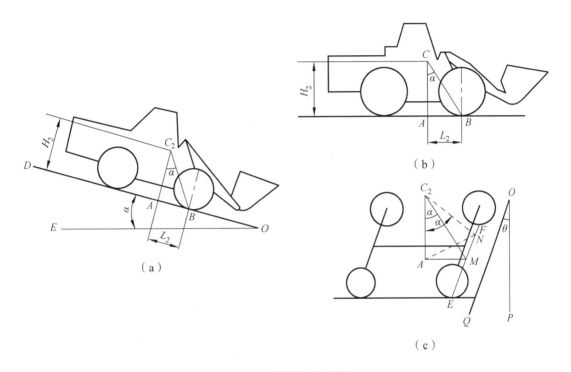

图 5.4　装载机稳定性

　　一定结构的机器在小于其稳定度 i 的坡道上稳定运行时，不会发生倾翻，在大于稳定度 i 的坡道上，将发生纵向倾翻。当在坡道上运行时，若突然制动（或突然起动运行），应计入惯性力对纵向稳定度的影响，适当减小其稳定度 i 的值。

　　当装载机在水平路面上运行，其合成之重力通过重心 C_2，加上制动（或起动）的水平惯性力影响，其总合力作用线 C_2B 也可能超出前轮接地连线，导致机器纵向失稳［见图 5.3（b）］。

　　（1）地形对稳定度 i 的影响。式（5.2）是假设前轮接地连线 EF 与坡底线 OQ 平行的稳定度；如果由于地形的影响，线 EF 与坡底线 OQ 有夹角 θ 时［见图 5.4（c）］，其稳定度为

$$i_1 = \frac{AN}{C_2A} = \frac{AM}{C_2A\cos\theta} = i \cdot \frac{1}{\cos\theta} \qquad (5.10)$$

故　　　　　　　　$i = i_1\cos\theta$

式中　　θ——前轮接地连线与坡底线夹角。

　　（2）轮胎变形对稳定 i 的影响。当机器绕前轮接地点翻转时，前轮承受了整机重量，后轮离地前负荷为零。因此，在临界倾翻之前，由于轮胎变形的影响，机器已预先向前倾斜一个角度。所以，将轮胎变形影响计算在内的纵向稳定度应为

$$i = \left(\frac{L_2}{H_2} - \frac{\delta_1 + \delta_2}{L} \right) \times 100\% \tag{5.11}$$

式中　L_2——某计算情况的重心到前轮轴距离，m；

　　　H_2——某计算情况的重心高度，m；

　　　δ_1——前轮承受总重量时的变形量与正常负荷下变形量之差，cm；

　　　δ_2——后轮在正常负荷下的变形量，cm；

　　　L——机器轴距，cm。

轮胎变形量 δ 与轮胎负荷和轮胎刚度有关，采用如下关系式计算 δ_1、δ_2：

$$\delta = \frac{G_i}{n_i C} \quad \text{(cm)} \tag{5.12}$$

式中　G_i——轴负荷，kN；

　　　n_i——同轴的轮胎数；

　　　C——轮胎刚性系数，kN/cm。

二、横向稳定性计算

由于装载机行驶速度较低，为保证铲装作业的稳定性，装载机一般都不装设弹性悬架。为了使装载机在凹凸不平的地面上行驶时车轮都能与地面接触，装载机多采用一个纵向水平销轴把后桥与车架铰接，后桥这种摆动结构，使车架能绕纵向销轴摆动一定角度（一般 ±10°左右）。摆角由限位块限制。

装载机后桥与车架之间的纵向水平铰销（称后桥中心销）与两前轮接地点组成三角形 EFD（投影面为三角形 EFd），如图 5.5 所示。机器以该三角形为支承面的横向稳定性称为一级稳定性，此时机器若倾翻，则是绕 ED 或 FD 轴倾翻。在丧失一级稳定性后，则以四轮接地点所构成的支承面的横向稳定性称为二级稳定性。一级、二级横向稳定性都采用稳定度 i 来衡量。

1. 一级稳定度计算

（1）一侧轮胎接地线与坡底线平行。如图 5.5 所示，过重心 C_2 作垂直于 EI 线的垂面 $C_2 AJ$，因为 $AJ = aj$，则有

$$AJ = \frac{(L - L_2)B}{2L} \tag{5.13}$$

$$C_2 A = C_2 a - Aa = H_2 - \frac{L_2}{L}h \tag{5.14}$$

如不考虑轮胎变形，以 ED 为横向倾翻的稳定度为

$$i = \frac{AJ}{C_2 A} = \frac{B(L - L_2)}{2(H_2 L - L_2 h)} \times 100\% \tag{5.15}$$

若考虑轮胎变形 δ 的影响，则以 ED 为横向倾翻的稳定度为

$$i=\left[\frac{B(L-L_2)}{2(H_2L-L_2h)}-\frac{\delta}{B}\right]\times100\%\qquad(5.16)$$

式中　B——轮距，m;

　　　L——轴距，m;

　　　L_2——重心距前轴距离，m;

　　　h——后桥中心销距地面高度，m;

　　　δ——左前轮在前桥全负荷时的变形，m。

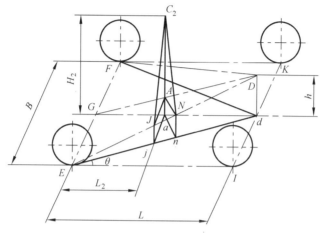

图 5.5　一级稳定度计算简图

（2）轮胎接地连线与坡底线夹角为 θ 时。当一级横向稳定度的倾翻轴 Ed 与坡底线有夹角 θ 时，一级稳定度为

$$i=\left[\frac{B(L-L_2)}{2(H_2L-L_2h)}-\frac{\delta}{B}\right]\cos\theta\times100\%\qquad(5.17)$$

其中，$\cos\theta=\dfrac{L}{\sqrt{\left(\dfrac{B}{2}\right)^2+L^2}}$。

2．二级稳定性计算

当机器重心垂线超出支承三角形 ED 边时，它开始绕 ED 轴发生翻转，逐渐消除后桥与车架间的摆动角 γ（一般约为 10°），直到车架挡块与后桥壳挡块相接触时，机器的稳定性转变成以四轮接地点连线的矩形（$EFIK$）为支承面的稳定性问题。此时，机器则是绕前后轮接地点连线 EI 为轴进行横向倾翻，称为二级稳定性。

达到二级稳定极限时，着地侧轮胎承受全部载重，轮胎变形过大，将加剧倾翻。因此，在使用中不应失去一级稳定。

当一级失稳时，其稳定度已由式（5.18）决定，令其等于 $\tan\beta_1$，即

$$i=\left[\frac{B(L-L_2)}{2(H_2L-L_2h)}-\frac{\delta}{B}\right]\times100\%=\tan\beta_1\qquad(5.18)$$

但此时机器已绕后桥中心销转过 γ 角（后桥摆动角）。由图 5.6 可见，一级失稳后余下的稳定度 i_1 为

$$i_1 = \frac{RS}{C_2 S} - \frac{\delta}{B} \qquad (5.19)$$

其中

$$RS = \frac{B}{2} \cos \psi - H_2 \sin \psi$$

$$C_2 S = \frac{B}{2} \sin \psi + H_2 \cos \psi$$

于是得

$$i_1 = \frac{B \cos \psi - 2H_2 \sin \psi}{B \sin \psi + 2H_2 \cos \psi} - \frac{\delta'}{B} = \tan \lambda \qquad (5.20)$$

$$\psi = \gamma + \beta_1 \qquad (5.21)$$

式中 γ —— 后桥摆动角；

       β_1 —— 横向坡度角；

       δ' —— 轮胎负荷增加一倍时的变形量。

   二级稳定度为

$$i_2 = \tan(\beta_1 + \lambda) = \frac{\tan \beta_1 + \tan \lambda}{1 - \tan \beta_1 \cdot \tan \lambda} \qquad (5.22)$$

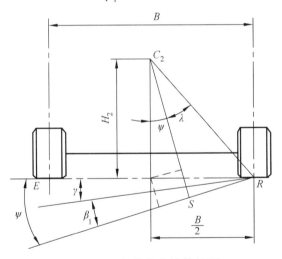

图 5.6   二级稳定度计算简图

三、转向稳定性计算

1．横向倾翻的极限速度

轮式机械在行驶中转向，由于离心力作用，产生横向倾覆力矩，使机器绕横向倾覆轴线 I - I 倾翻（见图 5.7），此时的行驶速度称为极限速度 v_t。

机器行驶中转向的稳定条件是：

$$M_q \leqslant M_w \qquad (\text{kN} \cdot \text{m}) \tag{5.23}$$

式中　M_q ——倾翻力矩；

　　　M_w ——稳定力矩。

由图可知：

$$M_q = P_r' H_Z = P_r \cos\alpha H_Z = \frac{G}{g}\frac{v^2}{R}H_Z\cos\alpha \qquad (\text{kN} \cdot \text{m}) \tag{5.24}$$

其中　　　　　$R = \dfrac{a}{\sin\beta}, \quad \alpha = \beta + \varphi$

式中　G ——机器自重，kN；

　　　g ——重力加速度，m/s²；

　　　v ——机械行驶速度，m/s；

　　　R ——重心的转动半径，m；

　　　a ——重心距前轴距离，m；

　　　β ——重心的转动半径与前轴夹角，°；

　　　H_Z ——重心高度，m；

　　　α ——离心力的分力与离心力夹角，°；

　　　φ ——结构参数。

于是可得

$$M_q = \frac{G}{g}\frac{v^2}{a}H_z\sin\beta\cos(\beta-\varphi) \qquad (\text{kN} \cdot \text{m}) \tag{5.25}$$

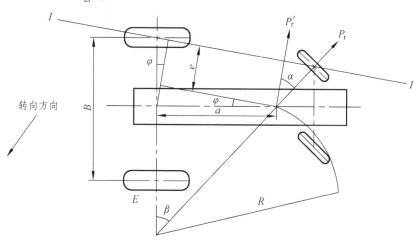

图 5.7　轮式车辆转向作用力

由图可知：

$$e = \frac{B}{2}\cos\varphi - a\sin\varphi \tag{5.26}$$

则稳定力矩为

$$M_\mathrm{w} = Ge = G\left(\frac{B}{2}\cos\varphi - a\sin\varphi\right) \tag{5.27}$$

由稳定条件可求出极限速度为 v_t：

$$v_\mathrm{t} = \sqrt{\frac{ga(B\cos\varphi - 2a\sin\varphi)}{2H_\mathrm{z}\sin\beta\cos(\beta - \varphi)}} \qquad (\mathrm{m/s}) \tag{5.28}$$

2．临界转弯半径

在一定的行驶速度之下，转弯半径小时，离心力大。为保持行驶中转向的稳定性，应使其转弯半径大于临界转弯半径。临界转弯半径是指在最大横向倾覆力矩时的转弯半径。其值可由 $\mathrm{d}M_\mathrm{q}/\mathrm{d}\beta = 0$ 求得。即 M_qmax 时，β_t 为

$$\beta_\mathrm{t} = 45° + \frac{\varphi}{2} \tag{5.29}$$

$$R_\mathrm{t} = \frac{a}{\sin\beta_\mathrm{t}} = \frac{a}{\sin\left(45° + \dfrac{\varphi}{2}\right)} \qquad (\mathrm{m}) \tag{5.30}$$

由式（5.30）可以看出，机器负荷一定，a 值也一定，因此 R_t 也是定值。当机器空载时，其重心偏后，a 值最大，因而 R_t 最大，如果行驶速度过高，转向半径过小，易造成空车横向倾翻。

3．侧滑极限速度

轮式机器行驶转弯，在某一速度下，离心力的数值达到地面的附着力时，将发生整车或单桥侧滑，该速度称为侧滑极限速度 v_l。为保证机器的行驶转弯稳定性应使行驶转弯时的速度小于侧滑极限速度 v_l。v_l 计算方法如下：

$$\frac{G}{g}\frac{v_l^2}{a}\sin\beta = \phi G \tag{5.31}$$

$$v_l = \sqrt{\frac{\phi ga}{\sin\beta}} \qquad (\mathrm{m/s}) \tag{5.32}$$

式中　ϕ——轮胎的附着系数。

对于轮式装载机所进行的前述稳定性分析可供其他轮式工程机械的稳定性参考。同理，对于履带式、轨行式工程机械，也可以根据其具体结构与作业情况，进行纵向、横向稳定性的计算。

第六章 工程机械总体设计

第一节 工程机械产品设计思想和方针

进行工程机械产品设计，其目的在于设计出满足工程建设要求和市场需求的新型产品。首先，市场需求是一切产品设计的原动力，真正的好产品一定是市场需要的，因此掌握了市场的真正需求，才能使设计有正确的方向。那么，什么是市场需要的好产品呢，首先它必然是满足工程建设要求的，且技术先进、质量高、价格成本合理、使用维修方便、深受用户欢迎的。

工程机械产品设计需要采用先进的科学方法、原理和技术，综合运用现代设计理论、方法和创新思想进行产品开发。在设计方法上，综合运用模块化设计、虚拟设计、可靠性设计、优化设计、工业设计和机电液一体化等现代方法与技术，重视载荷的动态性和随机性、系统参数的优化、过程仿真、外观造型的艺术性和人机工程等原理的应用。在设计手段上，广泛应用 CAD/CAM/CAE 和虚拟现实技术，实现设计系统和制造系统的集成化和自动化，提高设计的精度，缩短产品设计制造周期，降低设计成本。

展望未来，工程机械产品的设计目标是努力实现产品的智能化，通过知识信息的获取、推理和运用，使产品能够根据工作对象状况和环境条件的变化自动改变工作参数，达到最佳工作效果，通过应用机器人技术使产品能够模仿人的智能活动，进而设计出高度智能化的产品。

现代工程机械产品的设计思想是以功能分析为核心，以市场需求为导向，运用系统理论、逻辑思维和创造性思维方法，力求形成具有创新性的新原理和新方案，注重产品功能的可靠实现、设计方案的技术经济性评价和社会综合效益分析。

工程机械设计工作的通用方针如下：

（1）工程机械设计应根据市场需求、产品的技术发展趋势和企业的产品发展规划进行。

（2）工程机械选型应在对同类型产品进行深入的市场调查，使用调查，生产工艺调查，样车结构分析，性能分析及全面的技术、经济分析的基础上进行。新型工程机械应是技术先进、实用、经济、美观、畅销的产品。

（3）应从已有的基础出发，对原有工程机械样机参数进行分析比较，继承优点，消除缺陷，采用已有且成熟可靠的先进技术与结构开发新型工程机械，以使新型工程机械的设计脚踏实地，少走弯路。

（4）应从解决设计中的主要矛盾或关键问题入手，依次解决设计方案中的其他问题和要求。通常方案要经过多次修改才能基本满足各项要求。

（5）设计应遵守有关标准、规范、法规、法律，不得侵犯他人专利和知识产权。

（6）力求零件标准化、部件通用化、产品系列化和模块化设计。模块化设计即将产品设计成由特定功能、相互独立的子模块形成的组合体，子模块间应具有相互连接的接口，这样不仅可大大地简化装配工艺，且容易使产品变型，实现工程机械多品种生产。

（7）设计要从严要求。为防止发生严重的错误，每步都应进行检查，每阶段应做可行的实践考验，方能高质量地完成设计任务。

（8）创新是设计工作的灵魂，设计者应当通过对新方案、新结构的探寻，创造和发明出更新、更先进的设备。

综上所述，工程机械产品设计就是依据工程建设要求和市场需求，运用现代科学理论、方法、技术和经验，进行产品规划，对技术方案进行构思、分析、创新、优化、评价，从而制订出满足规定功能的最佳技术系统的活动。

第二节　工程机械设计的基本原则和要求

在工程机械产品设计时，设计人员应遵循下列基本原则和设计要求：

一、满足使用要求

机器的使用要求是指机器在使用条件下能够有效地实现所预期的全部功能，即机器的使用性能。满足使用性能要求是设计机器时所应遵循的最重要的原则，也是检验设计是否正确的唯一标准。使用性能主要包括：

1．牵引性能

牵引性能反映工程机械在牵引工况下的工作能力、作业效率和发动机功率利用的有效程度。通常用最大牵引力、牵引效率和有效牵引功率来评价。

2．动力性能

动力性能是反映工程机械在运输工况下的最大运行速度、加速性能和爬坡能力。动力性能的指标用动力因数来评价。动力性能直接影响着工程机械的生产效率。

3．机动性能

机动性能是反映工程机械对不同道路条件、作业场地以及工点转移等方面的适应能力。通常用最小离地间隙、最小转弯半径等评价。机动性能影响着工程机械的适用程度。

4．经济性能

机器的经济性表现在两个方面：

（1）在设计、制造方面，要求成本低、生产周期短。

（2）在使用方面，要求生产率高、效率高、适用范围大、燃料和辅助材料消耗少、使用方便、维护费用低等。

使用经济性能通常用两个指标来评价：一个是发动机额定比油耗，即每千瓦小时所消耗燃料的克数，这个指标可以用来比较相同机种不同型号发动机经济性能的好坏；另一个是发动机额定小时燃油耗，如发动机每小时所消耗燃料的数量，这个指标可以用来核算作业成本，由于它受使用中各种因素的影响，因此不能作为评价不同型号工程机械经济性能好坏的指标。

5．作业安全性能

进行工程机械设计时应考虑机器作业时的使用安全性和采取必要的安全措施。包括应注意机器作业时对周围环境、其他人员和操作人员的安全影响；对机器易于造成危害工人安全的部位，均应安装安全防护设施；采用各种可靠的安全保险装置和信号报警系统；驾驶室应有良好的视野，以保证安全施工；在恶劣条件下作业的机器的驾驶室应设翻车保护架（ROPS）。

工程机械设计的安全性能指标包含两个方面：

（1）工程机械稳定性能。工程机械稳定性能是表明工程机械作业或在坡道上行驶时抵抗纵向和横向倾翻和滑移的性能。工程机械的稳定性能用稳定度和稳定性系数来评价。

（2）工程机械制动性能。工程机械制动性能反映工程机械在各种行驶速度下停车的能力，主要以在指定行驶速度下的制动距离来评价。

6．操纵舒适性能

对工程机械操作者来讲，改善操纵性、增加舒适性、减轻劳动强度，是工程机械发展的重要方面，是提高工程机械生产效率的有效措施。驾驶室的隔振、降噪，宜人化环境是工程机械现代设计的主要内容。

具体在工程机械设计上应最大限度地减少操作者的体力及脑力消耗，主要体现在：① 力争减少人力驱动的部位，并合理限定其操纵力，尽可能采用气、液助力操纵装置。适当减少操纵手柄数目，并使其集中于适宜位置。② 操纵方便，且操纵效果符合人们的习惯，即符合人机工程学的基本要求。③ 仪表和信号指示装置应集中布置，力求观察方便、操作简便。④ 力求采用自动化操纵装置及采用各种可靠的联锁装置，消除操作者的精神负担，避免误操作可能产生的不良后果。⑤ 司机室应有防噪声、除尘设施，司机应有舒适的座椅，最好有气温调节装置。

上述工程机械整机的各种使用性能，是由总体设计和各总成部件的设计共同来保证的，其涉及正确地选用发动机功率，合理地选择总体参数、传动、转向、制动、行走各系统及工作装置的结构形式，以及各总成的合理匹配和布置等诸多设计内容。

二、满足制造工艺性和修理工艺性的要求

设计的零件、部件要制造容易，装配简单，以使成本降低。为此应尽可能地简化传动链、减少零件种类数量，简化零件形状、减少加工面，简化制造工艺。除采用"三化"之外，要采用优先配合、优先系列标准结构要素；合理地选用零件的制造精度、表面光洁度和形位公差要求。

设计机器时要考虑修理方便，为修理创造条件，如采用模块化设计，零件应拆装方便。对易损件要修程一致，修复工艺简化，使机器具有良好的制造工艺性和维修工艺性。

三、满足机器的结构和零部件材料性能要求

工程机械一般都在恶劣的条件下作业，要克服多变的外载荷，有时是动载、冲击、振动等多种载荷同时出现。因此，要求设计者要选择合理的结构方案，正确地运用计算假设，确定计算模型，并采用正确的计算方法进行结构设计，力求在最小的结构质量下，机器的结构具有足够的强度、刚度、稳定性和抗振能力。

工程机械许多零部件除了承受载荷大，强度、刚度要求高外，还要有较高的耐磨性。如挖掘机的斗齿、推土机的推土铲、履带，盾构机的刀盘和刀具等需要进行耐磨性设计，对材料和热处理工艺有特殊要求。还有一些运动副、摩擦副的自然磨损，影响零件寿命。因此在设计机器时应注意以下要点：① 要正确选择材料和热处理方法；② 要合理地确定接合副、摩擦副的比压力；③ 对摩擦副要选用适当的滑润方式、防尘装置和密封装置。

四、满足对使用环境适应性的要求

考虑工程机械使用条件的复杂多变，为了使所设计的产品在广阔的市场上具有竞争力，设计中就要充分考虑提高其对复杂多变的环境条件的适应性。特别应注意热带、寒带等不同的气候条件和高原、山区、丘陵、沼泽、沿海等不同的地理条件，以及燃料供应、维修能力等不同的使用条件对工程机械结构、性能、材料、附件等特殊要求。例如：在高原地区发动机应增压；在热带地区要考虑驾驶室的隔热、空调或通风；在寒带要考虑发动机的冷启动；在隧道中施工的设备除内燃机作为动力外，可增加一套电驱动装置，以满足废气排放方面的环保要求；在山区则应提高工程机械的爬坡能力并增加下坡减速装置等。

五、满足对工程机械运用性的其他要求

设计新型工程机械要满足施工工艺和施工组织的要求；满足长途运送机器时，不超出铁路"车辆限界"的规定；为满足用户一机多用要求，设计必要的换装工作装置等。

此外，工程机械外形设计既重视工程要求也要注重外观造型。工程机械既要完成一定的作业功能，也是工程建设施工场地流动的风景点缀，因此，工程机械外形、油漆及色彩是工程机械给人们的第一个外观印象，是人们评价工程机械的最直接方面，也是工程机械设计愈来愈重要的内容，它既是工程设计，也应该体现美工设计的内容。

第三节　工程机械设计程序与样机试制、试验

工程机械产品开发通常要经过设计过程、样机试制和试验鉴定 3 个阶段。

一、工程机械的设计程序

工程机械设计尤其是新型工程机械设计，是根据社会对该型工程机械的使用要求而提出的整机参数与性能指标进行设计的，即从整机的总体设计开始，然后通过总体设计的分析与计算，将整机参数和性能指标分解为有关总成的参数和功能后，再进行总成和部件设计，进而进行零件甚至某一更细微的局部设计与研究。

工程机械的设计程序包括：设计任务的提出、编写设计技术任务书、草图设计、技术设计、工作图设计。

1．设计任务的提出

设计任务一般是由上级主管部门、制造工厂根据工程建设的需要及推动技术发展意图提

出的，或者根据现有机械的使用情况，提出的改进设计任务。有时设计任务可能是由使用单位根据新的施工方法的需要提出。

2．编写设计技术任务书

在制订技术任务书时，应收集以下资料：

（1）机器预定的工作条件，包括应用地区、主要用途及作业要求、土条件、气候等。

（2）国内外同类机器的资料及其使用情况。

（3）与机器设计相关的先进技术成就资料。

（4）生产厂的设备及技术水平的资料。

任务书作为对以后的设计、试验及工艺准备的指导和依据。其内容包括：任务来源、设计原则和设计依据；产品的用途、使用范围（地区）；工作条件；整机布置形式及主要技术指标和性能参数，有关的可靠性指标及环保指标等；各总成及部件的结构形式和参数；工作装置、附属设备等方面的要求；标准化、通用化、系列化水平及变型方案；所采用的新技术、新结构、新装备、新材料和新工艺；维修、保养及其方便性的要求；生产规划、设备条件及预期制造成本和技术经济性预测等。有时也加进与国内外同类型工程机械技术性能的分析和对比等。有的还附有总布置方案草图及外形方案图，主要特点的说明。

经验证明：正确的设计技术任务书可使设计工作具有明确的目的和方向，否则将会造成设计工作的返工。必须慎重拟定。

3．草图设计

根据任务书提出的主要参数和要求，参考同类型机械，选用适宜的总成结构形式，确定传动系统，初步确定各总成相互位置及固定方法，并以此为依据，绘制草图（总图）。草图设计又称为总体方案设计或初步设计。

在已完成草图设计的基础上，根据各总成的估算重量、重心位置，计算整机的重心位置，验算在作业时的载荷分配，初步确定轮胎或履带尺寸，验算牵引性能并进行稳定性能计算。

最后进行经济性能的研究和分析，其中包括燃料消耗、制造成本、维修费用等。如果上述草图设计能通过审查，即可以进行下一步工作。草图设计可以多方案同时进行，最后择优选取技术方案。

草图设计应依据技术任务书的要求进行，其主要工作内容是：

（1）选定整机方案和部件方案。

（2）绘制总体布置图、各总成部件草图。

（3）拟定传动系统和液压系统图。

（4）初步估算各部件的重量、重心位置，验算载荷分配或压力中心。

（5）初步确定轮胎形式与规格或履带尺寸。

（6）验算机器行驶和作业稳定性。

（7）进一步确定轴距、轮距或履带接地长度和宽度。

（8）进行牵引计算，绘制牵引特性、速度特性、动力特性。

（9）分析机器的牵引性能、速度性能、动力性能、经济性能，并根据分析结果，在必要时调整总体方案和部件方案。

4．技术设计

技术设计时，首先根据选定的方案进行机器的总图设计：绘制整机总图，确定总体布置，确定传动图，确定整机的外形尺寸、特征尺寸及各总成的主要尺寸。然后进行各总成部件的总图设计，确定主要机构和零件的结构尺寸，进行结构设计，绘制各部件的总图和特殊的主要零件的工作图。

在技术设计过程中，要完成全部的详细计算，包括：

（1）运行和工作时的阻力计算。

（2）牵引平衡分析。

（3）牵引性能、速度性能和动力性能分析。

（4）转向、制动和稳定性分析与计算。

（5）主要机构的分析与计算。

（6）钢结构的静力、动力分析与强度、刚度计算。

（7）主要零件的强度、刚度计算等。

最后还要进行校对、审查，要校对、审查项目包括：

（1）要校对、审查机器总图与部件总图。

（2）部件与部件之间有无矛盾、能否正确配合。

（3）校核相对运动的零部件的运动轨迹防止运动干涉。

（4）必要时修改总图、部件图，或者修改个别主要参数。

5．工作图设计

工作图设计包括绘制零件的工作图，完成全套图纸，编制全部的技术文件。

绘制工作图时的注意事项：绘制零件的工作图时，注意其制造工艺性、维修工艺性、贯彻标准化、通用化和系列化，正确拟定制造精度和技术条件。

二、样机试制

样机试制的目的是通过生产实践来检验机器的结构和设计图纸的正确性。样机试制工作的内容包括：

（1）划分加工件、外购件和协作件。

（2）编制试制工艺文件。

（3）准备设计和制造试制样机所必需的工艺装备。

（4）进行零件加工、部件装配和总装。

样机试制过程中，必须按照设计的图纸进行零件加工与装配，以便在试验中发生故障或性能不合要求时，能够判明是设计不合理而不是加工质量问题。

三、试验鉴定

试验鉴定包括：技术检验、整机性能试验、工业试验和技术鉴定等部分工作。

1．技术检验

全面检查所生产的样机是否符合设计文件和图纸的要求。技术检验合格后方可进行以下试验。

2．整机性能试验与工业试验

试验目的是考核机器性能指标是否达到设计和改进的要求，包括静止状态测定，行走试验，牵引试验，作业性能试验，工作装置性能试验，测定驾驶位置的噪声、振动频率及振动加速度。

整机性能试验的主要内容如下：

（1）静止状态测定。主要测定机器静止状态下的主要尺寸、机器重量（包括驾驶员重量在内的运行准备状态的重量）、机器的重心位置（即重心横向偏移量，重心与前轮轴或后轮轴中心线的水平距离和重心高度。对于履带式机器来说，是指重心距导向轮或驱动轮轴中心线的水平距离）、操纵装置的操纵力和行程。

（2）行走试验。行走试验的主要内容如下：

① 测定机器在水平直线路面上各挡的平均速度。

② 测定机器的运行阻力。

③ 测定爬坡性能。测定的内容是：在最低挡，发动机油门全开时，爬一定长度的坡道所需的时间、爬坡速度并计算爬坡功率。

④ 测定回转半径：用最低挡速度原地（履带式机器）或最大回转角（轮式机器）回转，测定行走机构接地轨迹的半径和机械最大轮廓空间轨迹的半径。测定时，按前进、左右转、后退＋左右转 4 种方式分别进行。

⑤ 直线行驶性能试验：主要是测定机器在不操作转向机构的情况下，行驶一定距离（例如推土机为 50 m）的跑偏距离。

（3）牵引试验。测定牵引参数，做试验牵引特性曲线。

（4）作业性能试验。以便于计量的形式进行作业，测定作业生产率。

（5）工作装置性能试验。主要是测定工作装置的各种动作速度、液压系统的压力和工作油缸的沉降量。

（6）测定驾驶位置的噪音、振动频率及振动加速度

3．工业试验

在机器的性能试验合格后，应按照有关规定进行工业试验，考察机器设计是否正确，结构及性能是否先进。

工业试验要按规定的时间，如推土机工业试验的时间规定为 1 500 h 以上（在正常使用、维护、保养和调整的状态下连续作业），并不得中途更换主要零部件，否则试验时间重新计算。试验完成后，应解体检查零件、部件磨损情况。

4．技术鉴定

技术鉴定的主要内容：

（1）对设计图纸与设计文件进行审查鉴定，评价设计是否正确、资料是否完备。

（2）根据各项性能试验报告及工业试验报告的内容和数据，评价设计是否达到技术任务书的要求。

（3）评价机器的全面性能和磨损情况。

（4）最后得出结论、提出建议。

如样机的试验结果和鉴定结论认为满意，等待主管部门批准后即可交付生产。

第四节　工程机械总体设计综述

总体设计是指根据技术任务书的要求，综合分析有关的技术资料，合理选择机器类型与各总成的结构形式，进行正确的组合与布置，使机器的各总成构成整体、性能协调一致，并能使整机性能最优的初步设计工作。

一、总体设计的主要内容

（1）根据设计技术任务书的要求，选择机器的形式及各总成的结构形式。

（2）初步确定对机器性能起决定性影响的基本参数。

（3）确定机器的总体布置及机器重心位置。

（4）进行作业阻力计算。

（5）进行机器在各工况下的受力分析，以寻求各部件的设计载荷。

（6）进行整机的稳定性计算。

（7）计算生产率及其他技术经济指标的初步计算。

（8）必要时，还应进行换装工作装置的初步设计。

（9）绘制整机草图。

二、总体设计应遵循的原则

（1）从系统工程学的观点处理问题。在进行总体设计时，应充分注意系统与环境、系统内部的各子系统之间的相互制约、相互作用、相互依赖的相关性。具体情况如下：

① 各个部件或总成的性能应相互协调、匹配，力求整体性能的一致性和最优化，不可盲目追求某个局部的最佳性能，否则，可能造成整体性能恶化，或产生薄弱环节（即"瓶颈"现象）。

② 应力求增强机器对各种运行条件和作业要求的适应性。

③ 由于机器是由多个子系统（总成）有机组合而成的复杂系统，在进行总体设计时，应力求层次分明，正确地分解设计任务与综合分析问题。否则难以区分某些技术问题或相关总成之间的因果关系及作用与反作用关系。

④ 应超越时间界限的束缚，综合考虑机器在制造、运用和长途运输中的各种要求，以及在使用中的各种工况下的要求。

（2）整机、部件选型及处理某些技术问题时，应综合考虑技术上的先进性、经济上的合理性，以及实现的可行性与可靠性。

（3）正确分析所设计的机器在同类机器系列中所处的地位，应为发展系列产品打下基础，留有余地。

（4）由于工程机械的工况多变，受载情况复杂，应科学地处理小概率的极端工况下的受力分析及相关技术问题。

（5）正确地处理继承与创新的辩证关系。应以采用成熟的技术、成熟可靠的机电零部件进行精心科学的设计为主，也应通过深入的理论分析，进行必要的科学实验，勇于创新。

三、总体设计中整机性能参数的确定方法

综合运用多学科的理论知识，仍然是进行总体设计时所采用的基本方法。若遇到难以从理论上解决的问题，可以采用以下的方法解决：

（1）采用类比国内外技术成熟的同类机器的性能参数，取得参考值。

（2）对现有国内外同类机器的某种性能参数进行统计分析，找出规律或综合成经验公式来处理问题。

（3）进行一定的模拟试验，以试验结果作为设计依据。

（4）采用相似原理的方法，根据现有同类机器的主要参数，按一定比例关系放大或缩小来初步确定相对应的参数。

四、机型选择的步骤

（1）依据技术任务书提出的机器用途、作业条件、基本性能和参数要求，搜集国内外同类相近机型的资料，参考上述的各项分类特征，逐项评价、分析、选择技术先进及性能较好的机型作为参考样机。

（2）以参考样机为基础，根据设计需要调整某些总成的结构类型，对调整局部结构后的整机进行类比、定性分析，判断其总体性能协调的可行性，必要时进行一定的理论分析。若能获得满意结果，则可将其作为初步选定的机型。

（3）若依据技术任务书的要求，按上述方法难以选取参考样机，则应采用部分新结构、新技术来设计新机型，或者采用成熟的总成结构，进行有机的综合形成基本参数，从而突破相近机型参考数值的新机型。

五、工程机械的工作特点

工程机械中的铲土运输机械负荷工况的显著特点是：工作对象大多是较为坚硬的土石方，其中常常伴有巨大的石块、树根，在作业过程中工作阻力急剧地变化，常常伴随有短时间的峰值载荷、超负荷、行走机构的完全滑转等。

工作阻力的急剧变化使得机器的切线牵引力也随之发生急剧的变化，并通过传动系统反映到发动机曲轴上来，就形成曲轴阻力矩急剧波动，从而影响发动机的性能。

根据工程机械速度变化和受载特点可分为5类：

（1）稳定、受载均匀的机械：如搅拌机、钻孔机、筒式筛分机等。

（2）速度变化大，且有一定振动的机械：如碎石机、偏心振动筛、振动器、道砟清筛机等。

（3）载荷变化大，经常有急剧震动的机械：如铲运机、装载机等。

（4）有急剧的经常的冲击、速度经常改变、经常反向工作、载荷变化很大的机械：如单斗挖掘机、推土机、松土机等。

（5）冲击作用式机械：如凿岩机、打桩机等。

六、变负荷工况对发动机性能的影响

（1）发动机的功率利用率降低。

图6.1表明了由于变负荷工况对发动机输出功率的影响，N_{ea}大为降低（$< N_{eH}$），同时，因平均转速n_{ea}和平均阻力矩下的转速n_{eap}的不一致，致使持性发生"分层"现象，进一步使与平均阻力矩对应的静态调速特性上的功率$N_{eap} < N_{ea}$结果导致发动机功率利用率大大下降。

（2）致发动机运转不稳定，导致其动力性和经济性下降

当发动机在变负荷下工作时，曲轴转速急剧变化，引起燃料调节系统不能正常工作，使调速器和力矩校正器动作滞后于转速的变化，供油齿条的位置与供油量不能与发动机的瞬时转速相适应，导致发动机动力性和经济性下降。

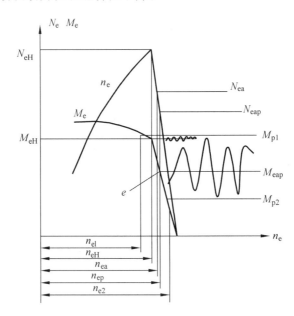

图6.1　变负荷工况对发动机输出功率的影响

七、工程机械用柴油机的特点

（1）柴油机形式：工程机械用柴油机以水冷四冲程式为主要形式。少数机器采用风冷或二冲程柴油机。

（2）柴油机的功率：由于工程机械不断向大型化发展，柴油机的功率范围也不断扩大，功率范围为$45 \sim 600\ kW$。

（3）柴油机的转速：发动机转速有提高的趋势。根据对发动机的额定转速统计表明：转速范围一般为$1\ 800 \sim 2\ 100\ r/min$。

（4）力矩适应系数和速度适应系数：为适应工程机械的负荷特点，工程机械用发动机应加装校正器来提高力矩适应系数，发动机的力矩适应系数K值已达到$1.15 \sim 1.30$。速度适应系数大部分在$1.3 \sim 1.7$之间。

（5）工作可靠性和耐久性要求高：工程机械一般在野外作业，工作载荷变化大，作业环境常常是尘土飞扬，气候条件差、技术保养条件差，使用条件恶劣。

发动机的耐久性指标一般在 5 000 ~ 10 000 h，个别先进的发动机的耐久性可高达 20 000 ~ 25 000 h。

（6）发动机对各种使用条件的适应能力：为了适应在不同地区，不同海拔高度的作业要求世界各国都注意提高发动机对各种使用环境的适应能力。

八、评价变负荷对发动机动力性和经济性影响的指标

1．发动机的载荷系数

发动机的载荷系数 K_L 表示了发动机在变负荷工况下的平均负载程度。它定义为

$$K_L = \frac{M_{eap}}{M_{eH}}\tag{6.1}$$

式中　M_{eap}——发动机曲轴上的平均阻力矩；

　　　M_{eH}——发动机额定力矩。

2．发动机的功率利用系数

发动机的功率利用系数 K_S 表示发动机在变负荷工况下，从调速特性上显示出来的功率利用程度。它定义为

$$K_S = \frac{N_{eaP}}{N_{eH}}\tag{6.2}$$

式中　N_{eap}——与平均阻力矩对应的静态调速特性上的功率；

　　　N_{eH}——发动机额定功率。

3．发动机的比油耗利用系数

比油耗利用系数 γ_g 表示发动机在变负荷工况下，从调速特性上反映出来的燃料经济性的利用程度。它定义为

$$\gamma_g = \frac{g_{eaP}}{g_{eH}}\tag{6.3}$$

式中　g_{eaP}——与平均阻力矩对应的调速特性上的比油耗；

　　　g_{eH}——与发动机额定力矩对应的比油耗。

九、工程机械的技术及经济指标

1．生产率

生产率是指在一定时间和一定条件下，机器能够完成的工程数量。它是最重要的技术指标。

生产率计算：

（1）对于连续作业的机器。

$$Q_1 = 60Fv\tag{6.4}$$

式中　Q_l——理论生产率，m^3/h；

　　　F——挖掘工作物的计算横断面积，m^2；

　　　v——机器作业前进速度，m/min。

（2）对于循环作业的机器。

$$Q_l = \frac{60qK_1}{K_2 t} \quad 或 \quad \frac{3\,600}{t} \qquad (6.5)$$

式中　q——铲斗的几何容量，m^3；

　　　K_1——铲斗的充盈系数，一般取 0.9；

　　　K_2——土的松散系数，一般取 1.08 ~ 1.32，岩石、冻土为 1.5 ~ 2.5；

　　　t——循环的延续时间。

2. 技术经济指标

（1）能耗比。

$$N_{dw} = \frac{N}{Q_l} \qquad (kW/m^3) \qquad (6.6)$$

式中　N——机器装备功率，kW；

　　　Q_l——运用生产率，每台班生产量，m^3。

（2）机重比。

$$G_{dw} = \frac{G}{Q_l} \qquad (t/m^3) \qquad (6.7)$$

式中　G——机器结构质量，t；

　　　Q_l——运用生产率，每台班生产量，m^3。

（3）能耗与机重比。

$$NG = \frac{N}{G} \qquad (kW/t) \qquad (6.8)$$

式中符号意义与前面相同。

第五节　总体设计实例——高原型装载机设计

高原型装载机的设计任务是基于我国西部大开发和青藏铁路建设对高原型工程机械的需求推动而提出并开展研发的。

高原型装载机的总体设计应根据其主要用途、作业环境条件、使用场合及生产情况等，合理地选择和确定机型、各总成的结构形式、机器的性能参数及整机尺寸等，并进行合理的布置和总体计算，使其获得良好的匹配关系，从而使所设计的机器获得良好的整机性能。所以，装载机的总体设计对整机性能起着决定性的影响。

高原环境以其独特的气候条件对各类工程机械的性能与可靠性指标提出了新的要求。青藏高原是我国乃至世界上最具代表性的高原，它对工程机械装备的环境适应性影响最具代表性，其独特的高原气候特点为：

（1）随海拔升高，大气压力降低，空气密度减少，含氧量降低。

（2）平均气温下降，昼夜温差大，年低温期长。

（3）常年冻土地带面积大，冰雪冻土层厚。

（4）气候干燥，降水量低，蒸发量高，日照辐射强，风沙灰尘大等。

一、装载机的选型

装载机整机结构形式主要是根据其用途和作业场合做出选择。装载机的结构形式有轮胎式和履带式两大类。履带式装载机工作稳定性、路面通过性较好，牵引力和比切入力也较大，但由于其行走速度低，转向不灵活，仅适用于作业点集中、路面条件差的场合。轮胎式装载机具有质量轻、速度快、机动灵活、效率高、多用途和制造成本低、行走时不破坏路面及维修方便等优点，应用也更为广泛。显然轮胎式装载机更能适应高原作业的需要。

二、装载机各总成部件结构形式的选择

装载机是由许多总成和零部件组合起来的一个有机的整体，这些总成和部件互相依赖又互相制约。因此，各总成部件结构形式的选择原则是：高原装载机的性能不仅取决于每个总成部件结构性能的好坏，而更重要的是取决于各总成性能的相互协调。各总成性能的协调如何，则又取决于总体参数及各总成部件性能参数之间的匹配情况及其布置的合理性。如果在设计过程中缺乏全局观点，而对总体参数及各总成部件性能的协调匹配考虑不周，或注意不够，即便所设计或选择的各部件结构都是先进的，性能是良好的，但组合在一起不一定能获得整机的良好性能。这是因为某些总成部件的优点可能被另一些总成所抵消或限制，使其得不到充分发挥。

（一）发动机的选择

大型工程机械多以柴油机为动力。柴油机在高原地区使用与在平原地区的情况不同，给柴油机在性能和使用方面带来一些影响。由于高原气压低、空气稀薄，装载机柴油机气缸充气量减少，燃烧状况恶化，后燃现象严重，导致排烟变黑，柴油机过热，功率、扭矩下降，油耗增加，柴油机动力性能和经济性能变差；由于冷却风扇有效流量减小，冷却水沸点降低，导致散热能力下降，热负荷进一步增加，造成燃烧室积炭严重，柴油机过早磨损，使用寿命大大缩短；高原上寒冷，昼夜温差大，且是在严重缺氧条件下的低温启动，低温启动性能要求更高。海拔每升高 1 000 m，发动机功率将下降 8% ~ 10%。青藏高原的平均高度 3 000 m，发动机功率将下降 28% ~ 30%。因此，对于通常设计用于 1 000 m 以下的国产柴油机来说，如不采取适应性、针对性措施，就不能适用这种环境。

因此，对于高原型装载机，其柴油机选择应多考虑采用功率恢复型的增压技术（涡轮增压器），使其功率及经济指标、热负荷指标恢复到原机低海拔高度水平，同时考虑配置低温启动装置，加强对气压、气温、蓄电池、启动负荷对高原条件下低温启动性能的适应性。采用新型防冻液，不仅能防冻，还具有防沸、防结垢、防锈等作用。

我国发动机的额定功率分为 4 种，15 分钟功率、1 小时功率、12 小时功率和持续功率。它们分别表示发动机允许连续运转的时间及相应运转时间的最大有效功率。这些功率由台架试验测定。一般 15 分钟功率比 1 小时功率大 20%，1 小时功率比 12 小时功率大 10%。按规定台架试验时应带其本身的附件，如风扇、空气滤清器、消声器及发电机等。如果不带这些附件，则应扣除这些附件所消耗的功率。

装载机由于作业环境粉尘多，吸气条件差，作业时进退频繁，速度较低，自身散热效果不好，因此所用柴油机采用 1 小时功率。

目前装载机多用车用柴油机，而车用柴油机的额定功率是按 15 分钟功率标定，如果以车用功率作为发动机选型的需求功率，就会使装载机的柴油机负荷过重，气缸过早磨损，作业时冒黑烟，功率很快下降。因此，对车用柴油机，选择时应考虑大一规格，一般通过柴油机燃料调整特性，将其功率和转速降低 20% 来配置。

（二）传动形式的选择

装载机的传动形式，一般有机械传动、液力机械传动、液压传动和电传动 4 种。

机械传动：结构简单，加工制造容易，制造成本低，但传动系统扭振和冲击载荷较大，影响传动系统的使用寿命。目前，只有少数小型装载机使用。

液力机械传动：能吸收冲击载荷，提高装载机的使用寿命；自动适应外界阻力变化，改善了装载机的牵引性能，因此，大中型轮胎式装载机差不多都采用这种传动形式。

液压传动：结构简单，省去了复杂的传动系统，能实现无级调速，但起动性较差，速度慢、寿命较低。因此，只适于小型装载机上使用。

电传动：可以在较宽的范围内实现无级调速，发动机功率能得到较充分的利用，因此牵引性能好，速度快，省去了传统的传动系统中易损的零部件，检查方便，维修简单，工作可靠耐久。缺点是电机设备质量大，增加了装载机的自重，设备费用高，一般比同等斗容的液力机械传动式装载机高 20% 左右，因此一般只在大型装载机上使用。美国一般推荐 500 kW 以上的装载机采用电传动。

（三）液力机械传动系部件形式的选择

1. 液力变矩器的选型

对液力机械传动的装载机，如果液力变矩器选择正确，而且与发动机匹配合适，那么，发动机的功率就得到充分利用，装载机的牵引性能就会得到改善，并能减少变速箱的挡数，简化变速箱的结构，减轻司机的劳动强度，提高装载机的生产率。但是，如果液力变矩器的选择不得当，或与发动机匹配不合适，则液力机械传动的优点就得不到发挥，甚至会适得其反。

（1）装载机对变矩器的要求：

① 变矩器应能传递发动机输出的全部有效功率。

② 变矩器制动工况时的变矩系数 K_0 应尽量大些，K_0 表示变矩器短时间克服超载的能力，但增大 K_0，将引起最高效率 η_{max} 时的传动比 $i_{\eta max}$ 减小。因此，常用变矩器的变换性能 $B = K_0 \eta_{max}$ 来评价，B 值大的变矩器好。

③ 希望最高效率要高，高效范围宽，通常以 $\eta > 75\%$ 的传动比幅度来衡量。

④ 从充分利用发动机功率角度来讲，不可透变矩器为最好，因为发动机始终在额定功率点工作。从克服超载能力和起动力矩来讲，以正透变矩器为最好。

（2）装载机常用变矩器的形式：根据上述对变矩器提出的要求，现在分析适用于装载机变矩器的形式。

液力变矩器按布置在泵轮和导轮之间的涡轮数，分为单级和多级，单级变矩器结构简单，效率高，工作可靠，但变矩系数 K_0 比多级变矩器要小，一般在 3 左右。

液力变矩器根据工作轮相互配合作用的数目，可分为单相、两相和三相变矩器。

通常，单极向心式涡轮的液力变矩器最适合装载机的工作要求。近年来国外装载机上采用的双涡轮变矩器较多，国产 ZL 系列第二代 5 t 装载机广泛采用了双涡轮液力变矩器，变矩系数大，高效区范围宽，适合装载机在铲掘时需要克服大的作业阻力，在运输工况时需要有较高行驶速度的特点。

（3）装载机对发动机与变矩器的不同匹配。发动机与液力变矩器共同工作匹配得是否正确，决定着装载机整机性能的好坏。正确的匹配应该是：发动机的功率应得到充分利用；能提供装载机作业时所需的牵引力和速度；发动机工作比较稳定，油耗经济，装载机作业生产率高。

① 发动机的功率分配：在进行发动机与变矩器匹配时，首先要对发动机的功率分配有比较准确的了解。发动机用在装载机上时，除其附件外，还要带整机的辅助装置，如工作装置油泵、转向油泵、变速操纵及变矩器补偿冷却油泵和气泵等。在绘制发动机和变矩器共同工作输入特性曲线时，必须根据装载机的具体作业情况扣除带动这些辅助装置所消耗的发动机功率或扭矩。

发动机附件所消耗的功率 N_F 可按发动机额定功率 N_{eH} 的 10% 计算，即

$$N_F = 0.1 N_{eH} \qquad (\text{kW}) \tag{6.9}$$

整机辅助装置所消耗的功率 $\sum N_b$ 和扭矩 $\sum M_b$，按下式计算，即

$$\sum N_b = \frac{p_i Q_{Ti}}{60 \eta_b M_i} \qquad (\text{kW}) \tag{6.10}$$

$$\sum M_b = \frac{10^3 p_i Q_{Ti}}{2 \pi n_b \eta_{bMi}} \qquad (\text{N} \cdot \text{m}) \tag{6.11}$$

式中　p_i——油泵的工作压力，MPa；

Q_{Ti}——油泵的理论流量，l/min；

n_b——油泵的转速，r/min；

η_{bMi}——油泵的机械效率。

② 发动机与变矩器的不同匹配方案：发动机与变矩器的匹配，一般情况下有两种方案，即所谓全功率匹配和部分功率匹配。

全功率匹配：以满足装载机在作业时对插入力（牵引力）的要求为主，就是说此时变速操纵泵与变矩器共同工作，而转向油泵和工作装置油泵空转，变矩器与发动机输出的全部有效功率进行匹配。此时发动机传给变矩器的力矩 M_{ez} 为

$$M_{ez} = M_e - M'_g - M'_z - M_c \qquad (N \cdot m) \qquad (6.12)$$

式中 M_e——发动机的输出扭矩（N·m）；

　　　M'_g、M'_z——分别为工作装置油泵和转向油泵空转时消耗的扭矩（N·m）；

　　　M_c——变速操纵油泵消耗的扭矩（N·m）。

部分功率匹配：考虑工作装置油泵所需的功率，预先留出一定的备用功率，就是说这时工作装置油泵、变速器操纵油泵与变矩器共同工作，转向油泵空转，变矩器不是与发动机输出的全部有效功率进行匹配，而是与其部分功率进行匹配，此时发动机传给变矩器的扭矩 M'_{ez} 为

$$M'_{ez} = M_e - M_g - M'_z - M_c \qquad (N \cdot m) \qquad (6.13)$$

式中 M_g——工作装置油泵工作时消耗的扭矩，一般占发动机功率的 40% ~ 60%，N·m。

从对以上两种匹配方案研究可知，对于小型装载机，为满足对插入力（牵引力）的要求，用全功率匹配为宜。对大中型装载机，因其储备功率较大，为提高其生产率，采用部分功率匹配较好。

上面只是对发动机与变矩器的匹配提出了一些初步的原则性的看法，要想使装载机生产率高，经济性能好，还必须使其工作装置的性能参数和牵引性参数能配合得很好，这就是说装载机的发动机、变矩器容量、行驶速度、斗容及工作装置油泵等因素之间也需协调适当。

2．变速箱的选型

选定了发动机和液力变矩器的类型之后，就可选择变速箱的形式，变速箱按操纵形式可分为人力换挡变速箱和动力换挡变速箱两大类。

（1）人力换挡变速箱：这种变速箱换挡是靠操纵杆件及拨叉来拨动齿轮使不同齿轮对啮合换挡，换挡时必须切断动力，并且有冲击，但其结构简单，制造容易，因此多用于小型机械传动装载机上。

（2）动力换挡变速箱：动力换挡变速箱用液压操纵多片离合器或制动器进行换挡，换挡时不需切断动力，并且冲击小，操纵省力，易于实现自动化操纵，液力机械传动中的变速箱都采用动力换挡。

动力换挡变速箱按其结构又可分为定轴常啮合齿轮变速箱和行星齿轮变速箱两种。动力换挡行星变速箱，因其负荷分配在几个行星排的齿轮上，齿轮等零件受力小，并且受力平衡。因此，结构紧凑，刚度大，齿轮使用寿命长。目前国内装载机大多选用动力换挡变速箱。

3．驱动桥的选型

对于轮式装载机，为了充分利用其附着重量，以提供比较大的牵引力，通常都采用全桥驱动，而且由于装载机的作业速度比较低，所以驱动桥的减速比都比较大。一般采用单级主传动和行星轮边减速装置。行星轮边减速装置，可以用较小的结构尺寸得到较大的传动比，同时可将整个轮边减速装置放在轮毂内，便于整机布置。轮边减速装置的减速比在结构尺寸允许的情况下，应尽量取得大些，一般为 12 ~ 38。这样可使主传动齿轮、差速器及半轴的尺寸减小，结构紧凑，增大离地间隙，提高装载机的通过性。为了增大轮边减速的速比，有些装载机轮边减速装置采用了双级行星轮边减速传动。

（四）制动系的选型

制动系是装载机的一个重要组成部分，它不仅关系到行车作业的安全性，而且，良好可靠的制动系，可以使装载机具有较高的平均行驶速度，提高其运输效率。

目前装载机完善的制动系，通常包括以下 3 个部分：双管路行车制动系统，停车制动和紧急制动。每个部分主要由制动器和制动驱动机构两大部分组成。

1. 行车制动系

行车制动器大多是装在装载机轮毂内的轮边减速装置上，用踏板操纵。行车制动器有蹄式、钳盘式和湿式多片式 3 种结构形式。

装载机行车制动装置广泛采用钳盘式制动器及气顶油制动驱动机构，具有制动平稳、安全可靠、结构简单、维修方便等优点。目前也有一些装载机开始采用湿式多片制动器，这种制动器采用循环油冷却，散热好；由于是多片，产生制动力的面积大，制动效果好；密封的多片结构，磨损小，使用寿命长。因此近年来在装载机上已开始应用。

中大型的装载机行车制动器的驱动机构都采用加力装置。加力装置有压缩空气、液压和气推油 3 种结构方案。由于气推油制动操纵省力，工作可靠，能获得较大的制动力，所以在中型和大型装载机上得到了广泛的应用。

2. 停车制动系

停车制动系是供装载机停车或在坡道上停歇制动用的。停车制动器多为带式和蹄式结构，一般装在变速箱外的传动轴上。停车制动驱动机构都是手操纵机械传动，用以保证停车的可靠性。

3. 紧急制动系

紧急制动系是用来供遇到特殊情况紧急制动或当行车制动发生故障时用的。它具有独立的驱动机构，通常装在变速箱外的传动轴上，但并不是所有装载机上都设有紧急制动系统。

轮式车辆制动系的性能及轮式车辆的行驶安全标准，通常以制动时行车制动系能使车辆达到的减速度和制动距离标志。对于载重量小于 45 kN 的装载机制动时最大减速度不小于 5 m/s^2，或制动距离不大于 9.5 m；对于额定载重量大于 45 kN 的装载机制动时最大减速度不小于 4.2 m/s^2，或制动距离不大于 11 m。

（五）转向系的选型

车辆的转向性能是整机性能的重要方面。目前大多数装载机采用全液压铰接转向。其特点是结构紧凑、质量轻、体积小、灵敏度高、无冲击等。铰接式机架使工作装置的方向始终与前车架保持一致，有利于迅速对准作业面，减少循环时间，提高生产率和机动性，但整机抗倾翻的稳定性降低。

（六）轮胎的选型

装载机为满足其作业条件，所选轮胎要满足一定的载荷及速度要求，具有良好的牵引性、耐久性、通过性及缓冲性等。装载机多采用宽基低压充气轮胎，既提高了装载机的通过性，又改善了其附着性能和行驶稳定性能。装载机常用牵引型花纹和岩石型花纹等越野花纹轮胎。

牵引型花纹适用于松软地面条件，产生较大的牵引力；岩石型花纹提高了轮胎的抗切割能力，使轮胎有较好的耐磨性，适用于坚硬地面作业。

装载机轮胎的选择，要考虑作业条件及使用场合，除能满足必要的承载能力外，还要具有良好的牵引性、通过性、缓冲性和耐磨性。

轮胎按其充气压力可分为标准、低压和超低压轮胎 3 种，其压力范围相应为 0.5 ~ 0.7 MPa、0.15 ~ 0.45 MPa 和小于 0.05 MPa。

目前装载机广泛采用低压宽基轮胎。低压宽基轮胎接地面积大，接地比压小，因此在比较松软的路面上行驶下陷量小，滚动阻力小，通过性好，在不平的路面行驶时减震和缓冲性能好，从而改善了驾驶性能及行驶稳定性。

（七）工作装置的选型

由于反转单连杆机构结构简单，卸载平稳，便于布置，被装载机广泛采用。参见工作装置设计部分。

三、装载机总体参数的确定

确定装载机总体参数就是根据装载机主要用途、作业条件、使用场合及生产情况等对其性能提出具体的要求，选择和确定整机和总成部件的性能参数。总体参数选择得合理，不仅给以后的技术设计带来方便，更重要的是会使装载机获得良好的使用性能，较高的技术经济指标，从而提高生产率，降低作业成本。

装载机总体参数包括：额定载重量、斗容、装载机自重、发动机功率、轴距、轮距、轴荷分配、牵引力、车速、最大卸载高度及卸载距离、动臂提升、下降及铲斗前倾时间等。

上述参数之间存在着一定的内在联系，要合理正确地选择它们，就必须做大量的调研工作，通过对同类型不同制造商生产的装载机的结构、性能和主要参数的分析比较，从整机性能出发，考虑装载机"三化"要求，合理选择和正确确定以上参数。

（一）额定载质量

装载机的载质量是指在保证其作业稳定性情况下，它的最大载重能力。装载机在光滑、坚硬的水平地面上不行走铲掘时的载质量称为最大载质量。它比装载机行走铲掘时的载质量一般要大 1 ~ 1.5 倍。

装载机的额定载质量 Q_H 是指在满足下列条件下，为保证所需的稳定性，而规定铲斗内装载物料的质量。

（1）装载机配备了一定规格的铲斗。

（2）装载机最大行驶速度不超过 6.4 km/h。

（3）装载机在硬的、光滑的水平地面上作业。

轮胎式装载机的额定载质量不应超过其倾翻载荷的 50%。所谓倾翻载荷，是指装载机在一定条件下工作，使装载机后轮离开地面而绕前轮与地面接触点倾翻时，在铲斗中装载物料的最小质量。

装载机额定载质量的确定应与配合作业的运输车辆的载质量相适应，一般以 2 ~ 5 斗装满一车为宜，并应符合装载机系列标准。

（二）额定斗容量

额定斗容量又称为堆装斗容，当装载机载质量确定之后，额定斗容量按下式确定：

$$V_H = \frac{G}{\gamma}$$ （6.14）

式中　V_H——额定斗容量，m^3；

　　　G——额定载重量，t；

　　　γ——物料密度，t/m^3。

为适应不同密度物料的铲装作业，提高装载效率，将斗容分为：标准斗容、加大斗容及减小斗容。

标准斗容：用来铲装密度为 1.4 ~ 1.6 t/m^3 的物料。

加大斗容：一般为标准斗容的 1.4 ~ 1.6 倍，用来铲装密度为 1 t/m^3 左右的物料。

减小斗容：为正常斗容的 0.6 ~ 0.8 倍，用来铲装密度 > 2 t/m^3 左右的物料。

（三）装载机的自重

装载机的自重是指其使用质量。目前大多数装载机均为全轮驱动，因此装载机自重就是其附着质量。装载机在水平地面作业时，靠行走将铲斗插入料堆，不考虑惯性，则装载机的牵引力用来克服插入阻力，其大小受地面附着力的限制。为保证装载机的正常作业，铲斗必须能插入料堆一定的深度。装载机的额定牵引力为

$$P_H = G_\varphi \varphi_H = P_X$$ （6.15）

式中　P_H——装载机的额定牵引力，kN；

　　　G_φ——附着重力；

　　　φ_H——附着系数；

　　　P_X——装载机工作时的插入阻力。

装载机的自重也可根据装载机的单位插入力及比切力来确定。比切力是表示装载机铲斗插入料堆的能力，比切力越大则表明铲斗插入料堆的能力越强，设计时可按表 6.1 选取。

表 6.1　单位插入力和单位铲起力

名　称	额定载质量/t		
	3	4 ~ 6	> 6
单位插入力/(N/cm)	150 ~ 300	350 ~ 500	> 500
单位铲起力/(N/cm)	200 ~ 350	350 ~ 500	> 500

装载机插入料堆的能力与装载机自重成正比，但装载机自重的增加导致运行阻力的增大，其动力性也将受到影响。因此具有同样作业能力及使用性能的前提下，应减小装载机的自重。

（四）装载机的行驶速度

装载机的作业速度一般为 3~4 km/h，最高行驶速度一般不超过 40 km/h。作业时，倒挡速度比前进作业速度高 25%~40%。

（五）发动机功率的计算

发动机功率可根据作业时车轮产生的额定牵引力及辅助油泵所需功率来计算：

$$N = \frac{(P_{\mathrm{H}} + P_{\mathrm{f}})v_{\mathrm{t}}}{3.6\eta_{\mathrm{t}}} \sum \left(\frac{p_i Q_i}{60\eta_i} \right) \qquad (6.16)$$

式中　N——发动机功率，kW；

　　　P_{f}——滚动阻力，kN；

　　　P_{H}——装载机的额定牵引力；

　　　v_{t}——装载机的理论速度，km/h；

　　　η_{t}——传动系统总效率，机械传动取 0.85~0.88，液力机械传动取 0.6~0.75；

　　　p_i——辅助油泵输出压力，MPa；

　　　Q_i——辅助油泵的流量，L/min；

　　　η_i——油泵效率，一般取 0.75~0.85。

辅助机构各油泵在装载机作业过程中，不是同时满载，对空转状态下的油泵按空载压力计算，其余油泵按系统工作压力计算。对于液力机械传动的装载机，发动机与变矩器采用部分功率匹配，驱动油泵按配合铲装法作业时所需功率计算。

（六）轴距的选择

轴距主要影响装载机转弯半径、纵向稳定性、装载机的自重。在保证装载机主要性能的前提下，轴距应尽量小些。

（七）轮距的选择

装载机轮距主要影响装载机转弯半径、横向稳定性、铲斗的宽度。铲斗宽度的增加导致单位长度斗刃插入力降低。在保证装载机主要性能的前提下，轮距应尽量小些。

（八）铲斗最大卸载高度选择

铲斗最大卸载高度（H_{smax}）是铲斗铰轴在最大高度、铲斗处于 45° 卸载角（如果卸载角小于 45° 时，指明该卸载角）时，铲斗切削刃的最低点与水平面之间的距离。它与配合作业的车辆有关，可按式（6.14）确定：

$$H_{\mathrm{smax}} = H + \Delta h \qquad (6.17)$$

式中　H——运输车辆侧板距地高度，m；

　　　Δh——斗尖与车厢侧板间距离，一般取 0.3~0.5 m。

（九）卸载距离

最大卸载高度时铲斗斗尖与装载机前外廓的距离称为卸载距离 L_{s}，如图 6.2 所示，且

$$L_s = B / 2 + \delta \qquad\qquad (6.18)$$

式中　B——运输车辆宽度，m；

　　　δ——卸载时，装载机前外廓与车辆之间保持的最小距离，一般取 $\delta \geqslant 0.2 \sim 0.4\,\mathrm{m}$。

（十）铲斗后倾角及卸载角

动臂在最低位置时，铲斗斗底与水平面的夹角 α 称作铲斗后倾角（见图 6.2），一般取 $\alpha = 40° \sim 45°$。在铲斗连杆机构不是平行四连杆时，在动臂举升过程中允许铲斗进一步后倾，最大后倾角应在 $60° \sim 65°$。装载机在卸载时，铲斗在最大提升位置时铲斗内底面最大平板部分在水平线以下旋转的最大角度 β 称为卸载角，一般取 $\beta \geqslant 45°$。

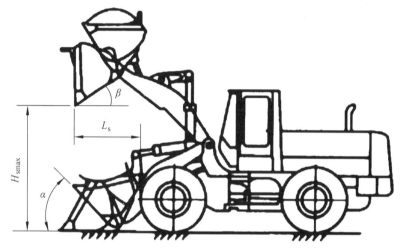

图 6.2　卸载高度与卸载距离

（十一）装载机动臂提升、下降及铲斗前倾时间

动臂提升时间：$6 \sim 9\,\mathrm{s}$

动臂下降时间：$4 \sim 6\,\mathrm{s}$

铲斗前倾时间：$2 \sim 3\,\mathrm{s}$

（十二）装载机桥荷分配

对铰接式装载机空载时，前桥载荷占装载机自重力的 50%，后桥载荷占自重力的 50%，满载时前桥占装载机自重力的 65% $\sim$ 75%，后桥载荷占装载机自重力的 25% $\sim$ 35%。

（十三）最小离地间隙

装载机最小离地间隙是表示装载机越过障碍物的能力，在设计中一般取 $H_1 > 0.35\,\mathrm{m}$。

四、总体布置

装载机的总体布置是在发动机型号及各总成部件的结构形式、轮胎的尺寸及总体参数确定之后进行。总体布置就是在参考同类型装载机的基础上，从保证装载机的主要性能出发，在总体设计和各总成部件设计密切配合的情况下，通过绘制总体布置草图，根据使用要求及桥荷分配来协调各总成的性能，并确定和控制它们的位置、尺寸和质量。总体布置不仅要使得装载机有良好的使用性能，而且必须保证操作轻便、拆装容易和修理方便。

（一）总体布置草图基准面的选择

为了确定各总成部件在整机上的位置和尺寸，首先将初步确定的轴距、轮距和轮胎尺寸画在总体布置草图上，参考同类型装载机车架的高度确定车架上缘的位置，然后选择 3 个基准面。通常基准面这样选取：

（1）以通过后桥中心线的水平面为上下位置的基准面。

（2）以通过后桥中心线的垂直平面为前后位置的基准面。

（3）以通过装载机纵向对称面为左右位置的基准面。

（二）发动机和传动系的布置

发动机通常布置在装载机的后部中央，这样不仅可以改善驾驶员的前视野，而且可增加装载机的稳定性。发动机的前后布置，根据桥荷分配确定，其曲轴中心线的上下位置在不影响整机的使用要求和传动系布置的情况下，希望尽可能低些，以降低装载机重心高度。发动机位置确定后，即可安排液力变矩器、变速箱的位置和确定传动轴的数目。

（三）铰接车架铰销和传动轴的布置

铰接车架铰销的布置一般采用以下两种形式：

（1）铰销布置在前后桥轴线的中间，这种布置方式，装载机转弯时前后轮轮迹相同，这不仅在松软地面上可以减小转向阻力矩和行驶阻力，而且前轮能通过的狭小场地，后轮也能顺利地通过，因此，在可能情况下多采用此种方案。

（2）铰销布置在前后桥轴线中间偏前，这样布置，装载机转弯时，前轮转向半径大于后轮转向半径。在铰销布置在前后桥轴线中间而造成传动部件布置困难时，常采用这种布置方案。

转向油缸布置在铰销的两侧，油缸体和活塞杆分别铰接在前后车架上，为了保证转向安全可靠和对称布置，大多数装载机都采用两个转向油缸。前后车架绕其铰销的相对转角左右可达 45°，但一般取 35° ~ 40°。

现代大多数装载机都采用双桥驱动，其前后传动轴一般布置在装载机的纵向对称平面内，并尽可能使它们呈水平位置。

（四）摆动桥的布置

由于装载机行驶速度较低并且为保证它在铲装作业时的稳定性，装载机一般都不装设弹性悬架。为了使装载机在凹凸不平的地面上行驶时驱动车轮都能与地面接触，多采用一个纵向销轴将驱动桥和车架铰接，上部车架可以绕纵向销轴相对于驱动桥上下摆动一定角度（一般 ±10° 左右）。摆角由限位块限制。摆动桥可布置在后桥亦可布置在前桥。

1. 后桥摆动

后桥摆动有两种结构形式，一种是通过固定在后驱动桥上的副车架用纵向销轴与车架铰接，如图 6.3（a）所示；另一种是后驱动桥和车架直接用纵向销轴铰接，如图 6.3（b）所示，这种结构形式重心较低。

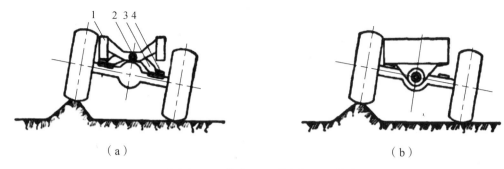

1—后车架；2—销轴；3—副车架；4—挡铁。

图 6.3　后桥摆动简图

后桥摆动的装载机由于驾驶员随前桥一起摆动，因此在作业过程中，驾驶员对铲掘面实际感觉性好，但容易疲劳。

2．前桥摆动

这种结构是整个前车架绕纵向销轴摆动，如图 6.4 所示，如果驾驶室布置在后车架上，由于驾驶员不与前车架一起摆动，作业时实际感觉性差，因此现代装载机较少采用。

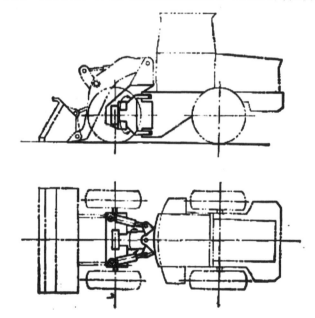

图 6.4　前车架摆动简图

（五）工作装置布置

装载机的工作装置布置在整机的前端，布置时结合工作装置的设计确定动臂与车架的铰点位置（见图 6.5）。在工作装置参数不变的情况下，铰点位置靠前虽然可以增大铲斗的卸载距离，但同时也使倾翻力矩增大，为此，在可能情况下，铰点应尽可能向后布置，但要考虑驾驶员出入驾驶室方便及铰接式装载机在最大转角时工作装置不与驾驶室相碰。

从降低重心高度出发希望动臂与车架的铰点 A 低些，但这同样会使最大卸载高度降低或增大动臂的回转角度，以致减小卸载距离及动臂油缸力臂，造成油缸受力不利。动臂从最低位置到最大举升时的回转角度一般取 90° 左右。

动臂油缸与车架的铰点 M 及油缸与动臂的铰点 H 的位置是在考虑油缸受力及其行程的情况下确定的。动臂油缸缸体与车架一股采用两种铰接方式。一种是油缸下端与车架铰接，如图 6.5（a）所示；另一种是油缸中部与车架铰接，如图 6.5（b）所示。动臂油缸活塞杆与动臂的铰点为 H，H 点一般布置在靠近动臂后端约为其长度的 1/3 处为宜。动臂油缸上下铰点 H、M 的选择，应满足动臂在最低位置时 $\angle AHM = 90°$，这样铲掘时提升力最大。

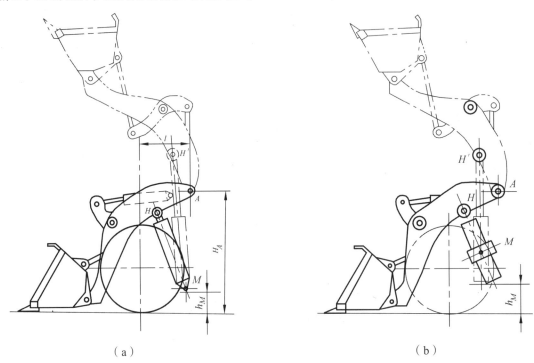

（a） （b）

图 6.5　工作装置布置简图

（六）驾驶室的布置

整体车架轮胎式装载机，为使驾驶室的视野好，一般都将驾驶室布置在车架的前部（见图 6.6）。

履带式装载机的发动机置于前部，所以驾驶室通常布置在后部（见图 6.7）。

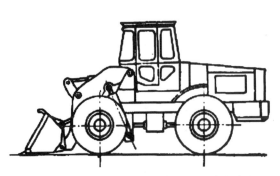

图 6.6　轮胎式整体车架装载机驾驶室布置

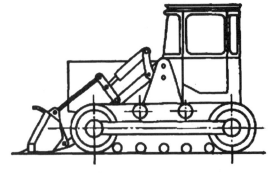

图 6.7　履带式装载机驾驶室布置

铰接式装载机驾驶室的布置方案有以下 3 种：

（1）驾驶室悬臂固定在前车架的后端［见图 6.8（a）］。

这样布置铲斗始终在驾驶员的前方，同时转向时驾驶员随前车架一起转动，前方视野较好，铲装物料及卸载时便于对中，但由于驾驶室在前车架上，而发动机和变速箱等是在后车架上，所以操纵机构较为复杂。

（2）驾驶室悬臂固定在后车架的前端［见图 6.8（b）］。

这种布置形式转向时驾驶员不随工作装置一起转动，卸载时对中性不如前者。作业时驾驶员受冲击较小，不易疲劳。前后视野中等，目前大多数铰接装载机采样这种布置方案。

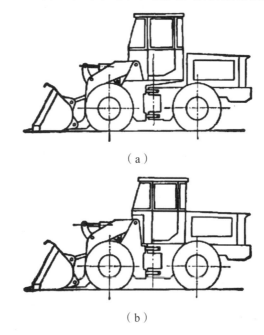

（a）

（b）

图 6.8　铰接式装载机驾驶室布置方案

（七）操纵系、油箱及平衡重布置

操纵系统包括变速杆、停车制动和工作装置液压系统操纵杆及踏板等，它们的布置原则是保证驾驶员操纵方便。

铰接式装载机的燃油箱和工作油箱一般多布置在后车架的两侧，配重尽可能置于装载机的最后端，以利于平衡铲斗中的载荷。

（八）桥荷分配及压力中心控制

在总体布置草图上，当初步布置了各总成部件的位置后，须验算桥荷或压力中心。首先参考同类型装载机相应的总成部件，估计或计算出各总成和部件的重量，确定它们的重心位置 G_i，并标注出其重心距后桥中心的水平距离 X_i。则装载机重心距后桥中心的距离 l_2 按下式计算：

$$l_i = \frac{\sum G_i X_i}{\sum G_i} \quad (\text{mm}) \tag{6.19}$$

式中　$\sum G_i$ ——装载机各总成部件重量的总和，N，应与所选取的装载机自重 G_Z 接近。

根据选定的轴距 L 和算出的 l_2，即可求出地面对前后桥的支反力 R_1、R_2（见图6.9）。

$$R_1 = \frac{G_Z l_2 + Q_H(l_2 + L)}{L} \text{（N）} \tag{6.20}$$

$$R_2 = \frac{G_Z l_1 + Q_H l_3}{L} \text{（N）} \tag{6.21}$$

式中　G_Z ——装载机的使用重量，N；

Q_H ——装载机额定载重量，作用在铲斗的几何中心，N。

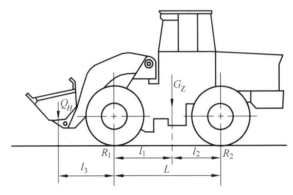

图6.9　装载机前后桥荷分配

如果将式（6.20）和（6.21）中的 Q_H 取为零，此时计算出的 R_1 和 R_2 即为装载机空载时前后桥负荷。若算出的结果与确定的桥荷相近，即可按以上布置进行设计。假若相差很多，则应进行调整。调整的方法一般为：改变配重的重量；改变某些部件相对后桥中心线的位置；将车架及固定在它上边的总成相对前后桥移动适当的距离。以上这些方法有时采用一种，有时需要综合使用，这要根据具体的情况灵活掌握。改变配重的重量是调整桥荷最简单的方法，但配重不能加得太多，否则将造成装载机的自重增加，动力性下降。

控制桥荷分配是总体布置中的重要任务之一，因为桥荷分配直接影响着装载机的使用性能，如牵引性、通过性及转向操纵性等，因此总体布置时必须给予足够的重视。

复习思考题

1-1　阐述轮式行走机构的特点及作用。

1-2　阐述轮式机械行驶的原理。

1-3　阐述轮胎运动的3种形式。

1-4　解释滑移、滑转的概念以及滑转率的表达式。

1-5　何为切线牵引力、牵引力和有效牵引力？分别就轮式和履带式机械表达3者之间的关系。

1-6　阐述影响滚动阻力的因素。

1-7　阐述影响滑转率的因素。

1-8 为什么说切线牵引力为附着性质的力?

1-9 阐述轮式工程机械的行驶效率。

1-10 履带式机械的内摩擦包括哪些?

1-11 履带和地面之间的附着力由哪两种因素组成?

1-12 阐述影响履带行驶阻力的因素。

1-13 阐述履带式行走机构的效率。

1-14 阐述工程机械牵引性能的概念。

1-15 描述工程机械的牵引和运输工况。

1-16 阐述牵引与运输工况对于机械的设计要求。

1-17 牵引与运输工况下的工作阻力如何计算?

1-18 车辆的切线牵引力可按哪两种限制条件来计算?

1-19 阐述车辆加减速对于驱动力矩的影响。

1-20 试述发动机的功率消耗在哪些方面。

1-21 试给出工程机械水平地面行驶的牵引和功率平衡方程。

1-22 试述发动机适应能力的评价指标。

第七章　推土机

推土机施工视频

第一节　推土机的应用特点及主要类型

推土机是一种自行式的铲土运输机械，由拖拉机和推土装置组成。推土装置包括带有刀片的推土铲、顶推架（推杆）和操作机构，其中刀片和推土铲分别是推土机的挖土和运土装置。推土机的工作过程：工作时，推土铲放下，下部边缘的刀片切入土壤，被切出来的土壤向上翻起，并堆积在推土铲前面，随着推土机前进而被运走。推土机的经济合理运距一般不超过 120 m。

推土机的主要类型（见图 7.1）：

1．按推土铲的安装方法分类

（1）固定式：推土铲在垂直于拖拉机纵轴方向刚性地固定在顶推架上。

（2）回转式：推土铲除了可在水平面向左或向右做平斜 25°～30° 角安装外，也能在垂直面相对水平线转动 5°～9° 角安装，同时推土铲的切角还能在 44°～72° 之间调整变更，也就是说推土铲的安装位置可按工作需要变更。这种形式也称为"万能式"。

2．按操纵方式分类

（1）钢丝绳操纵式：推土铲的升降是利用装在拖拉机上的绞盘和钢丝绳来操纵。

（2）液压操纵式：推土铲的升降用液压传动转置来操纵。

3．按底盘分类

（1）轮式推土机：机动性能好，底盘结构较简单，但接地比压较高，附着牵引性能较差。

（2）履带式推土机：履带式推土机因其履带与地面的附着力比较大，能发挥出足够的牵引力。履带式推土机按接地比压的大小及用途可将推土机分为高比压（13 N/cm² 以上）、中比压和低比压（5 N/cm² 以下）3 种形式。高比压的履带式推土机主要用于矿山及石方作业地带进行岩石剥离或推运作业；中比压主要用于一般性的推运作业；低比压适用于湿地、沼泽地带的推运作业。

 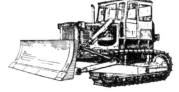 

（a）轮式推土机　　　　　（b）液压履带式推土机　　　　（c）钢丝绳操纵式推土机

图 7.1　几种类型的推土机

4．按功率分类

（1）小型推土机：功率在 37 kW 以下。

（2）中型推土机：功率在 37 ~ 250 kW。

（3）大型推土机：功率在 250 kW 以上。

第二节　推土机的总体组成

推土机的总体组成是由动力装置（柴油机）、底盘和工作装置 3 大部分组成的。

1．动力装置

推土机的动力装置一般为柴油机，其作用是将供入其中的燃料燃烧而产生动力，并通过底盘的传动系统使推土机行驶，或通过液压传动系统使工作装置进行作业。

2．底　盘

底盘是全机的基础，柴油机和工作装置都安装在它的上面。推土机底盘是由传动系统、行走装置、操纵系统、电气控制系统等结构组成。

（1）传动系统：一般包括主离合器、变速箱、驱动桥等部件。驱动桥内部装有中央传动装置、转向离合器、制动器、最终传动装置。

（2）行走装置：履带式推土机行走装置包括：台车、悬挂弹簧、履带、驱动轮等。台车是由车架、支重轮、托链轮及带有张紧装置的引导轮组成。驱动轮安装在台车架的后部，与驱动桥体两侧的最终传动装置连接。而轮式推土机的行走系是由车架、车轮组成。车架、车轮起支撑底盘各部件的作用，并保证推土机的行驶。转向系是由转向器、转向杆等部件组成。

（3）操纵系统：操纵系统包括柴油机、基础车、工作装置 3 部分操纵机构。

（4）电气控制系统：电气系统包括电动起动部分（蓄电池、调节器发动机、起动机等）、照明及仪表盒、插座接线板等。

3．工作装置

工作装置主要指推土板、松土器。

第三节　推土机作业过程

推土机的基本作业过程如图 7.2 所示。将铲刀下降至地面一定深度，机械向前行驶，此过程为铲土作业［见图 7.2（a）］。铲土深度可通过调整铲刀的升降量来调整。铲土作业完成后，铲刀略提升，使其贴近地面，机械继续向前行驶，此过程为运土作业［见图 7.2（b）］。当运土至卸土地点时，提升铲刀，机械慢速前行，此过程为卸土作业［见图 7.2（c）］。卸土作业完成后，机械倒退或掉头快速行驶至铲土地点重新开始铲土作业。推土机经过铲土、运土和卸土作业及空驶回程 4 个过程完成一个工作循环，故推土机属于循环作业式的土方工程机械。

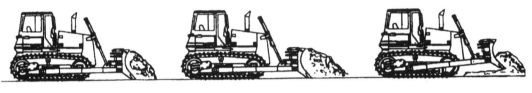

（a）铲土作业　　　　　　　（b）运土作业　　　　　　　（c）卸土作业

图 7.2　直铲式推土机的作业过程

第四节　推土机的工作装置

一、推土装置

推土机的推土装置简称铲刀，是推土机的主要工作装置，安装在推土机的前端，安装形式有固定式和回转式两种。

采用固定式铲刀的推土机，其铲刀正对前进方向安装，称为直铲或正铲，多用于中、小型推土机。回转式铲刀可在水平面内回转一定的角度安装，以实现斜铲作业，一般最大回转角为 25°。还可使铲刀在垂直平面内倾斜一个角度以实现侧铲作业，侧倾角一般为 0°～9°，如图 7.3 所示。回转式铲刀以 0° 回转角安装时，同样可实现直铲作业。因此，回转铲刀的作业适应范围更广，大、中型推土机多安装回转式铲刀。

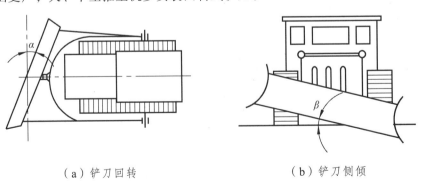

（a）铲刀回转　　　　　　　　　　（b）铲刀侧倾

图 7.3　回转式铲刀的安装

在运输工况时，推土装置被提升油缸提起，悬挂在推土机前方，推土机进入作业工况时，降下推土装置，将铲刀置于地面，向前可以推土，后退可以平地。当推土机作牵引车作业时，可将推土装置拆除。

通常，向前推挖土石方、平整场地或堆积松散物料时，广泛采用直铲作业；傍山铲土或单侧弃土，常采用斜铲作业；在斜坡上铲削硬土或挖边沟，采用侧铲作业。

1．固定式推土装置

固定式推土装置如图7.4所示，由推土板、顶推梁、斜撑杆、横拉杆和倾斜油缸等组成。

顶推梁6铰接在履带式底盘的台车架上，推土板3可绕其铰接支承摆动以实现铲刀的提升或下降。推土板3、顶推梁6、斜撑杆8、倾斜油缸5和横拉杆4等组成一个刚性构架，整体刚度大，可承受重载作业负荷。在推土板的背面有两个铰座，用以安装铲刀升降油缸。升降油缸铰接于机架的前上方。

通过等量伸长或等量缩短斜撑杆8和倾斜油缸5的长度，可以调整推土板的切削角（即改变刀片与地面的夹角）以适应不同土质的作业要求。

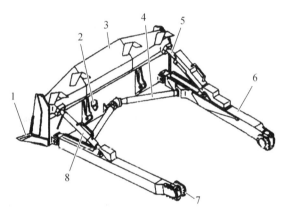

1—端刃；2—切削刃；3—推土板；4—横拉杆；
5—倾斜油缸；6—顶推梁；7—铰座；
8—斜撑杆。

图 7.4　固定式推土装置的构造

2．回转式推土装置

回转式推土装置构造如图7.5所示，由推土板1、顶推门架6、推土板推杆5和斜撑杆2等组成，可根据施工作业需要调整铲刀在水平和垂直平面内的倾斜角度。当两侧的螺旋推杆分别铰装在顶推门架的中间耳座上时，铲刀呈直铲状态；当一侧推杆铰接在顶推门架的后耳座上，而另一侧推杆铰装在顶推门架的前耳座上时，呈斜铲状态；铲刀水平斜置后，可在直线行驶状态实现单侧排土，回填沟渠，提高作业效率。

为扩大作业范围，提高工作效率，现代推土机多采用侧铲可调式结构，即反向调节倾斜油缸和斜撑杆的长度，可在一定范围内改变铲刀的侧倾角，实现侧铲作业。铲刀侧倾调整时，先用提升油缸将推土板提起。当倾斜油缸收缩时，安装倾斜油缸一侧的推土板升高，伸长斜撑杆一端的推土板则下降；反之，倾斜油缸伸长，倾斜油缸一侧的推土板下降，收缩斜撑杆一端的推土板则升高. 从而实现铲刀左、右侧倾。铲刀处于侧倾状态下，可在横坡上进行推土作业，或平整坡面，也可用铲尖开挖浅沟。

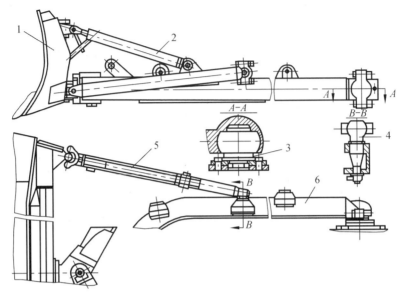

1—推土板；2—斜撑杆；3—顶推门架支撑；4—推杆球状铰销；
5—推土板推杆；6—顶推门架。

图 7.5　回转式推土装置的构造

为避免铲刀由于升降或倾斜运动导致各构件之间发生运动干涉，引起附加应力，铲刀与顶推门架前端采用球铰连接，铲刀与推杆、铲刀与斜撑杆之间，也采用球铰或万向联轴器连接。顶推门架铰接在台车架的球状支承上，整个推土装置可绕其铰接支承摆动升降。

3．推土板的结构与形式

推土板主要由曲面板和可卸式切削刃组成。切削刃用高强度耐磨材料制造，磨损后可更换。

推土板的外形结构参数主要有宽度、高度和积土面（正面）曲率半径。为减少积土阻力，利于物料滚动前翻，防止物料在铲刀前散胀堆积，或越过铲刀向后溢漏，推土板的积土面形状常采用抛物线或渐开线曲面。此类积土表面物料贯入性好，可提高物料的积聚能力和铲刀的容量，降低能量的损耗。因抛物线曲面与圆弧曲面的形状及其积土特性十分相近，且圆弧曲面的制造工艺性好，易加工，故现代推土板多采用圆弧曲面。推土板的外形结构常用的有直线形和 U 形两种。

直线形推土板属窄型推土板，宽高比较小，比切力大（即切削刃单位宽度上的顶推力大），但铲刀前的积土容易从两侧流失，切土和推运距离过长会降低推土机的生产率。

U 形推土板两侧略前伸并呈 U 字形，在运土过程中，U 形铲刀中部的土壤上升卷起前翻，两侧的土壤则在翻的同时向铲刀内侧翻滚，提高了铲刀的充盈程度，有效地减少了土粒或物料的侧漏，因而运距稍长的推土作业宜采用 U 形推土板。

推土板断面结构有开式、半开式、闭式 3 种形式（见图 7.6）。开式结构简单，但刚性差，承载能力低，只在小型推土机上采用；半开式推土板背面焊接了加强结构，刚度得到增强；

功率较大的推土机常采用封闭式箱形结构的推土板，其背面和端面均用钢板焊接而成，用以加强推土板的刚度。

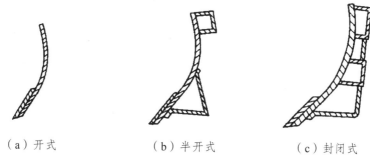

（a）开式　　　　　（b）半开式　　　　　（c）封闭式

图7.6　推土板断面结构形式

4．气流润滑式铲刀推土装置

气流润滑式推土装置（见图7.7）用螺栓固定在轮式底盘的前车架上，由铲刀、推架、上拉杆、横梁、铲刀升降油缸、铲刀垂直倾斜油缸等组成。

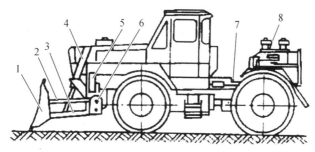

1—铲刀；2—上拉杆；3—推架；4—铲刀升降油缸；
5—铲刀垂直倾斜油缸；6—横梁；
7—空气压缩机传动轴；
8—空气压缩机。

图7.7　气流润滑式轮式推土机

在轮式底盘的后部安装大容量的空气压缩机，从两侧的输入钢管向推土板下部提供高压气流，在铲刀表面与土壤之间从下向上形成"气垫"。这层"气垫"在铲刀和土壤之间起隔离和润滑作用，降低推土板的切削阻力，提高了推土机的生产效率和经济性能。

推土板、推架、上拉杆和横梁组成一个平行四连杆机构，具有平行运动的特点，因此，推土板升降时始终保持垂直平稳运动，不会随铲刀浮动而改变预先确定的切削角，使铲刀始终在最小阻力工况下稳定作业。同时，铲刀垂直升降还有利于减小铲刀在土壤中的升降阻力。铲刀垂直倾斜油缸可改变铲刀的入土切削角，即将垂直状态的铲刀向前或向后倾斜一定的角度（倾斜幅度为±8°），以适应不同土质的作业要求。

二、松土装置

松土装置简称松土器或裂土器，悬挂在推土机基础车的尾部，是推土机的一种主要附属工作装置，广泛用于硬土、黏土、页岩、黏结砾石的预松作业，也可替代传统的爆破施工方法，用以开凿层理发达的岩石。开挖露天矿山，提高施工的安全性，降低生产成本。

松土器结构分为铰链式、平行四边形式、可调式平行四边形式和径向可调式4种基本形式。现代松土器多采用后3种形式，其典型结构如图7.8所示。

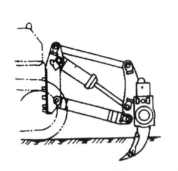 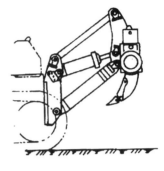

（a）固定式平行四边形机构松土器　　　（b）固定式平行四边形机构松土器

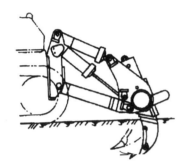 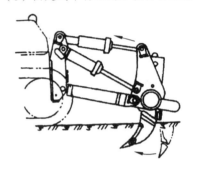

（c）可调式平行四边形机构松土器　　　（d）可调式平行四边形机构松土器

 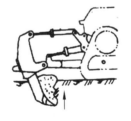 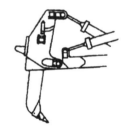

（e）可调式平行四边形　　（f）可调式平行四边形　　（g）径向可调式松土器
　　机构松土器　　　　　　　机构松土器

图7.8　现代松土器的典型结构

按松土齿的数量可分为单齿式和多齿式松土器。多齿松土器通常安装 3~5 个松土齿，用于预松硬土和冻土层，配合推土机和铲运机作业。单齿松土器比切削力大，用于松裂岩石作业。

图 7.9 所示为三齿松土器，松土器主要由安装架 1、上拉杆（倾斜油缸）2、松土器臂 8、横梁 4、提升油缸 3 及松土齿等组成，整个松土装置悬挂在推土机后桥箱体的安装架上。松土齿用销轴固定在横梁松土齿架的啮合套内，松土齿杆上设有多个销孔，改变齿杆的销孔固定位置，即可改变松土齿杆的工作长度，调节松土器的松土深度。

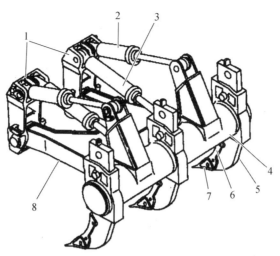

1—安装架；2—倾斜油缸；3—提升油缸；4—横梁；

5—齿杆；6—护套板；7—齿尖；

8—松土器臂。

图 7.9　三齿松土器

松土齿由齿杆、护套板、齿尖镶块及固定销组成（见图 7.10）。齿杆是主要的受力件，承受巨大的切削载荷。齿杆形状有直齿形、折齿形和曲齿形 3 种基本结构[见图 7.10（a）、（b）、（c）]。直齿形齿杆在松裂致密分层的土壤时，具有良好的剥离表层的能力，同时具有凿裂块状和板状岩层的效能。曲齿形齿杆提高了齿杆的抗弯能力，裂土阻力较小，适合松裂非匀质性的土壤。块状物料先被齿尖掘起，并在齿杆垂直部分通过之前即被凿碎，松土效果较好，但块状物料易被卡阻在弯曲处。折齿形齿杆形状比曲齿形齿杆简单些，性能介于直齿和曲齿之间。

松土齿护套板用以保护齿杆，防止磨损，延长其使用寿命。齿尖镶块和护套板是直接松土、裂土的零件，工作条件恶劣，容易磨损，使用寿命短，需经常更换，应采用耐久性材料，在结构上应尽可能拆装方便，连接可取。

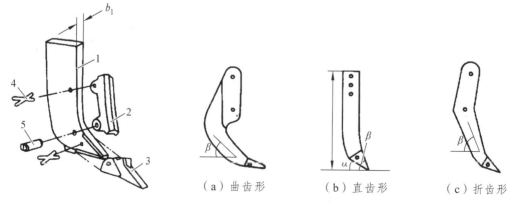

（a）曲齿形　　　　（b）直齿形　　　　（c）折齿形

1—齿杆；2—护套板；3—齿尖镶块；4—刚性销轴；5—弹性固定销。

图 7.10　松土齿的构造

齿尖镶块的结构按其长度可分为短型、中型和长型 3 种；按其对称性可分凿入式和对称式两种。齿尖结构如图 7.11 所示。

（a）短型（凿入式）　　　　（b）中型（（凿入式）　　　　（c）长型（对称式）

图 7.11　齿尖镶块的结构

齿尖镶块的结构不同，其凿入性、凿裂性和抗磨性也不同，可适应不同土质和岩层的使用要求。松土时，应根据作业条件和地质结构合理选用松土齿。

短型齿尖镶块刚度大，耐冲击，适合凿裂岩石，但耐磨性较差。中型齿尖镶块抗冲击能力中等，耐磨性较好，适合一般硬土的破碎作业。长型齿尖镶块具有高耐磨性，但抗冲击能力较低，齿尖容易崩裂，适合耙裂动载荷较小的冻土。

凿入式齿尖由合金钢锻造成形，具有良好的自磨锐性能和凿入能力，特别适合凿松均匀致密的泥石岩、粒度较小的钙质岩和紧密黏结的砾岩类土质。

对称式齿尖镶块具有高抗磨性，自磨锐性好。由于齿尖镶块的结构具有对称性，故可反复翻边安装使用，延长齿尖使用寿命。

在不容易造成崩齿的情况下，为提高齿尖镶块的寿命，应尽量选用长型凿入式或长型对称式齿尖镶块。

第五节　推土机工作装置的设计计算

一、推土铲高度和宽度

1．铲刀高度与宽度

（1）铲刀高度（H_g）：铲刀支地沿地面垂直方向量出的高度。铲刀高度取决于发动机额定功率，其安装可以用以下经验公式确定：

固定式铲刀

$$H_g = (220 \sim 275)\sqrt[3]{N_{eH}}$$
$$H_g = 232\sqrt[3]{P_H} - 0.5P_H$$

（7.1）

回转式铲刀

$$H_g = (175 \sim 220)\sqrt[3]{N_{eH}}$$
$$H_g = 210\sqrt[3]{P_H} - 0.5P_H$$

（7.2）

式中　　H_g——铲刀高度，cm；

N_{eH}——发动机功率，kW；

P_H——推土机额定有效牵引力，kN。

（2）铲刀宽度（B_g）：铲刀宽度是指铲刀切削刃外廓宽。推土机铲刀必须有自身开辟道路的能力，因此铲刀宽度必须大于行走装置每边 25～35 mm。对于回转式推土机，当铲刀在水平面最大回转位置时，铲刀横向投影长度仍为每边超宽 25～35 mm。

当铲刀高度 H_g 确定后，可从经验公式来确定铲刀宽度 B_g 值。

$$\text{固定式铲刀} \quad B_g = (3.5～4)H_g$$
$$\text{回转式铲刀} \quad B_g = (2.5～3)H_g \tag{7.3}$$

2．推土板角度参数

推土板的角度参数包括切削角 δ、后角 α、刀刃尖角 β、前翻角 β_K、推土板斜装角 ε、挡土板安装角 β_z、推土板水平回转角 ϕ、推土板倾斜角 ξ 等（见图 7.12～图 7.15）。

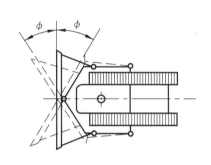

图 7.12　推土铲回转角

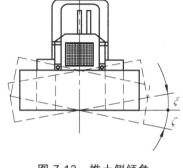

图 7.13　推土侧倾角

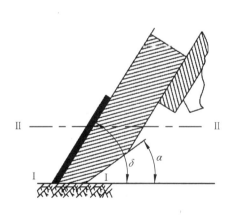

图 7.14　刀刃角度参数

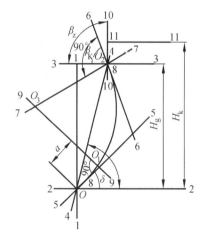

图 7.15　推土铲角度参数

切削角 δ 是铲刀支地，刀片与地平面间夹角。δ 越小土的切削阻力就越小。由于推土机正常作业时，必须保证后角 α 大于 30°。因此 δ 过小不仅使 α 得不到保证，而且会引起刀刃尖角过小，致使刀片强度受影响。一般 δ 取 45°～60°，其调整范围约为 10°。

后角 α 是刀片后端斜面与地平面的夹角，其值一般取 30°。若 $\alpha < 30°$，由于地形起伏会出现刀片背后接地现象（此时 $\alpha < 0°$），从而增加摩擦阻力，使切削能力降低。

刀刃尖角 β 是刀片前后面夹角，一般为 30° 左右。β 过小刀片强度减弱，β 过大引起后角 α 过小。

前翻角 β_K 是推土板最上缘切线与水平面间夹角。β_K 的选择主要考虑使土屑沿推土板上缘向前翻落性能良好，一般取 β_K 为 65° ~ 75°。

推土板斜装角 ε 是整个推土板与地面倾斜安装的角度，一般取 ε 为 75°，ε 过小，一方面土屑易从推土板上缘往后翻落；另外，由于推土板上积土太多而引起铲刀提升阻力增加。过大随之切削角 δ 增大，使得土屑上升变形加大，增加切削阻力。

挡土板安装角 β_z 是指推土板上部挡土板与地平面的夹角，一般 β_z 取 90° ~ 100°。加装挡土板的目的是：防止土屑往推土板后面翻落并增加推土板前积土量。

推土板的回转角 ϕ 是指在水平面内，推土板与推土机纵轴线的夹角。从土槽切削试验可知当 $\phi < 40°$ 时，土的侧移阻力显著减小，但由于结构位置限制，一般不易达到上述要求。对于回转式铲刀，侧向排土，ϕ 的变动范围为 60° ~ 90°。

推土板倾斜角 ξ 是在垂直面内推土板与地平面夹角。有了 ξ 角能使推土机在坡地上，横向推出水平切土面，以及在平地上推出横坡。另外对较坚硬土可用角铲作业（铲刀尖啃地）。ξ 的调整范围，用螺杆调整的取 ξ 为 ±5°；油缸调整的取 ξ 为 ±(6° ~ 12°)。

推土板角度参数推荐值如表 7.1 所示。

表 7.1　推土板角度参数推荐

角度参数	固定式铲刀	回转式铲刀
切削角 δ	55° ±10°	（50° ~ 55°）±10°
回转角 ϕ	90°	60° ~ 90°
倾斜角 ξ	螺杆操作 ξ 为 a±5°；液压为 ±（6° ~ 12°）	
后角 α	30° ~ 35°	
刀刃尖角 β	30°	
前翻角 β_K	70° ~ 75°	65° ~ 75°
推土板斜装角 ε	75°	
挡土板安装角 β_z	90° ~ 100°	

3．推土铲曲率半径

推土板曲率半径 R_g 是铲刀的重要参数之一，它直接影响到推土机的作业性能。当推土板高度一定时，为了不使土屑向推土板后面翻落及增大铲刀前面的积土量，R_g 宜小些，而为了减小土屑上升阻力及卸土干净，R_g 值又宜大些，因此确定 R_g 时要综合考虑上述因素。R_g 的具体数值可按经验公式计算，一般需满足 $R_g > (0.8 \sim 0.9)H_g$，通常取 $R_g = H_g$。另外，当铲刀高 H_g、推土板斜装角 ε、切削角 δ、前翻角 β_K 已知时，R_g 的值按下式确定。

$$R_g = H_g \frac{\sin(\varepsilon - \delta)}{\sin\varepsilon\left[1 - \sin\left(\beta_K + \delta - \dfrac{\pi}{2}\right)\right]} \quad (7.4)$$

4．推土板直线部分及挡土板尺寸

推土板下部直线部分用来安装刀片，所以其长度 a 等于刀片宽度，一般取 $a = (0.1 \sim 0.25)H_g$。

挡土板垂直高度一般为 $a = (0.1 \sim 0.25) H_g$。挡土板上边宽 B_K 大于发动机罩迎风面宽度，不小于铲刀宽度之半。挡土板下边宽，固定式铲刀一般取为铲刀宽，回转式取为 3/4 的铲刀宽。

5．顶推架与台车架的铰接点位置

顶推架铰接在台车架上，其铰点位置影响铲刀升降机构的运动，与顶推架长度等参数有关。

顶推架的铰点位置对台车架的受力状况影响很大（尤其当铲刀受到偏载及横向力时），为了使铰点反力均衡地（纵向和横向）传至台车架和八字架上，避免台车架受力过大发生形变，铰点位置一般选在八字架与台车架连接中点的附近（见图 7.16）。

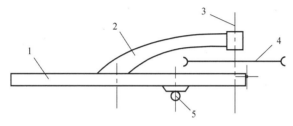

1—台车架；2—八字架；3—终传动轴；
4—驱动链轮；5—顶推架铰点。

图 7.16　顶推架铰接点位置

6．铲刀钢板厚度

推土板及顶推架均系钢板焊接构件，钢板厚度由强度及刚度条件所定。初算时可按额定有效牵引力选择，如表 7.2 所示。

表 7.2　钢板厚度推荐值

额定有效牵引力 P_H/kN	30 以下	50 以下	150 以下	250 以下	350 以下
钢板厚度 δ/mm	6	8	$10 \sim 12$	$14 \sim 16$	$17 \sim 20$

二、工作装置受力分析

工作装置的强度计算，首先要选择推土机的计算位置拟定计其条件；其次，确定作用在推土机上的外载荷及作用在工作装置各构件上的力，最后对工作装置的零部件进行强度计算。

1．计算位置的选择

分析推土机强制切土、切削土壤、提升、运移、卸土、空回等作业过程，从强度观点可以分为以下几个位置。

（1）推土机正常作业时推土铲中点顶到障碍物，计算条件：

① 推土机在水平地面作业。

② 带土的推土板从切削位置提升到运土位置。

③ 推土机以最大的顶推力移动，考虑惯性载荷。

在这个位置对推土铲、支架和液压系统的零部件进行强度计算。

（2）推土机正常作业时推土铲边上一点顶到障碍物，计算条件与（1）相同。

此时，对固定式推土铲的顶推梁、斜撑杆和铰链进行强度计算；对回转式推土铲的顶推杆、支架和铰链进行强度计算。

（3）在液压操纵的推土机强制切土时，计算条件除与（1）相同外，还要考虑切削深度等于零，油缸推力参加切土等条件。以此作为确定液压操纵系统和对推土机进行强度计算的依据。

2．外载荷的确定

推土机工作过程中作用在工作装置上的外载荷有重力 G、铰 C 处外力 P_C、油缸力 S 以及土壤反力 R，如图 7.17 所示。下面分别讨论。

（1）重力 G_g。作用在推土铲上的力有沿垂直方向的土壤反力 R_2 和水平反力 R_1。则

$$R_2 = k'XB$$
$$R_1 = \mu_1 R_2 \tag{7.5}$$

式中　k'——土壤承载能力系数，中等条件土壤取 $50 \sim 60$，N/cm^2；

　　　B——推土铲宽度或刀片长度，cm；

　　　X——考虑磨损后刀片沿土壤摩擦的宽度，如图 7.18 所示，$X = 0.7 \sim 1.0 \text{ cm}$；

　　　μ_1——刀片与土壤的摩擦系数，考虑到土壤表面不平和切不平处土时刀片前棱工作的可能性，取 $\mu_1 = 1$。

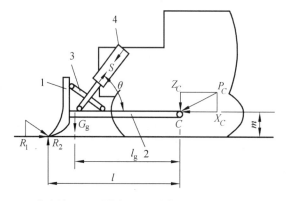
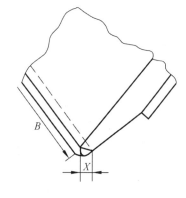

1—推土铲；2—顶推架；3—斜撑杆；4—液压油缸。

图 7.17　工作装置受力简图　　　　图 7.18　刀刃与地面接触情况

（2）铰 C 处反力 P_C。铰 C 处反力 P_C 可分为 X_C 和 Z_C，如图 7.17 所示。当推土机在水平地面上运动，起升机构在中间位置时，X_C 力等于拖拉机（或牵引车）的顶推力。考虑外载荷作用的动力特性，顶推力计算如下：

$$T_g = k_g T \tag{7.6}$$

式中　T_g——考虑动力特性时的顶推力；

　　　k_g——动力特性系数 $k_g = 1.5$；

　　　T——拖拉机（或牵引车）的最大牵引力，其值为

$$T = G_2 \varphi \text{ 或 } T = G_T \varphi \tag{7.7}$$

式中 G_2——提起推土铲时推土机总重；

　　　 φ——附着系数，$\varphi = 0.8 \sim 0.9$；

　　　 G_T——放下推土铲时，拖拉机（或牵引车）重量。

　　当推土机提起推土铲时由工作装置平衡方程式可得

$$X_C = T_g + S\cos\theta \qquad\qquad (7.8)$$

$$Z_C = \frac{1}{l}[X_C m + Sr_0 - G_g(l - l_g)] \qquad\qquad (7.9)$$

式中 θ——液压缸倾斜角；

　　　 l——刀刃与 C 点间的水平中距离；

　　　 l_g——工作装置重心与 C 点间的水平距离；

　　　 m——C 点的高度；

　　　 S——液压缸拉力。

　　　 r_0——S 力方向与刀刃接地点距离。

　　（3）土壤反力 P。假定土壤对推土铲表面的匀布载荷集中作用到推土铲刀刃中点上。当推土机作业时，作用到推土铲上的外载荷有土壤对磨钝了的刀刃反力 R_1、R_2；土壤对推土铲的作用力 N_C（分为正压力 R_C、摩擦力 F_C）。将以上各力在相应的坐标轴上投影，可求出 P 的分力 P_1、P_2，如图 7-19（a）、（b）所示。

$$P_1 = N_C \sin(\delta + \varphi_1) + R_1 \qquad\qquad (7.10)$$

$$P_2 = N_C \cos(\delta + \varphi_1) - R_2 \qquad\qquad (7.11)$$

式中 φ_1——土壤对钢的摩擦角。

　　力 P_1 的最大值取决于拖拉机的牵引可能性，即

$$P_1 = T_g \qquad\qquad (7.12)$$

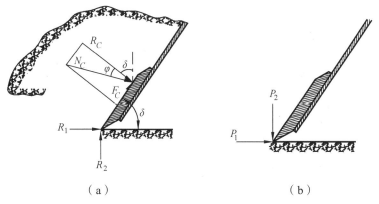

（a）　　　　　　　　　　　　　　（b）

图 7.19　土壤对刀片作用力

　　（4）起升机构的力 S。液压操纵的推土机，推土铲的动作靠双作用液压油缸来完成，因此油缸力必须综合考虑推土铲强制切土和从土中拔出推土板两种工作状态。推上板升降油缸的力取决于推土机的工作状态和推土机的整机稳定性。

① 油缸推力（S_t）的确定。推土机在水平地面进行强制切土时，油缸所具备的推力由工作装置平衡条件求出，如图 7.20 所示。

取 $\sum M_C = 0$

$$-G_g l_g - R_1 m + R_2 l - S_t r_s = 0 \tag{7.13}$$

式中　G_g——工作装置的重量。

整理式（7.13），则油缸的推力为

$$S_t = \frac{1}{r_s}\left[k'XB(l - \mu_1 m) - Gl_g\right] \tag{7.14}$$

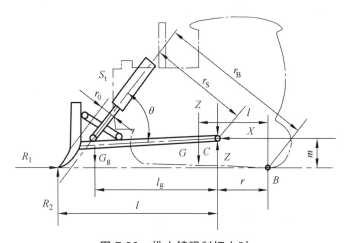

图 7.20　推土铲强制切土时

② 油缸拉力（S_1）的确定。推土机切削终止，推土铲由切削位置变为运输位置，工作位置提升时，提升力即为油缸拉力，由图 7.21 可求出：

取 $\sum M_C = 0$

$$R_1 m + Ql + G_t l_1 + G_g l_g - S_1 r_s = 0 \tag{7.15}$$

式中　G_t——被抬起土壤的重量，其值为

$$G_t = F_t B \gamma_0 \tag{7.16}$$

式中　F_t——推土铲内土壤面积，图 7.21 画阴影的部分；

　　　Q——被抬土壤与留下土壤间的滑移阻力，其值为

$$Q = \mu_2 T + CF(\text{N}) \tag{7.17}$$

式中　F——滑移面积（假定滑移沿着通过刀尖的垂直平面进行），cm^2；

　　　C——滑移时土壤的黏结力，N/cm^2；

　　　R_1——作用于工作装置上土壤水平分力之和，取 $R_1 = T$。

整理上式则油缸所具备的拉力

$$S_1 = \frac{1}{r_s}[R_1 m + Ql + G_t l_1 + G_g l_g] \qquad （7.18）$$

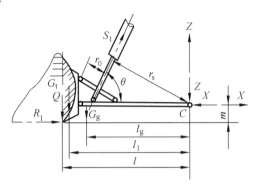

图 7.21　推土铲起升受力

铲运机施工视频

第一节 铲运机基本介绍

一、铲运机用途

铲运机是以带铲刀的铲斗为工作部件的铲土运输机械,兼有铲装、运输、铺卸土方的功能,铺卸厚度能够控制,主要用于大规模的土方调配和平土作业。铲运机可自行铲装Ⅰ级至Ⅲ级土壤,但不宜在混有大石块和树桩的土壤中作业,在Ⅳ级土壤和冻土中作业时要用松土机预先松土。

二、分类和表示方法

铲运机主要根据行走方式、装载方式、卸土方式、铲斗容量、操纵方式等进行分类。

（1）按行走方式不同铲运机分为拖式和自行式两种。

（2）按照装载方式铲运机分为升运式与普通式两种。

（3）按卸土方式不同铲运机分为自由卸土式、半强制卸土式和强制卸土式。

（4）按铲斗容量铲运机分为以下4类:

① 小型铲运机:铲斗容量小于 5 m³;

② 中型铲运机:铲斗容量 5 ~ 15 m³;

③ 大型铲运机;铲斗容量 15 ~ 30 m³;

④ 特大型铲运机:铲斗容量 30 m³ 以上。

（5）按工作机构的操纵方式铲运机分为机械操纵式、液压操纵式和电液操纵式 3 种。

第二节 自行式铲运机构造

自行式铲运机多为轮胎式,一般由单轴牵引车（前车）和单轴铲运车（后车）组成,如图 8-1 所示。

一、CL9 型自行式铲运机传动系统

自行式铲运机大多采用液力机械式传动或全液压传动。

在液力机械式传动中,广泛采用变矩器、动力换挡变速器、最终行星齿轮传动等元件。在铲运机作业过程中,采用液力变矩器能更好地适应外界载荷的变化,自动有载换挡和无级变速,从而改变输出轴的速度和牵引力,使机械工作平稳,可靠地防止发动机熄火及传动系统过载,提高了铲运机的动力性能和作业性能。

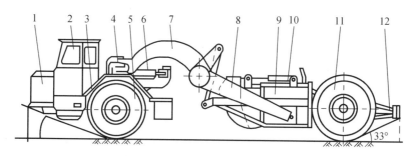

1—发动机；2—驾驶室；3—传动装置；4—中央枢架；5—前轮；6—转向油缸；
7—曲梁；8—辕架；9—铲斗；10—斗门油缸；
11—后轮；12—尾架。

图 8.1　自行式铲运机外形

CL9 型铲运机是斗容量为 $7 \sim 9 \ m^3$ 的中型、液压操纵、普通装载、强制卸土的国产自行式铲运机。采用单轴牵引车的传动系统，动力由发动机、动力输出箱，经前传动轴输入液力变矩器、行星式动力换挡变速器、传动箱、后传动轴，输入到差速器、轮边减速器，最后驱动车轮使机械运行，其传动简图如图 8.2 所示。

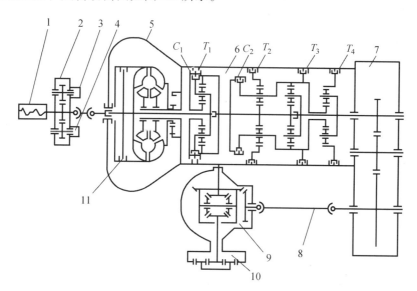

1—发动机；2—动力输出轴；3、4—齿轮油泵；5—液力变矩器；6—变速器；
7—传动箱；8—传动轴；9—差速器；10—轮边减速器；
11—锁紧离合器；C1、C2—离合器；
T1、T2—制动器。

图 8.2　CL9 型铲运机传动系统

CL9 型铲运机装有四元件单级三相液力变矩器，由两个变矩器特性和一个耦合器特性合成，高效率范围较广。当涡轮转速达 1 700 r/min 时，变矩器的锁紧离合器起作用，将泵轮和涡轮直接闭锁在一起，变液力传动为直接机械传动，提高了传动效率。

行星式动力换挡变速器由两个行星变速器串联组合而成，前变速器有一个行星排，后变速器有 3 个行星排。整个行星变速器有两个离合器 C_1、C_2 和 4 个制动器 T_1、T_2、T_3、T_4，这 6 个操纵件均采用液压控制。前后变速器各接合一个操纵件可实现一个挡位。前行星变速器接合 C_1 可得直接挡，接合 T_1 可得高速挡，再与后行星变速器操纵元件组合可实现不同的挡位。CL9 型行星动力变速器有 4 个前进挡，2 个倒退挡。各挡位接合操纵件及传动比如表 8.1 所示。

表 8.1　CL9 型单轴牵引车变速器各挡动作及传动比

挡位		接合操作件	传动比	液压操作系统		
				调压阀	闭锁离合器	皮式油路
前进挡	1	C1　T3	3.81	作用	—	作用
	2	C1　T2	1.94	作用	结合	作用
	3	C1　C2	1	作用	结合	作用
	4	T1　C1	0.72	作用	结合	作用
倒挡	1	C1　T4	−4.35	—	—	作用
	2	T1　T4	−3.13	—	—	作用

二、自行式铲运机的悬架系统

自行式铲运机在铲装作业时，为使其工作稳定，有较高的铲装效率，需要采用刚性悬架的底盘。但在运输和回驶时，刚性悬架使机械的振动较大，限制了运行速度，极大地影响铲运机的生产率，并降低了使用寿命。

铲装作业时要求底盘为刚性悬架，高速行驶时又要求底盘为弹性悬架的这一矛盾，通过借鉴重型汽车上的油气式弹性悬架得以解决。弹性悬架现有两种结构形式：一种是日本小松和美国通用的铲运机上采用的油气弹性悬架；另一种是美国卡特皮勒的铲运机上采用的弹性转向枢架，如图 8.3 所示。

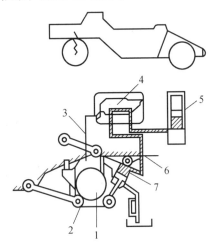
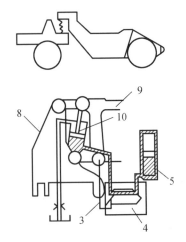

（a）WS16S-2 型铲运机油气弹性悬架　　　（b）621E 型铲运机弹性转向枢架

1—前桥；2—悬臂；3—随动杆；4—水平阀；5—储能器；6—牵引车机架；
7—悬架油缸；8—转向枢架；9—辕架曲梁；10—减振油缸。

图 8.3　两种不同结构形式的弹性悬架

1．油气弹性悬架

WS16S-2采用气控液压悬架，装有悬架锁定机构，可将弹性悬架装置锁住使机身稳定；还装有自动调整水平机构，无论载荷如何变化（如空斗和装载的铲斗），可保持铲运机离地间隙不变，图8.4为悬架系统原理图。

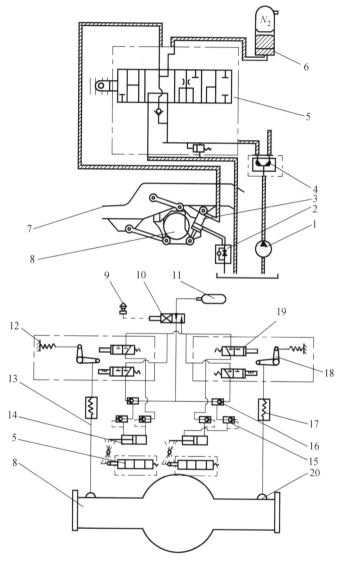

1—油泵；2—单向节流阀；3—悬架油缸；4—分流阀；5—液压水准阀；
6—蓄能器；7—车架；8—前桥；9—悬架操纵阀；10—电磁阀；
11—储气罐；12—控制箱；13—随动阀；14—气缸；
15—速放阀；16—单向阀；17—弹簧衬套链节；
18—摇臂；19—水平控制阀；20—悬臂。

图 8.4　WS16S-2型铲运机悬架系统

悬架锁定机构的工作原理：当悬架操纵阀9关闭时，电磁阀10电路被切断，气缸14使液压水准阀 5 在下降位置，悬架油缸 3 的大腔回油，关闭通向蓄能器 6 的油路，这时为刚性悬架。

悬架操纵阀开启，压缩空气使气缸 14 的活塞杆向外推出，液压水准阀 5 的阀杆换位，使悬架油缸 3 的大腔进油，水准阀 5 定位在将油泵来油泄回油箱位置。这时根据运输工况的需要，悬架油缸 3 的活塞给蓄能器 6 中的压缩氮气以不同的压力，形成有效的弹性，成为弹性悬架。

水平控制机构的工作原理：当悬架油缸 3 的活塞杆在某一负荷作用下缩回到某种程度，车架 7 和悬臂 20 之间的距离随之减小，随动杆 13 上移，带动摇臂 18 压向上水平控制阀 19，使之换位，压缩氮气进入气缸 14，使液压水准阀 5 在上升位置，压力油进入悬架油缸 3 的上腔，活塞杆外伸，使车架和悬臂之间的距离增加，随动杆 13 拉动摇臂逐渐离开左上水平控制阀。当悬架油缸活塞杆回复到其原来位置时，随动杆也回复到原来位置，左上水平控制阀又恢复右位工作，气缸 14 在右腔密封气体压力的作用下复位，液压水准阀 5 也回复到"定位"位置。由刚性悬架变弹性悬架时也有这样一个动作过程。

2．弹性转向枢架

由于转向枢架与牵引车之间用一个水平铰销进行铰接，使牵引车与铲斗可有一定的横向摆动。在铲运机高速行驶时，存在牵引铰接装置的冲击振动。

美国卡特皮勒公司生产的 627B 型自行式铲运机在牵引车和铲运车之间设有氮气-液压缓冲连接装置，可减缓车辆运行时的振动冲击，减轻司机疲劳，降低对道路的要求，提高车辆行驶速度，其连接缓冲装置如图 8.5 所示。

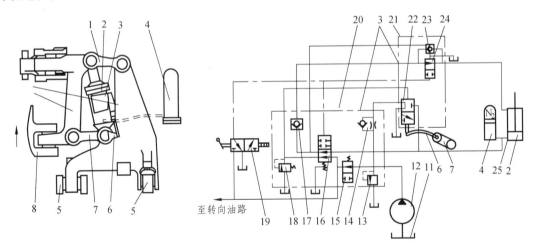

1—上连杆；2—缓冲油缸；3—水平控制阀组（包括 20、21 两部分）；4—蓄能器；5—牵引车架；
6—板弹簧；7—下连杆；8—铲运车车架；9—后转向枢架；10—前转向枢架；11—油箱；
12—油泵；13—主溢流阀；14—单向阀；15—放油阀；16、24—先导阀；
17—油缸单向阀；18—溢流阀；19—选择阀；20—先导阀组；
21—定位组合阀；22—定位阀；23—锁定单向阀；
25—节流孔口。

图 8.5　627B 型铲运机连接缓冲装置

在前转向枢架和后转向枢架之间，用两个连杆 1 和 7 相连构成了具有一个自由度的平行四连杆机构，由缓冲油缸 2 控制这个自由度的运动。缓冲油缸的下腔为工作腔，与装有氮气的蓄能器 4 通过节流孔口相连。蓄能器中的氮气如同弹簧，受压时吸收振动，弹回时氮气膨胀使液流停止并回流，节流孔起阻尼作用。选择阀 19 置于司机室右侧，有升斗/弹性、升斗/锁定、降斗/锁定 3 个位置。选择阀位于锁定位时，液压缸大腔和蓄能器的油液接通油缸的小腔，铲运机为刚性连接，用于铲装或卸土作业，保证强制控制铲刀位置。选择阀位于弹性位时，液压泵向氮气蓄能器和液压缸大腔供油，液压缸的活塞杆推出，铲斗的前部被顶起，这时铲斗前部支承在油气弹性悬架系统上。

水平控制阀组由先导组合阀（其上有主溢流阀、单向节流阀、放油阀、先导阀、油缸单向阀和溢流阀）和定位组合阀（其上有定位阀、锁定单向阀和先导活塞）用螺栓组成一体，装在弹性连接处，起控制油液通向蓄能器及液压缸各腔的作用。

弹性悬架与弹性转向枢架两者的结构，若从原理上分析，前者的缓冲减振性能应优于后者，但其零部件数较多，结构较复杂。

三、自行式铲运机工作装置

现以 CL9 型开斗铲装式工作装置为例。

开斗铲装式工作装置由辕架、斗门及其操纵装置、斗体、尾架、行走机构等组成。工作时，铲斗前端的刀刃在牵引力的作用下切入土中，铲斗装满后，提斗并关闭斗门，运送到卸土地点时打开斗门，在卸土板的强制作用下将土卸出，CL9 型铲运机工作装置与一般的铲斗有所不同，其斗门可帮助向铲斗中扒土，其结构如图 8.6 所示。

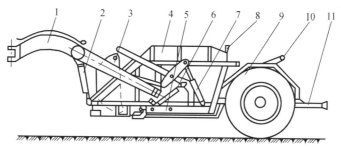

1—辕架；2—铲斗升降油缸；3—斗门；4—铲斗；5—斗底门；
6—斗门升降油缸；7—斗门扒土油缸；8—后斗门；
9—后轮；10—卸土油缸及推拉杠杆；
11—尾架。

图 8.6 CL9 型工作装置

1. 辕 架

辕架为铲运车的牵引构件，主要由曲梁和"门"形架两部分组成，如图 8.7 所示。辕架由钢板卷制或弯曲成形后焊接而成。曲梁 2 前端焊有牵引座 1，与转向枢架相连，后端焊在横梁 4 的中部。横梁两端焊有铲运斗液压缸支座 3，与铲斗液压缸相连。臂杆 5 前部焊在横梁 4 两端，后端有球销铰座 6，与铲斗相连。

如图 8.8 所示，CL9 型铲运机斗门部分主要由斗门 1、拉杆 2、斗门臂 3 及摇臂 4 组成。轴孔与铲斗板上的轴销连接。

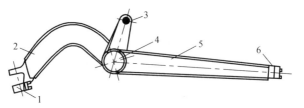

1—牵引座；2—曲梁；3—液压缸支座；4—横梁；
5—臂杆；6—铲斗球销铰座。

图 8.7　CL9 型铲运机辕架

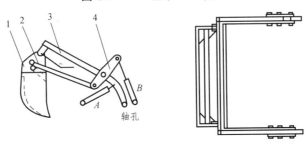

1—斗门；2—拉杆；3—斗门臂；4—摇臂。

图 8.8　斗门及斗门杠杆

2．斗　体

斗体为工作装置的主体部分，结构如图 8.9 所示，由左右侧壁 6 和前后斗底板 3、13 及后横梁 12 组焊而成。斗体两侧对称地焊有辕架连接球轴 9、斗门升降臂连接轴座 10、斗门升降油缸连接轴座 8 和斗门扒土油缸连接轴座 11、铲斗升降油缸连接吊耳 5。铲斗前端的铲刀片 2、斗齿 1 和侧刀片 4 为可拆式，磨损后可以更换。撞块 7 的作用是当斗底活动门向前推动时，活动门两侧的杠杆碰到撞块 7 后关闭。反之斗底门后退，活动板就打开。

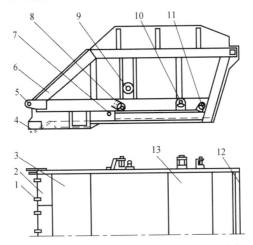

1—斗齿；2—铲刀片；3—前斗底板；4—侧刀片；5—铲斗升降油缸连接吊耳；
6—侧壁；7—斗底；8—斗门升降油缸连接轴座；9—辕架连接球轴；
10—斗门升降臂连接轴座；11—斗门扒土油缸连接轴座；
12—后横梁；13—后斗底板。

图 8.9　斗体结构

第九章 平地机

平地机施工视频

第一节　平地机概述

一、平地机用途

平地机主要用于公路路基基底处理，整备路堤的断面；开挖路槽和边沟；清除路面积雪；松土；拌和、摊铺路面基层材料等各类施工和养护工程中。现代平地机具备有铲刀自动调平装置，采用电子控制技术，控制精度高，并装有防倾翻和防落物的驾驶室。

二、分类及代号表示方法

平地机有拖式和自行式两种，拖式平地机由牵引车牵引，自行式平地机由发动机驱动行驶和作业。其主要分类方式有：

（1）按车轮分类，平地机均为轮胎式，按车轮布置形式（总轮对数×驱动轮对数×转向轮对数）分类如下（见图9.1）：

① 六轮平地机有：

3×2×1型——前轮转向，中后轮驱动；

3×3×1型——前轮转向，全轮驱动；

3×3×3型——全轮转向，全轮驱动。

② 四轮平地机有：

2×1×1型——前轮转向，后轮驱动；

2×2×2型——全轮转向，全轮驱动。

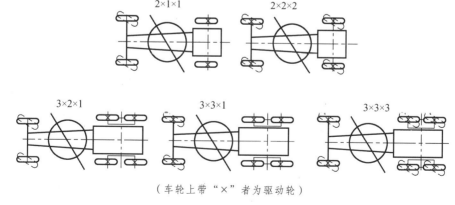

（车轮上带"×"者为驱动轮）

图9.1　平地机车轮分类示意图

（2）按机架结构形式分类：整体式机架和铰接式机架。

（3）按刮刀长度或发动机功率分类：轻型、中型、重型3种。

（4）按操纵方式分类：机械操纵和液压操纵两种。

平地机的类代号为P，Y表示液压式，主参数为发动机的额定功率，单位为kW（或马力）。如：PYl80表示发动机功率为132kW（180马力）的液压式平地机。

第二节　平地机构造

一、平地机总体构造

自行式平地机主要由发动机、机架、动力传动系统、行走装置、工作装置以及操纵控制系统等组成。图9.2示出了PY180型平地机和PY160B型平地机的整机外形及主要组成。

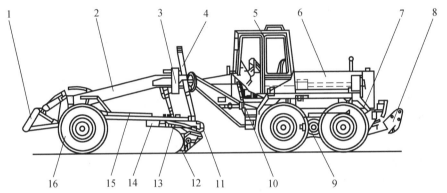

1—前推土板；2—前机架；3—摆架；4—刮刀升降油缸；5—驾驶室；6—发动机罩；
7—后机架；8—后松土器；9—后桥；10—铰接转向油缸；11—松土耙；
12—刮刀；13—铲刀角变换油缸；14—转盘齿圈；
15—牵引架；16—转向轮。

图9.2　PY180型平地机

平地机一般采用工程机械专用柴油机，如风冷或水冷柴油机，多数柴油机还采用了废气涡轮增压技术，以适应施工中的恶劣工况，在高负荷低转速下可以较大幅度地提高输出转矩。通常在传动系统中装设液力变矩器，使发动机的负荷比较平稳。

机架是连接前桥与后桥的弓形梁架。在机架上安装有发动机、传动装置、驾驶室和工作装置等。在机架中间的弓背处装有油缸支架，上面安装刮刀升降油缸和牵引架引出油缸。PY160B型平地机采用整体式机架，PY180型平地机则采用铰接式机架。图9.3示出了最普通的箱形结构的整体式机架，它是一个弓形的焊接结构。平地机的工作装置及其操纵机构悬挂或安装在弓形纵梁2上。机架后部由两根纵梁和一根后援梁5组成，机架上面安装发动机、传动机构和驾驶室；机架下面则通过轴承座4固定在后桥上；机架的前臂则通过钢座支承在前桥上。PY180型平地机的前后机架采用铰接方式连接，并没有左右转向油缸。用以改变和固定前后机架的相对位置。前机架为弓形梁架，它的前端支承在摆动式前桥上，后端与后机架铰接。前机架弓形梁的下端装有刮刀和松土耙，前端装有推土板。

动力传动系统一船由主离合器（或液力变矩器）、变速器、平衡箱串联传动装置等组成。

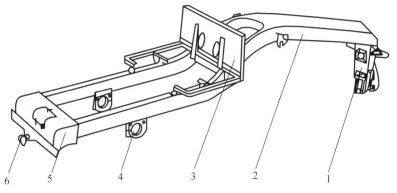

1—铸钢座；2—弓形纵梁；3—驾驶室底座；4—轴承座；
5—后横梁；6—拖钩。

图 9.3　整体式机架

二、平地机的工作装置

（一）刮　刀

刮刀是平地机的主要工作装置，如图 9.4 所示。刮刀安装在弓形梁架下方牵引架的回转圈上。回转圈是一个带内齿的大齿圈，它支承在牵引架上，可在回转驱动装置的驱动下绕牵引架转动，从而带动刮刀回转。牵引架的前端是一球形铰，与车架前端铰接，使得牵引架可绕球铰在任意方向转动和摆动。刮刀背面的上下两条滑轨支承在两侧角位器的沿槽上，在侧移油缸活塞杆的推动下，刮刀可以侧向伸出。松开角位器的固定螺母，可以调整角位器的位置，即调整刮刀的切削角（也称铲土角）。

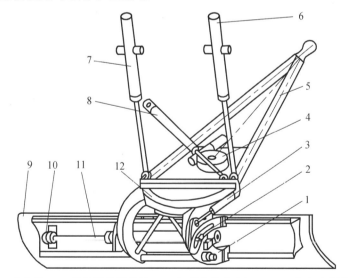

1—角位器；2—角位器紧固螺母；3—切削角调节油缸；4—回转驱动转置；
5—牵引架；6—右升降油缸；7—左升降油缸；8—牵引架引出油缸；
9—刮刀；10—油缸头铰接支座；11—刮刀侧移油缸；
12—回转圈。

图 9.4　刮刀工作装置

平地机的刮刀在空间的运动形式比较复杂，可以完成 6 个自由度的运动，即沿空间 3 个坐标轴的移动和转动。具体说来，刮刀可以有如下 7 种形式的动作：① 副刀升降；② 副刀倾斜；③ 刮刀回转；④ 刮刀侧移（相对于机架左右侧伸）；⑤ 刮刀直移（沿机械行驶方向）；⑥ 刮刀切削角的改变；⑦ 刮刀随回转圈一起侧移，即牵引架引出。

其中①、②、④、⑦一般通过油缸控制；③采用液压马达或油缸控制；⑤通过机械直线行驶实现；而⑥一般由人工调节或通过油缸调节，调好后再用螺母锁定。

不同结构的平地机，刮刀的运动也不尽相同，例如有些小型平地机为了简化结构设有角位器机构，切削角是固定不变的。

1．牵引架及转盘

牵引架在结构形式上可分为 A 形和 T 形两种。A 形与 T 形是指从上向下看牵引杆的形状。图 9.5 所示的 A 形牵引架为箱形截面三角形钢架，其前端通过球铰与弓形前机架前端铰接，后端横梁两端通过球头与刮刀提升油缸活塞杆铰接，并通过两侧刮刀提升油缸悬挂在前机架上。牵引机架前端和后端下部焊有底板，前底板中部伸出部分可安装转盘驱动小齿轮。

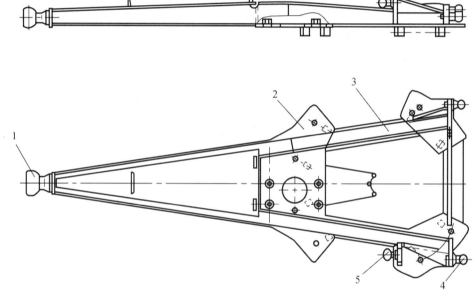

1—牵引架铰接球头；2—底板；3—牵引架体；4—刮刀升降油缸铰接球头；
5—刮刀摆动油缸铰接球头。

图 9.5　A 型牵引架结构

转盘的结构如图 9.6 所示，它通过托板悬挂在牵引架的下方。驱动小齿轮与转盘内齿圈相啮合，用来驱动转盘和刮刀回转。转盘两侧焊有弯臂，左右弯臂外侧可安装刮刀液压角位器。角位器弧形导向套装在弯臂的角位器定位销上，上端与铲土角变换油缸活塞杆铰接。刮刀背面的下铰座安装在弯臂下端的刮刀摆动铰销 4 上。刮刀可相对弯臂前后摆动，改变其铲土角。刮刀后面弯臂的铰轴上可安装 1~6 个松土耙齿。刮刀背面上方焊有滑槽，刮刀滑槽可沿液压角位器上端的导轨左右侧移，刮刀可向左右两侧引出外伸或收回。刮刀背面还焊有刮刀引出油缸活塞杆铰接支座，液压引出油缸通过该铰接支承座将刮刀向左或向右侧移引出。

刮刀的回转由液压马达驱动，可通过蜗轮减速装置驱动转盘，使刮刀相对牵引架做 360° 回转，若将刮刀回转 180°，则可倒退进行平地作业。

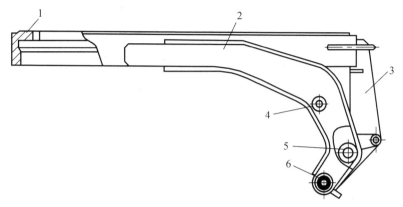

1—带内齿的转盘；2—弯臂；3—松土耙支承架；4—刮刀摆动铰销；
5—松土耙安全杆；6—液压角位器定位销。

图 9.6　转盘结构

图 9.7 所示为 T 形牵引架结构，其牵引杆为箱形截面结构。这种结构的优点是在回转圈前面的部分只有一根小截面杆，横向尺寸小，当牵引架向外引出时不易与耙土器发生干涉，但它在回转平面内的抗弯刚度下降。

与 T 形牵引架相比，A 形牵引架水平面内的抗弯能力强，液压马达驱动蜗轮蜗杆减速器形式的回转驱动装置易于安装布置，所以 A 形结构比 T 形结构应用普遍。

回转圈（见图 9.8）由齿圈 1、耳板 2、拉杆 3、4、5 等焊接而成。耳板承受刮刀作业时的负荷，因此它应有足够的强度。回转圈在牵引架的滑道上回转，它与滑道之间有滑动配合间隙且应便于调节。

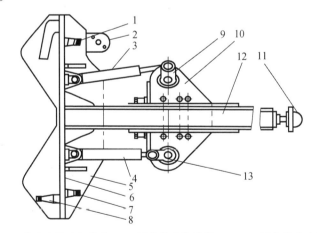

1、7—刮刀升降油缸铰头；2—回转圈安装耳板；3、4—回转驱动油缸；
5、10—底板；6—横梁；8—牵引架引出油缸球铰头；
9、13—回转齿轮摇臂；11—球铰头；
12—牵引杆。

图 9.7　T 形牵引架结构

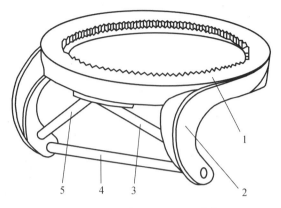

1—齿圈；2—耳板；3、4、5—拉杆。

图 9.8　回转圈结构

如图 9.9 所示的回转支承装置为大部分平地机所采用的结构形式。这种结构的滑动性能和耐磨性能都较好，不需要更换支承垫块。转圈的上滑面与青铜合金衬片接触，衬片上有两个凸圈块卡在牵引架底板上，青铜合金衬片有两个凸方块卡在支承块上，通过调整垫片调节上下配合间隙。

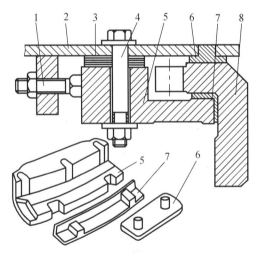

1—调节螺栓；2—牵引架；3—垫片；4—紧固螺栓；
5—支承垫块；6、7—衬片；8—回转齿圈。

图 9.9　回转支撑装置

2．回转驱动装置

刮刀的回转驱动装置主要是连续回转驱型，即液压马达驱动蜗轮蜗杆减速器，然后驱动回转小齿轮。由于这种传动结构尺寸小，驱动力矩恒定、平稳，目前多数平地机采用这种驱动形式。但是，这种结构的蜗轮蜗杆减速器的输出轴朝下，很容易漏油，因此对密封要求高。另一种是双油缸交替随动控制驱动小齿轮，偏心轴与两个油缸的活塞杆连接；回转油缸的缸体分别铰接在牵引架底板上。在两个油缸活塞杆伸缩和缸体筒其铰点摆动的联合运动下，小齿轮由偏心轴带动回转。

第十章 装载机

装载机施工视频

第一节 装载机概述

一、装载机用途

装载机是一种广泛用于公路、铁路、矿山、建筑、水电、港口等工程的土石方工程机械。它的作业对象主要是各种土壤、砂石料、灰料及其他筑路用散状物料等，主要完成铲、装、卸、运等作业，也可对岩石、硬土进行轻度铲掘作业，如果换装不同工作装置，还可以扩大其使用范围，完成推土、起重、装卸等工作（见图10.1）。在道路特别是高等级公路施工中，它主要用于路基工程的填挖、沥青和水泥混凝土料场的集料、装料等作业。由于它具有作业速度快、效率高、操作轻便等优点，因而装载机在国内外得到迅速发展，成为土石方工程施工的主要机种之一。

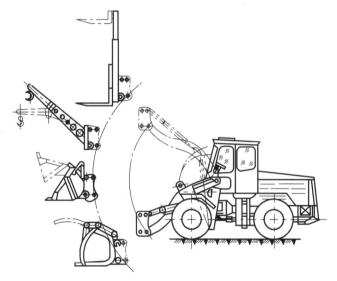

图 10.1 装载机的可换工作装置

二、分类及表示方法

装载机可以按以下几方面来分类：按行走方式分为轮胎式和履带式；按车架结构形式的不同可分为整体式和铰接式；按使用场合的不同可分为露天用装载机和井下用装载机。常用装载机的分类特点及适用范围如表10.1所示。

国产装载机的型号用字母 Z 表示，第二个字母 L 代表轮胎式装载机，无 L 表示履带式装载机，后面的数字代表额定载质量。如 ZL50，代表额定载质量为 5 t 的轮胎式装载机。

表 10.1　单斗装载机分类、特点及适用范围

分类形式	分类	特点及适用范围
发动机功率	小型	功率小于 74 kW
	中型	功率 74～147 kW
	大型	功率 147～515 kW
	特大型	功率大于 515 kW
传动形式	机械传动	结构简单，成本低，传动效率高，维修方便；传动系统冲击振动大，操作复杂，费力。仅适用于 0.5 m³ 以下的装载机
	液力机械传动	传动系统冲击振动小，传动元件寿命高，随外负载自动调速，操作方便，省力。大中型装载机使用
	液压传动	无级调速，操作方便；起动性差，液压元件寿命短。小型装载机使用
	电传动	无级调速，工作可靠，维修方便；设备质量大，成本高。大型装载机使用
行走系统结构	轮胎式装载机	（1）铰接式。质量轻，速度快，效率高，机动灵活；接地比压大，通过性差，稳定性差，对场地与物料具有一定的要求；转弯半径小，纵向稳定性好，生产率高。 （2）整体式车架。车架是一个整体，转向方式有前轮转向、后轮转向、差速转向，仅小型全液压及大型电动装载机使用
	履带式装载机	接地比压小，通过性好，重心低，稳定性好，附着性好，比切入力大；速度低，灵活性差，制造成本高，损坏路面，转场需拖运。用在工作量大、场地集中以及路面条件差的场地
装载方式	前卸式	前端卸载装载，结构简单，工作可靠，可视性好。适用各种场地
	回转式	工作装置安装在 90°～360° 上回转平台上；侧面卸料不需调车，效率高；结构复杂，质量大，成本高。运用狭小场地
	后卸式	前端装料，后端卸料；作业效率高；作业安全性差。不常使用

三、装载机的主要技术参数

装载机的主要技术参数有发动机额定功率、额定载质量、铲斗容量、机重、最大掘起力卸载高度、卸载距离、铲斗的卸载角等。

第二节　装载机构造

一、装载机的总体构造

装载机以柴油发动机或电动机为动力装置，行走装置为轮胎或履带，由工作装置来完成土石方工程的铲挖、装载、卸载及运输作业。如图 10.2 所示，轮胎式装载机是由动力装置、

车架、行走装置、传动系统、转向系统、制动系统、液压系统和工作装置等组成。轮胎式装载机采用柴油发动机为动力装置，大多采用液力变矩器、动力换挡变速器的液力机械传动形式（小型装载机有的采用液压传动或机械传动），以及液压操纵、铰接式车架和反转连杆机构的工作装置等。

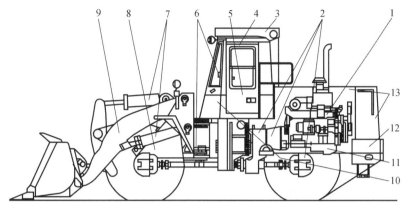

1—柴油机；2—传动系统；3—防翻滚与落物保护装置；4—驾驶室；
5—空调系统；6—转向系统；7—液压系统；8—前车架；
9—工作装置；10—后车架；11—制动系统；
12—电气仪表系统；13—覆盖件。

图 10.2　轮胎式装载机结构

　　履带式装载机是以专用底盘或工业拖拉机为基础车，装上工作装置并配装适当的操纵系统而构成的，其结构如图 10.3。

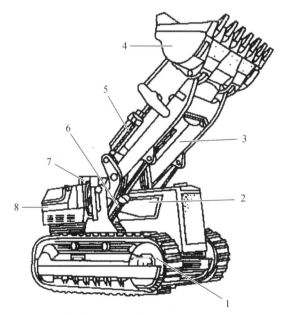

1—行走机构；2—发动机；3—动臂；4—铲斗；
5—转斗油缸；6—动臂油缸；
7—驾驶室；8—燃油箱。

图 10.3　履带式装载机结构

履带式装载机也采用柴油机为动力装置，机械传动采用液压助力湿式离合器、湿式双向液压操纵转向离合器和正转连杆工作装置。

二、装载机传动系统

轮胎式装载机传动系统如图10.4所示，履带式装载机传动系统如图10.5所示。装载机的动力传递路线为发动机→液力变矩器→变速器→传动轴→前、后驱动桥→轮边减速器→车轮。

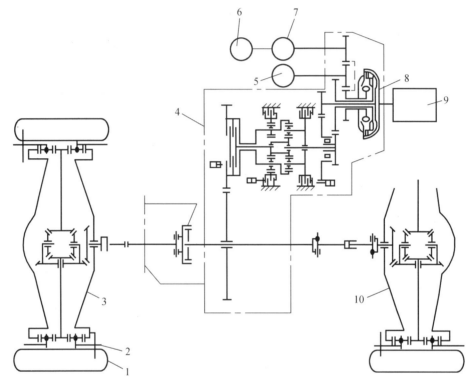

1—轮胎；2—脚制动器；3—前驱动桥；4—变速器；5—转向油泵；
6—工作油泵；7—变速油泵；8—液力变矩器；
9—柴油机；10—后驱动桥。

图 10.4　轮胎式装载机传动系统

1. 变矩器

ZL型装载机采用双涡轮液力变矩器，能随外载荷的变化自动改变工况，相当于一个自动变速器，提高了装载机对外载荷的自适应性。变矩器的第一和第二涡轮输出轴及其上的齿轮将动力输入变速器。在两个输入齿轮之间安装有超越离合器。

当二级齿轮从动齿轮的转速高于一级齿轮从动齿轮的转速时，超越离合器将自动脱开，此时，动力只经二级涡轮及二级齿轮传入变速器。随着外载荷的增加，涡轮的转速降低，当二级齿轮从动齿轮的转速低于一级齿轮从动齿轮的转速时，超越离合器楔紧，则一级涡轮轴及一级齿轮与二级涡轮轴及二级齿轮一起回转传递动力，增大了变矩系数。

2. 变速器

变速器采用两个行星排和一个闭锁离合器实现 3 个挡位（参见图10.5）。

当结合前进Ⅰ挡的摩擦离合器时，可实现Ⅰ挡传动；前进Ⅱ挡（直接挡）通过结合闭锁离合器实现；当结合倒挡离合器时，可实现倒挡传动。

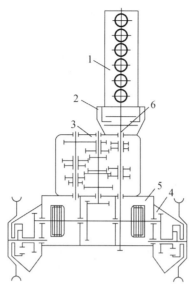

1—发动机；2—主离合器；3—变速器；
4—最终传动箱；5—中央传动箱；
6—万向轴。

图 10.5　履带式装载机传动系统

三、制动系统

装载机的制动系统按功能分为行车制动和驻车制动两大系统。行车制动用于经常性的一般行驶中的车速控制，驻车制动仅供机械长时间制动使用。履带式装载机因为速度较低，一般不设专门的制动系统，由转向机构兼顾实现制动功能。

1. 行车制动

轮胎式装载机行车制动（又称脚制动）系统一般用气压、液压或气液混合方式进行控制。图 10.6 所示为气顶油、四轮制动的双管路行车制动系统，该系统属于气液混合方式控制，由空气压缩机、油水分离器、储气筒、双管路气制动阀、加力器和盘式制动器等组成。

系统工作时，空压机排出的压缩空气经油水分离器过滤后，经压力控制器、单向阀进入储气罐。制动时，踩下制动踏板。由气制动阀出来的压缩空气分两路分别进入前、后加力器，使制动液产生高压，进入盘式制动器制动车轮。

2. 驻车制动

驻车制动（又称手制动）系统用于装载机在工作中出现紧急情况时制动，以及当装载机的气压过低时起保护作用，也可以使装载机在停车后保持原位置，不致因路面坡度或其他外力作用而移动。

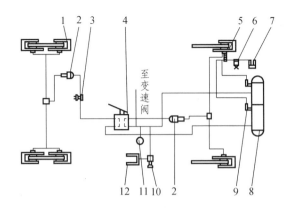

1—盘式制动器；2—加力器；3—制动灯开关；4—双管路气制动阀；
5—压力控制器；6—油水分离器；7—空气压缩机；8—储气罐；
9—单向阀；10—气喇叭开关；11—气压表；12—气喇叭。

图 10.6　行车制动系统

轮胎式装载机的驻车制动有两种形式：一种是机械操纵式，主要由操纵杆、软轴、制动器等组成，多用在小型轮胎式装载机上；另一种是气制动式，主要由储气罐、制动控制阀、制动气室、制动器等组成，有人工控制和自动控制两种。人工控制是司机操纵制动控制阀上的控制按钮，使制动器结合或脱开；自动控制是当制动系统气压过低时，控制阀会自动关闭，制动器处于制动状态。驻车制动系统中的制动器多安装在变速箱的输出轴前端。

四、工作装置

装载机的铲掘和装卸物料作业通过其工作装置的运动来实现，轮式装载机的工作装置广泛采用正转八连杆和反转六连杆机构，常用的装载机工作装置结构如图 10.7 所示，美国卡特皮勒公司的轮胎式装载机普遍采用正转八连杆和反转 Z 形六连杆两种形式的工作装置。国产 ZL 系列轮胎式装载机的工作装置一般采用反转 Z 形六连杆机构。图 10.8 所示为国产轮胎式

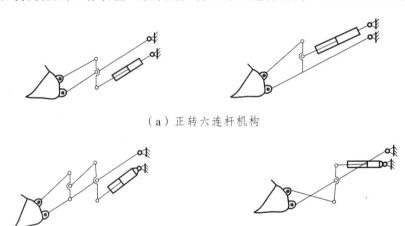

（a）正转六连杆机构

（b）正转八连杆机构　　　　　（c）反转 Z 型六连杆机构

图 10.7　常用的铲斗工作装置连杆机构

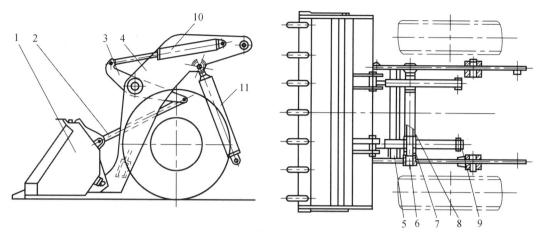

1—铲斗；2—连杆；3—摇臂；4—动臂；5—连接板；6—套管；7—铰销；
8—贴板；9—销轴；10—转斗油缸；11—动臂油缸。

图 10.8　轮胎式装载机工作装置

装载机的工作装置，它由铲斗、动臂、摇臂、连杆及其液压控制系统所组成，整个工作装置铰接在车架上。铲斗 1 通过连杆 2 和摇臂 3 与转斗油缸 10 铰接，动臂 4 与车架、动臂油缸 11 铰接。铲斗的翻转和动臂的升降采用液压操纵。

履带式装载机工作装置多采用正转八连杆转斗机构，它主要由铲斗、动臂、摇杆、拉杆、弯臂、转斗油缸和动臂油缸等组成，如图 10.9 所示。

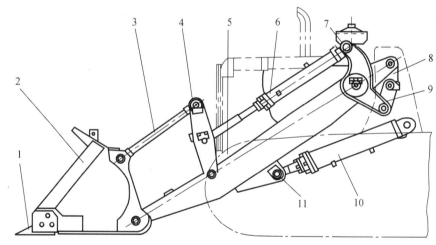

1—斗齿；2—铲斗；3—拉杆；4—摇臂；5—动臂；6—转斗油缸；
7—弯臂；8—销臂装置；9—连接板；
10 动臂油缸；11 销。

图 10.9　履带式装载机工作装置

装载机作业时工作装置应能保证铲斗的举升平移和自动放平性能。当转斗油缸闭锁、动臂油缸举升或降落时，连杆机构使铲斗上下平动或接近平动，以免铲斗倾斜而撒落物料；当动臂处于任意位置、铲斗绕与动臂的铰点转动进行卸料时，铲斗卸载角不小于 45°，保证铲斗物料的卸净性；卸料后动臂下降时，又能使铲斗自动放平。

1．铲斗

装载机的铲斗主要由斗底、后斗壁、侧板、斗齿、上下支承板、主刀板和侧刀板等组成，如图 10.10 所示。

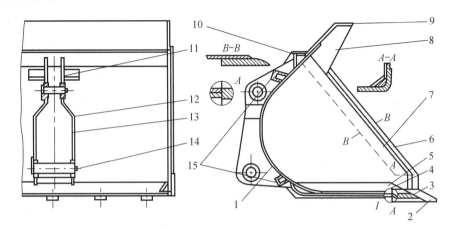

1—后斗壁；2—斗齿；3—主刀板；4—斗底；5、8—加强板；7—侧板；9—挡板；
10—角钢；11—上支承板；12—连接板；13—下支承板；
14—销轴；15—限位块。

图 10.10　装载机铲斗

后斗壁 1 和斗底 4 为斗体，呈圆弧形弯板状，圆弧形铲斗有利于铲装物料。斗体两侧与侧板 7 常用低碳、耐磨、高强度钢板焊接制成。斗底前缘焊有主刀板 3，侧板 7 上缘焊有侧刀板 6。斗齿 2 用螺栓紧固在主刀板上，可以减小铲掘阻力，减轻主刀板磨损，延长使用寿命。斗齿采用耐磨的中锰合金钢材料，侧齿和加强角板都用高强度耐磨钢材料制成。

铲斗的斗齿分为 4 种。选择齿形时应考虑其插入阻力、耐磨性和易于更换等因素。齿形分尖齿和钝齿，轮胎式装载机多采用尖形齿，而履带式装载机多采用钝形齿。斗齿数由斗宽而定，斗齿距一般为 150～300 mm。斗齿结构分整体式和分体式两种，中小型装载机多采用整体式，而大型装载机由于作业条件差、斗齿磨损严重，常采用分体式。分体式斗齿分为基本齿和齿套两部分，磨损后只需要更换齿套。

2．动　臂

工作装置的动臂用来安装和支承铲斗，并通过举升油缸实现铲斗升降。

动臂的结构按其纵向中心形状可分为曲线形和直线形两种。曲线形动臂常用于反转式连杆机构，其形状容易布置，也容易实现机构优化。直线形动臂的结构和形状简单，容易制造，生产成本低，受力状况好，通常用于正转连杆机构。

动臂的断面有单板、双板和箱形 3 种结构形式。单板式动臂结构简单，工艺性好，制造成本低，但扭转刚度较差。中小型装载机多采用单板式动臂，而大中型装载机则多采用双板形或箱形断面结构的动臂，用以加强和提高抗扭刚度。

工作装置的摇臂有单摇臂和双摇臂两种。单摇臂铰接在动臂横梁的摇臂铰销上，双摇臂则分别铰接在双梁式动臂的摇臂铰销上。在动臂下侧，焊有动臂举升油缸活塞杆铰接支座。油缸活塞杆铰接在支座内的销轴上，销轴和铰接支座承受举升油缸的举升推力。

3. 限位机构

为保证装载机在作业过程中动作准确、安全可靠，在工作装置中常设有铲斗前倾、后倾限位、动臂升降自动限位装置和铲斗自动放平机构。

在铲装、卸料作业时，对铲斗的前后倾角度有一定要求，对其位置进行限制，铲斗前、后倾限位常采用限位块限位方式。后倾角限位块分别焊装在铲斗后斗臂背面和动臂前端与之相对应的位置上，前倾角限位块焊装在铲斗前斗臂背面和动臂前端与之相对应的位置上，也可以将限位块安装在动臂中部限制摇臂转动的位置上。这样可以控制前后倾角，防止连杆机构超过极限位置而发生干涉。

五、装载机的使用方法

装载机是一种循环作业式土方机械，其基本作业过程是装料、转运、卸料及返回。它的铲装作业方法主要有以下几种：

1. 对松散物料的铲装作业

首先将铲斗置于料堆底部，水平放置，然后以一挡、二挡速度前进，使铲斗斗齿插入料堆中，边前进边收斗，待铲斗装满后，将动臂升到运输位置（离地约50 cm），再驶离工作面。如遇到硬土铲装阻力较大时，可操纵动臂使铲斗上下颤动。其装载作业过程如图10.11所示。

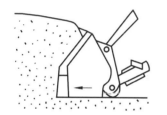 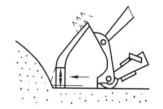

（a）边前进边收斗，装载后举升至运输位置　　　　（b）操纵铲斗上下颤动

图10.11　装载机铲运松散物料

2. 铲装停机面以下物料作业

宜采用直形斗刃铲斗，铲装时应先放下铲斗并转动，使其与地面成一定的铲土角，下切的铲土角约为10°～30°。然后前进使铲斗切入土中，切土深度一般保持在150～200 mm左右，直至铲斗装满后将铲斗举升到运输位置，驶离工作面运至卸料处。对于铲装困难的土壤，可操纵动臂使铲斗颤动，或者稍改变一下铲土角度，以减小土壤的铲装阻力。

3. 铲装土堆时作业

装载机铲装土堆时，可采用分层铲装或分段铲装法。分层铲装时，装载机向工作面前进，随着铲斗插入工作面，逐渐提升铲斗，或者随后收斗直至装满，或者装满后收斗，然后驶离工作面。开始作业前，应使铲斗稍稍前倾。这种方法由于插入不深，而且插入后又有提升动作的配合，所以插入阻力小，作业比较平稳。由于铲装面较长，可以得到较高的充满系数。分层铲装法如图10.12（a）所示。

如果土塌较硬，也可采取分段铲装法。这种方法的特点是铲斗依次进行插入动作和提升动作。作业过程是铲斗稍稍前倾，从坡底插入。持插入一定深度后，提升铲斗。当发动机转速降低时，切断离合器，使发动机恢复转速。在恢复转速过程中，铲斗将继续上升并装一部分土，转速恢复后，接着进行第二次插入，这样逐段反复，直至装满铲斗或升到高出工作面为止，如图 10.12（b）所示。

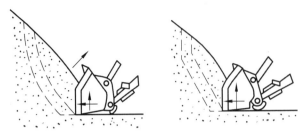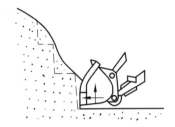

（a）装载机分层铲装法　　　　　　　　　（b）装载机分段铲装作业

图 10.12　装载机的作业方法

六、工作装置的设计

（一）铲斗的设计

铲斗是工作装置的重要部件，工作条件恶劣，时常受到很大的冲击载荷及剧烈的磨削，其结构形状及尺寸参数对插入阻力、掘起阻力和生产率有着很大的影响。

1．铲斗设计要求

铲斗设计要求满足：插入及掘起阻力小，作业效率高；具备足够的强度、刚度和耐磨性适应铲装不同种类和重度的物料，备有不同结构形式和斗容的铲斗。

2．铲斗结构形式的选择

不同种类的铲掘物料，需用不同结构形式的铲斗，如图 10.13 所示。通常铲斗由切削刃、斗底、侧壁及斗壁组成。铲斗切削刃的形状根据所铲装物料的不同而异，通常分为直线形和非直线形（V 形或弧形）两种。

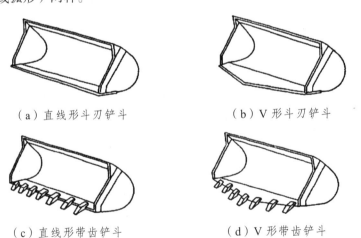

（a）直线形斗刃铲斗　　　　　　　　　（b）V 形斗刃铲斗

（c）直线形带齿铲斗　　　　　　　　　（d）V 形带齿铲斗

图 10.13　铲斗结构形式

非直线形切削刃（装载机多用 V 形）中间突出［见图 10.13（b）］，在铲斗插入料堆时，切削刃的中部能形成很大的比切力，容易插入料堆，且对中性较好。但平地性和装满系数均不如直线形切削刃铲斗。

装有斗齿的铲斗［见图 10.13（c）、（d）］在铲斗插入物料时，插入力分布在几个斗齿上，使每个斗齿形成很大的比压，因此，具有良好的铲入和掘起性能，适用于铲装堆积密实的物料及块度较大的岩石。斗齿可以延长切削刃的使用寿命，同时磨损后也易于快速更换。斗齿的形状对插入力有一定的影响，实验证明，非对称、窄而长的斗齿比对称的、短而宽的斗齿切削阻力要小。

弧线或折线形铲斗侧刃的插入阻力比直线形侧刃小，但具有弧线或折线形侧刃铲斗的侧壁较浅，物料易从两侧撒落，影响铲斗的装满。这种形状的铲斗较适宜铲装岩石。

铲斗的形状对铲装阻力和黏性物料卸净性有较大的影响。对于主要用于铲装土方的装载机，希望斗底圆弧半径 R_1 大些，斗底长度短些。如图 10.14（a）所示，以改善泥土在斗内的流动性，减少物料在斗内的运动阻力。而对于主要用于铲装流动性较差的岩石装载机，希望采用圆弧半径较小的铲斗，如图 10.14（b）所示，这种铲斗贯入性好，可以减小铲斗插入料堆的阻力，同时也可以改善司机的视野。但过深的铲斗台引起斗底太长，造成掘起力变小。

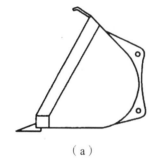　　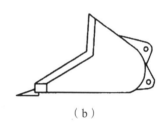

（a）　　　　　　　　　　　　　　（b）

图 10.14 铲斗形状

3．铲斗参数的确定

（1）铲斗宽度 B：铲斗的主要基本参数。铲斗宽度应大于装载机前轮外侧宽度，每圈突出 50～100 mm。若 B 小于前轮外侧宽度，则铲斗铲取物料后所形成的料堆阶梯，会损伤轮胎侧壁，并增加行驶阻力。

（2）铲斗回转半径 R_0：指铲斗与动臂铰接点至切削刃之间的距离，是铲斗的最基本参数之一，铲斗的其他断面形状参数可以视为该参数的函数。根据几何图形（见图 10.15）计算可以得到铲斗横截面积为

$$A_0 = R_0^2 \left\{ [0.5\lambda_g (\lambda_z + \lambda_k \cos\gamma_1) \sin\gamma_0] - \lambda_r^2 \left[\cot\frac{\gamma_0}{2} - 0.5\pi \left(1 - \frac{\gamma_0}{180}\right) \right] \right\} \quad \text{(mm}^2\text{)} \qquad （10.1）$$

而铲斗的几何容积为 V_g，可以求得铲斗的回转半径 R_0：

$$R_0 = \sqrt{\frac{10^9 V_g}{B_0 \left\{ 0.5\lambda_g (\lambda_z + \lambda_k \cos\gamma_1) \sin\gamma_0 - \lambda_r^2 \left[\cot\frac{\gamma_0}{2} - 0.5\pi \left(1 - \frac{\gamma_0}{180}\right) \right] \right\}}} \quad \text{(mm)} \qquad （10.2）$$

式中　V_g——（平装）斗的几何容量，由总体设计给定，m^3；

　　　B_0——铲斗内壁宽度，为铲斗宽度扣除两侧壁厚 β，即 $B_0 = \delta - 2\beta$，mm；

　　　λ_g——铲斗长度系数，取 1.4～1.5；

　　　λ_z——后斗壁长度系数，取 1.1～1.2；

　　　$\lambda_k^{'}$——挡板高度参数，取 0.12～0.14；

　　　λ_r——斗底和后斗壁直线间的圆弧半径系数，取 0.35～0.4；

　　　γ_1——挡板与后斗壁之间的夹角，取 5°～10°；

　　　γ_0——斗底和后斗壁之间的夹角，取 48°～52°。

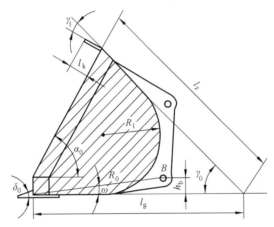

图 10.15　铲斗基本参数简图

4．斗容的计算

铲斗的基本参数确定后，根据铲斗的几何尺寸，如图 10.16 所示，可以计算铲斗的容量。

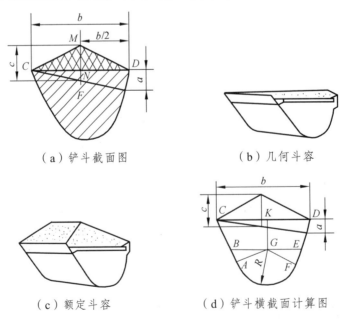

（a）铲斗截面图　　　　　　　　（b）几何斗容

（c）额定斗容　　　　　　　　（d）铲斗横截面计算图

图 10.16　斗容计算图

（1）几何斗容（平装斗容）V_g。

无挡板铲斗几何为

$$V_g = A_0 \cdot B_0 \qquad (m^3) \qquad\qquad (10.3)$$

式中　A_0——铲斗截面面积，m^2；

　　　B_0——铲斗内壁宽度，m。

有挡板铲斗的几何斗容为

$$V_g = A_0 \cdot B_0 - \frac{2}{3}a^2 b \qquad (m^3) \qquad\qquad (10.4)$$

式中　a——挡板垂直刮平线的高度，可以近似取为挡板高度，m；

　　　b——铲斗刀刃与挡板最上部之间的距离，m。

（2）额定斗容（堆装斗容）V_h。

无挡板铲斗的额定斗容为

$$V_h = V_g + \frac{b^2 B_0}{8} - \frac{b^3}{24} \qquad (m^3) \qquad\qquad (10.5)$$

式中　b——铲斗刀刃与斗背最上部之间的距离，m；

　　　$\dfrac{b^2 B_0}{8} - \dfrac{b^3}{24}$——物料按 2∶1 的坡角堆装的体积。

有挡板铲斗的额定斗容为

$$V_r = V_g + \frac{b^2 B_0}{8} - \frac{b^2}{6}(a+c) \qquad (m^3) \qquad\qquad (10.6)$$

式中　c——物料堆积高度，m。

物料堆积高度可以由作图法确定，即由料堆作直线垂直于刮平线 CD（刀刃与挡板高度连线），与刀刃和挡板下缘之连线相交，该交点与料堆尖端之距离为物料堆积高度。

（二）动臂设计

1. 动臂铰点高度

动臂铰点的位置是通过作图来确定的。如图 10.17 所示，若确定了动臂下铰点（动臂与铲斗的铰接点）的最高位量 B_i，则最大卸载高度 H_{max}，最大卸载高度时卸载距离（最小卸载距离）l_{min} 及最高位置时的卸载角 β 可以确定。在图 10.17 中，α' 为斗底与铲斗回转半径的夹角，动臂下铰点位于铲斗在地面铲掘时的位置 B_1，在考虑斗底与地平面夹角 $\delta = 3° \sim 5°$ 时及铲斗装满物料后倾不与轮胎相碰的情况下，尽量靠近轮胎，以减小装载机的整机尺寸。动臂的上铰点 A 应在 $B_i B_1$ 连线的垂直平分线上。当最大卸载高度和最小卸载距离一定时，上铰点的前后位置影响动臂的长度 l_D、动臂的回转角 φ、动臂最大伸出时的稳定性。l_A 大，动臂增长，动臂回转角减小，倾翻力矩小，提高了装载机在铲斗最长伸出时的稳定性，因此，在总体布置允许的情况下希望 l_A 大些。动臂与车架铰点的高度通常取：

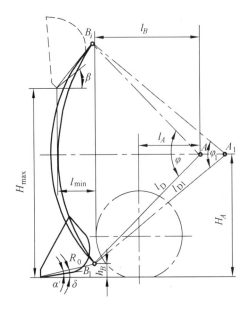

图 10.17　确定斗臂铰接点位置及长度计算图

$$H_A = (1.5 \sim 2.5)R_0 \;（\text{mm}） \tag{10.7}$$

式中　　R_0——铲斗回转半径。

　　动臂与车架铰接点的左右位置，根据装载机的轮距、动臂、转斗油缸的尺寸布置和视线等确定。动臂回转角通常取 $\varphi = 80° \sim 90°$。

　　2．动臂长度

　　动臂铰接点位置确定后，按照图 4.17 利用几何关系计算动臂的长度 l_D

$$l_D = \sqrt{[l_{min} - R_0\cos(\alpha' + \beta) + l_B]^2 + [H_{max} - H_A + R_0\sin(\alpha' + \beta)]^2} \;（\text{mm}） \tag{10.8}$$

式中　　l_{min}——铲斗最小卸载距离，mm；

　　　　α'——铲斗回转半径与斗底的夹角；

　　　　β——铲斗最大卸载高度时最大卸载角，通常取 $\beta > 45°$，在总体设计时确定；

　　　　l_B——动臂与车架铰接点到装载机前面外廓水平距离，mm；

　　　　H_{max}——最大卸载高度，mm，总体设计时确定。

　　求出动臂长度后，根据其铰点的位置和铲斗的结构参数进行校核，看是否满足总体尺寸的要求以及动臂在最低位置铲斗最大后倾时是否与前轮（或履带式装载机散热器罩）相干涉。若不满足，可以向前移动 A 点的位置，或增加动臂的长度。

　　3．动臂的形状与结构

　　动臂形状一般可以分为直线形和曲线形两种，如图 10.18 所示。直线形动臂结构简单，制造容易，并且受力情况较好，通常正转式连杆工作装置采用较多；曲线形动臂，一般反转式连杆工作装置采用较多，该种形式可以使工作装置布置更为合理。

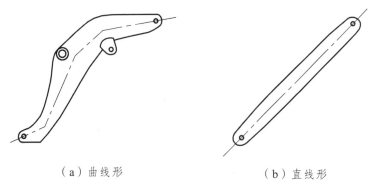

（a）曲线形   （b）直线形

图 10.18　动臂的结构形式图

（三）连杆机构设计

连杆机构是由铲斗、动臂、连杆、摇臂和转斗油缸等组成，该机构的设计是个较复杂的问题。对给定结构形式的连杆机构，在满足使用要求的情况下，各构件可以设计成各种尺寸及不同铰接点位置，构件尺寸及铰接点的位量可变性较大。所以设计出的连杆机构，并不都具有高的技术经济指标。要想获取连杆机构的最佳尺寸及构件最合理的铰接位置，需要结合总体布置、构件的运动学及动力学分析，并综合考虑各种因素进行方案比较，选择较理想的方案。若运用优化设计理论，借助电子计算机，得出更为理想的优化方案。

目前连杆机构的设计有计算-作图法、图解法和计算机辅助设计等方法，结合统计数据和同类型装载机的工作装置类比，最后确定连杆机构的尺寸和铰接点位置。如图 10.19 所示，以反转式单连杆机构为例，介绍计算-作图法。

1．连杆机构的设计要求

（1）平移性好，动臂从最低到最高卸载高度的举升过程中，铲斗后倾角 α 的变化尽量小，尽量接近平移运动，保证满载铲斗内的物料不洒落，一般相对于地面的转角不大于 15°，铲斗在地面时的后倾角取 $\alpha_1 = 45°$ 左右（见图 10.20），在运输位置取 $\alpha' > 45°$，在最大卸载高度一般取 47°～61°。

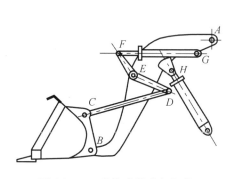

图 10.19　反转式单连杆机构

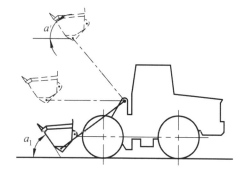

图 10.20　铲斗提升示意图

（2）卸料性好，在动臂举升高度范围内的任意位置，铲斗的卸载角 $\beta_k > 45°$，确保卸净物料。

（3）动力性好，在设计构件尺寸时，为保证连杆机构具有较高的力传递效率，斗杆机构要满足铲掘位置传动角接近90°，使有效分力大，以便有较大的掘起力；运输位置传动角小170°。这个角太大会使铲斗收不紧，导致运输途中物料洒落。斗摇臂应尽量短，否则，为了获得一定的掘起力，势必使摇缸臂较长，连杆机构尺寸增大，翻斗油缸行程较长，造成卸料时间过长。

（4）作业时与其他构件无运动干涉，保证驾驶员工作方便、视野宽阔。

2．连杆尺寸及铰接点位置

反转连杆机构（见图10.21）的设计内容包括：确定连杆 CD 的长度 b、摇臂 DF 的长臂长度 c 和短臂长度 e、铲斗上两铰接点 BC 的距离 a、铰接点 E 和铰接点 C 的位置，转斗油缸与车架的铰接点 G 的位置及转斗油缸的行程等。

动臂的长度 l_D 是连杆机构的关键参数，该参数不仅影响着连杆机构的运动与受力，而且与连杆的尺寸和铰接点的位置有关，因此连杆机构的其他构件的尺寸参数依据该参数确定。

（1）摇臂 DF 的长度与铰接点位置。

连杆与铲斗铰点 C 的位置与连杆的受力和转斗油缸的行程有关，选算时主要考虑当铲斗处于地面铲掘位量时，转斗油缸作用在连杆上的有效分力较大，以发挥较大的掘起力。通常 δ_C 与铲斗回转半径 R_0 之间的夹角 $\psi = 100° \sim 125°$，BC 长 $a = (0.13 \sim 0.14)l_D$。

摇臂 DF 和连杆 CD 要传动较大的插入和转斗阻力，设计时除了考虑运动关系外，还应该考虑它们的强度和刚度。摇臂 DF 的形状和长短臂的比例关系 c/e 及铰接点 E 的位置，是由连杆机构受力情况及它们的空间布置的方便和可能性来确定，同时转斗油缸的行程及连杆 CD 的长度不宜过大。摇臂可以做成直线形或弯曲形。弯曲形摇臂的夹角一般不大于30°，否则构件受力不均。铰接点 E 的位置，布置在动臂两铰接点连线 AB 的中部偏上 m 处。

设计时初定 $l_e = (0.48 \sim 0.5)l_p$；$m = (0.11 \sim 0.12)l_p$；$e = (0.22 \sim 0.24)l_p$；$c = (0.27 \sim 0.29)l_p$。

（2）确定连杆长度及转斗油缸在车架上的铰接点。

上述构件尺寸确定后，可以利用下述作图方法确定连杆 CD 的长度 b，转斗油缸在车架上的铰接点 G 及其行程，如图10.21所示。

由已选定的连杆机构尺寸参数，绘出动臂和铲斗在地面时铲斗后倾45°的位置及摇臂和动臂的铰点 E。将动臂由最低到最高位置时的转角 φ 分成若干等份，提升动臂到不同的角度，并保持后倾铲斗的平移性，依次给出 BC 的相应位 B_1C_1，B_2C_2，B_iC_i，并使得它们相互平行。然后绘出铲斗在最大卸载高度时的卸载位置，取卸载角 $\beta = 40° \sim 50°$，得 B_iC_i。假设铲斗在最大卸载高度时摇臂 DF 和连杆 CD 处在极端位置，即铰接点 C、D、E 位于一条直线上，则 CD 的最小长度 $b = C_i'E_i' - c$。再根据已选定的连杆 CD、摇臂 DF，绘出其相应的位置 C_1D_1 及 $D_1E_1F_1$，由此得出该位置摇臂与转斗油缸的铰点 F。

保持后倾铲斗的平移性（即保持 α 为45°不变），绘制出铲斗在提升中的各位置及其相应的机构位置，得出相应的摇臂与转斗油缸铰点位置 F_i。连接 F_i 各点得一条曲线，作该曲线的外包弧 N，则圆弧 N 的圆心 G 为所求转斗油缸在车架上的铰点，半径 GF_i 即为转斗油缸的最大安装长度 R_{max}。

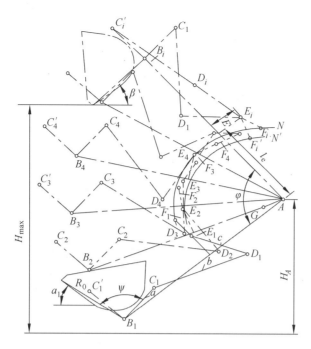

图 10.21　确定连杆机构的图解法

同理，做出铲斗在不同卸载位置时的连杆机构位置，得出摇臂与转斗油缸铰接点 F_i'，连 F_i' 各点得一曲线，做出曲线的内包圆弧 N'，如图 10.21 所示，则圆弧半径 GF_i' 为转斗油缸的最小安装长度 R_{min}。于是转斗油缸的行程 l_x 可按下式确定

$$l_x = R_{max} - R_{min} \tag{10.10}$$

当在转斗油缸闭锁情况下举升动臂，铲斗在任何位量时的后倾角都比铲斗在地面时后倾角大，在动臂举升范围内后倾角通常允许相差 15°。铲斗卸载角通常随着卸载高度的降低而略有减小，若铲斗的卸角小于 45°，可以通过减小 BC 或 l_e 的长度，来满足对卸载角的要求。

当动臂举升到最大卸载位置卸载后，动臂下降到地面时要求铲斗能自动放平，只有凑成连杆机构铲斗由最高卸载位置到地面过程中，铲斗绕 B 点的上翻角等于 $\varphi + \beta$ 即可。

七、工作装置强度计算

1．工作装置计算位置

分析装载机铲掘、运输、提升及卸载等作业过程，发现装载机在水平地面上铲掘物料时，工作装置受力最大，因此取装载机在水平地面作业，铲斗斗底与地面的夹角 δ 为 3° ~ 5° 铲掘时作为计算位置，并假设外载荷作用在切削刃上。如图 10.22 所示。

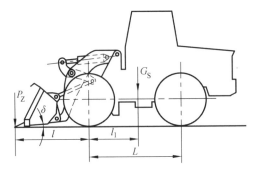

图 10.22　工作装置强度计算位置

2．工作装置典型工况的选择及外载荷的确定

装载机在铲掘过程中使工作装置受力最大有以下 3 种情况：

（1）装载机沿水平地面运动，工作装置油缸闭锁，铲斗插入料堆，此时认为物料对于铲斗的阻力水平作用在切削刃上。

（2）铲斗水平插入料堆足够深度后，装载机停止运动，向后转斗或者提升动臂，此时认为掘起阻力垂直作用在切削刃上。

（3）装载机在水平面上匀速运动，铲斗水平插入料堆一定深度后，边插入边转斗或边插入边提升动臂，此时认为物料对铲斗的水平阻力和垂直阻力同时作用在切削刃上。

由于作业场地、作业条件及作业对象不同，装载机在实际作业时，铲斗切削刃所承受的载荷情况十分复杂，并且变化范围也相当大，因此铲斗切削刃上的载荷不可能是均匀分布，但是我们为了计算方便将其简化为两种极端情况，即：

（1）对称受载：即认为外载荷是沿铲斗切削刃均匀分布，并用作用于切削刃中点的集中载荷来代替其均布载荷；

（2）偏载：由于铲斗偏铲或物料密实度不均，使载荷偏于铲斗的一侧，形成偏载情况时，我们认为简化后的集中载荷完全由铲斗一侧第一个斗齿承受。

根据以上分析，使工作装置某些构件受力最大有以下 6 种典型工况（见图 10.23）。

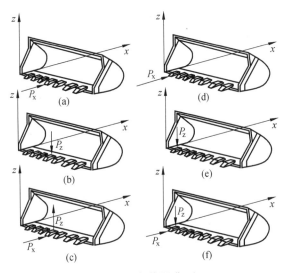

图 10.23　工作装置典型工况

（1）对称水平受力工况［见图10.23（a）］，此种工况铲斗的水平载荷由装载机的牵引力决定，水平最大力按照下式计算：

$$P_X = P_{Kmax} - P_f \leqslant G_\varphi \varphi \text{（N）} \tag{10.10}$$

式中　P_{Kmax}——装载机空载时驱动轮上的最大切线牵引力，N；

　　　P_f——装载机空载时的滚动阻力，N；

　　　G_φ——装载机附着重量，N；

　　　φ——附着系数。

（2）对称垂直受力工况［见图10.23（b）］，该工况下，掘起力受限于装载机的纵向稳定条件，最大值为

$$P_Z = \frac{G_s l_1}{l} \text{（N）} \tag{10.11}$$

式中　G_s——装载机自重，N；

　　　l_1——装载机重心到前轮接地点的距离；

　　　l——垂直力 P_Z 的作用点到前轮接地点的距离。

（3）对称水平力与垂直力同时作用的工况［见图10.23（c）］，此时的水平力 P_X，通常在此工况下按发动机所能传至装载机驱动轮的牵引力计算：

$$P_X = P_K - P_f \text{（N）} \tag{10.12}$$

式中　P_K——装载机驱动轮上的切线牵引力；

　　　P_f——装载机的滚动阻力。

此时垂直力按照式（10.12）计算。

（4）水平偏载工况［见图10.23（d）］：水平力按照式（10.11）计算。

（5）垂直偏载工况［见图10.23（e）］：垂直力按照式（10.12）计算。

（6）水平偏载与垂直偏载同时作用工况［见图10.23（f）］：此时水平力与垂直力按照工况3计算。

3．工作装置受力分析

工作装置实际是一个空间超静定结构，受力复杂，精确计算复杂，故做如下假设简化分析计算：

（1）铲斗动臂横梁不影响动臂的变形与受力。

（2）动臂轴线与摇臂、连杆轴线处于同一平面内。

通过以上假设，将工作装置这样一个空间超静定结构，简化成了一个简单的平面力系。

对于对称受力工况，由于动臂是一个对称结构，两动板受力大小相同，所以可取工作装置的一侧进行受力分析，并取外载荷的一半进行计算，即

$$P_X^a = \frac{1}{2} P_X$$

$$P_Z^b = \frac{1}{2} P_Z$$

（10.13）

对于偏载工况［见图 10.23（d）、（e）、（f）］，近似用简支梁的方法，求出分配在左右动臂平面内的等效力 P_X^a 和 P_X^b［见图 10.24（b）］。

$$P_X^a = \frac{a+b}{b} P_X$$

$$P_X^b = P_X - P_X^a$$

$$P_Z^a = \frac{a+b}{b} P_Z$$

$$P_Z^b = P_Z - P_Z^a$$

（10.14）

由于 $P_X^a > P_X^b$；$P_Z^a > P_Z^b$，因此 P_X^a，P_Z^a 作为计算外载荷。

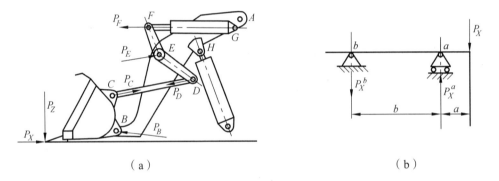

（a）　　　　　　　　　　　　　　（b）

图 10.24　工作装置受力分析图

外载荷求出后，用解析法或图解法可求出对应工况下的工作装置的内力（见图 10.25），下面我们以第一工况为例计算内力，其他工况类似。

首先取铲斗为分离体，依据平衡原理，计算铲斗的受力。

由 $\sum M_B = 0$ 得

$$P_X^a h_1 + P_Z^a l_1 + G_D l_D / 2 = P_C h_2 \cos \alpha_1 + P_C l_2 \sin \alpha_1$$

$$P_C = \frac{P_X^a h_1 + P_Z^a l_1 + G_D l_D / 2}{h_2 \cos \alpha_1 + l_2 \sin \alpha_1}$$

（10.15）

式中　G_D——铲斗重量。

由 $\sum x = 0$ 得

$$P_X^a + P_C \cos \alpha_1 - X_B = 0$$

$$X_B = P_X^a + P_C \cos \alpha_1$$

（10.16）

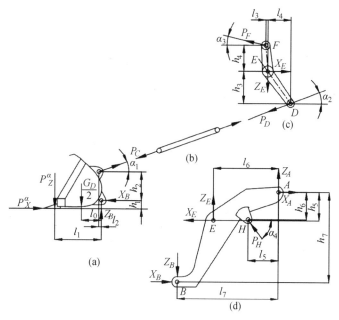

图 10.25 工作装置各构件受力分析图

由 $\sum z = 0$ 得

$$Z_B + P_C \sin\alpha_1 - P_Z^a - G_D/2 = 0$$
$$Z_B = -P_C \sin\alpha_1 + P_Z^a + G_D/2 \tag{10.17}$$

连杆［见图 10.24（c）］依据平衡原理，摇臂受力为

由 $\sum M_E = 0$ 得

$$P_D l_4 \sin\alpha_2 + P_D h_3 \cos\alpha_2 = -P_F l_3 \sin\alpha_3 + P_F h_4 \cos\alpha_3$$
$$P_F = \frac{P_D(l_4 \sin\alpha_2 + h_3 \cos\alpha_2)}{h_4 \cos\alpha_3 - l_3 \sin\alpha_3} \tag{10.18}$$

由 $\sum x = 0$ 得

$$X_E - P_F \cos\alpha_3 - P_D \cos\alpha_2 = 0$$
$$X_E = P_F \cos\alpha_3 + P_D \cos\alpha_2 \tag{10.19}$$

由 $\sum z = 0$ 得

$$-Z_E + P_F \sin\alpha_3 - P_D \sin\alpha_2 = 0$$
$$Z_E = P_F \sin\alpha_3 - P_D \sin\alpha_2 \tag{10.20}$$

取动臂为分离体［见图 10.24（d）］。

由 $\sum M_A = 0$ 得

$$P_H(h_6 \cos\alpha_4 + h_5 \sin\alpha_4) - X_B h_7 - Z_B l_7 + X_E h_5 + Z_E l_6 = 0$$
$$P_H = \frac{X_B h_7 + Z_B l_7 - X_E h_5 - Z_E l_6}{h_6 \cos\alpha_4 + h_5 \sin\alpha_4} \tag{10.21}$$

由 $\sum x = 0$ 得

$$X_A - X_E + X_B - P_H \cos\alpha_4 = 0$$
$$X_A = X_E - X_B + P_H \cos\alpha_4$$

（10.22）

由 $\sum z = 0$ 得

$$Z_A + Z_E - Z_B + P_H \sin\alpha_4 = 0$$
$$Z_A = -Z_E + Z_B - P_H \sin\alpha_4$$

（10.23）

4．工作装置强度计算

根据各典型工况受力分析所求出各构件的作用力，画出弯矩图，找出其危险断面，按强度理论对工作装置的主要构体进行强度校核。

通常第 6 典型工况各构件受力较大。

（1）动臂：动臂相当于一个支承在动臂油缸上铰点 H 及车架 A 点的双铰悬臂折线变断面梁（见图 10.26），强度计算时，我们把它分成 1-2，2-3，3-4，4-5 等 4 个区段，每个区段的断面上作用有弯曲应力、正应力和剪应力。

$$\sigma = \frac{M}{W \times 10^6} \pm \frac{N}{F \times 10^6} \leqslant [\sigma] \ (\text{MPa})$$

（10.24）

式中 M ——计算断面的弯矩，N·m；

        W ——计算断面的抗弯断面系数，m³；

        N ——计算断面的轴向力，N；

        F ——计算断面的面积，m²。

$$\tau_{\max} = \frac{Q S_{z\max}}{J_z b \times 10^6}$$

（10.25）

式中 Q ——计算断面的剪力，N；

        $S_{z\max}$ ——计算断面中性轴 z 处的静矩，N·m；

        J_z ——计算断面对 z 轴的惯性矩，m⁴；

        b ——计算断面的宽度，m。

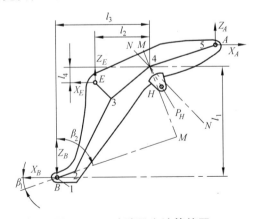

图 10.26   动臂强度计算简图

如果计算断面为矩形，则

$$\tau_{max} = \frac{3Q}{2F \times 10^6} \qquad (10.26)$$

通常动臂的危险截面在 H 点处，现在以 $M\!-\!M$ 断面为例进行计算，计算 $M\!-\!M$ 断面处的弯矩、轴向力和剪力。

$$M = X_B l_1 + Z_B l_3 - X_E l_4 - Z_E l_2 \qquad (\text{N·m})$$
$$N = (X_B - X_E)\cos\beta_1 + (Z_E - Z_B)\cos\beta_2 \qquad (\text{N})$$
$$Q = (X_B - X_E)\sin\beta_1 + (Z_E - Z_B)\sin\beta_2 \qquad (\text{N})$$

$$(10.27)$$

将求出的 M、N 代入式（10.25），Q 代入式（10.27）得

$$\sigma = \frac{X_B l_1 + Z_B l_3 - X_E l_4 - Z_E l_2}{W \times 10^6} + \frac{(X_B - X_E)\cos\beta_1 + (Z_E - Z_B)\cos\beta_2}{F \times 10^6} \qquad (\text{MPa})$$

$$(10.28)$$

$$\tau_{max} = \frac{3[(X_B - X_E)\sin\beta_1 + (Z_E - Z_B)\sin\beta_2]10^{-6}}{2F}$$

（2）连杆：连杆在装载机铲掘过程中，有时受拉，有时受压，因此需要对其进行强度及压杆稳定验算，计算方法按材料力学的方法进行。

（3）摇臂：摇臂的受力情况如图 10.25（c）所示，其危险断面通常在 E 点附近，在该断面上作用有弯曲应力和正应力，其计算方法与动臂相同。

（4）铰销：装载机工作装置铰销的一般结构形式及受力情况如图 10.27 所示。

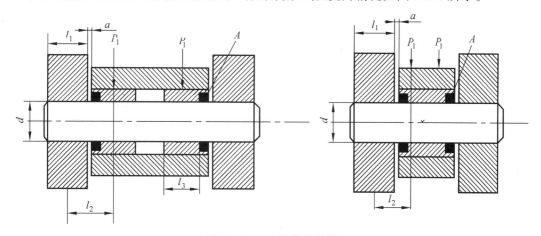

图 10.27　工作装置铰销

目前国外一些装载机工作装置上采用密封式铰销。所谓密封铰销，就是铰销轴套的端部加一个密封圈，密封圈可以防止润滑剂泄漏及尘土进入，因此可延长轴销和轴套的使用寿命及减少定期润滑的次数，使日常维修工作所消耗的时间及费用减少。

工作装置中各铰销的强度按下式计算：

销轴的弯曲应力为

$$\sigma_w = \frac{P_1 l_2 \times 10^{-6}}{W} \leqslant [\sigma] \qquad (10.29)$$

式中　P_1——计算载荷，铰销承受载荷的一半，N；

　　　l_2——铰销的弯曲强度计算长度，m；

　　　W——销轴的抗弯断面系数。

销轴支座的挤压应力为

$$\sigma_{jy} = \frac{P_1 \times 10^{-6}}{l_1 d} \leqslant [\sigma] \tag{10.30}$$

销轴套的挤压应力为

$$\sigma_{jy} = \frac{P_1 \times 10^{-6}}{l_3 d} \leqslant [\sigma] \tag{10.31}$$

式中　l_3——轴套的支承长度，m。

强度计算的许用应力 $[\sigma]$ 按下式计算：

$$[\sigma] = \frac{\sigma_s}{n} \tag{10.32}$$

式中　σ_s——材料的屈服极限，国内装载机工作装置一般采用 16Mn 钢，屈服极限取 360 MPa；

　　　n——安全系数，设计手册规定为 1.1 ~ 1.5，考虑工程机械工作繁重，一般要求 $n > 1.5$。

第十一章 挖掘机械

挖掘机施工视频

第一节 挖掘机械概述

一、挖掘机械用途

挖掘机械在工程中用来开挖堑壕，在建筑工程中用来开挖基础，在水利工程中用来开挖沟渠、运河和疏通河道，在采石场、露天采矿等工程中用于矿石的剥离和挖掘等；此外还可对碎石、煤等松散物料进行装载作业；更换工作装置后还可进行起重、破碎、安装、打桩、夯土和拔桩等工作。

二、分类及表示方法

单斗挖掘机可以按以下几个方面来分类：

（1）按动力装置分为电驱动式、内燃机驱动式、复合驱动式等。

（2）按传动装置分为机械传动式、半液压传动式、全液压传动式。

（3）按行走机构分为履带式、轮胎式。

（4）按工作装置在水平面可同转的范围分为全回转式（360°）和非全回转式（270°）。

挖掘机的分类代号用字母 W 表示，主参数为整机的机重。如 WLY 表示轮胎式液压挖掘机，WY100 表示机重（整机质量）为 10 t 的履带式液压挖掘机。不同厂家，挖掘机的代号表示方法各不相同。

三、挖掘机械的工作过程

单斗挖掘机的工作装置主要有正铲、反铲、拉铲和抓斗等形式（见图 11.1）。挖掘机为循环作业式机械，每一个工作循环包括挖掘、回转、卸料和返回 4 个过程。

1. 机械式单斗挖掘机的工作过程

正铲挖掘机的工作装置由动臂 2、斗杆 5 和铲斗 1 等组成（见图 11.2）。

正铲的工作过程为：

（1）挖掘过程：先将铲斗下放到工作面底部，然后提升铲斗，完成挖掘。

（2）回转过程：先将铲斗向后退出工作面，然后回转，使动臂带着铲斗转到卸料位置。同时可适当调整斗的伸出度和高度适应卸料要求，以提高工效。

（3）卸料过程：开启斗底卸料。

（4）返回过程：回转挖掘机转台，使动臂带着空斗返回挖掘面，同时放下铲斗，斗底在惯性作用下自动关闭。

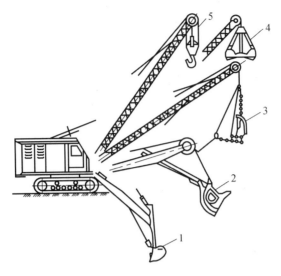

1—反铲；2—正铲；3—拉铲；
4—抓斗；5—起重。

图 11.1   单斗挖掘机工作装置及工作过程

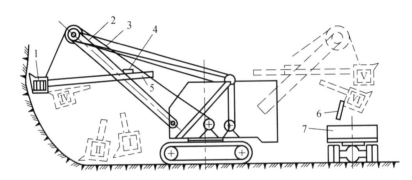

1—动臂液压缸；2—动臂；3—铲斗提升钢索；4—鞍形座；
5—斗杆；6—斗底；7—运输车辆。

图 11.2   正铲挖掘机工作装置及工作过程

机械传动式正铲挖掘机适宜挖掘和装载停机面以上的 Ⅰ～Ⅳ 级土壤和松散物料。

机械传动的反铲挖掘机的工作装置由动臂 5、斗杆 4 和铲斗 2 等组成（见图 11.3）。动臂由前支架 7 支持。

反铲的工作过程为：

（1）先将铲斗向前伸出，让动臂带着铲斗落在工作面上。

（2）将铲斗向着挖掘机方向拉转，于是它就在动臂和铲斗等重力以及牵引索的拉力作用下完成挖掘。

（3）将铲斗保持 Ⅱ 所示状态连同动臂一起提升到 Ⅲ 所示状态，再回转至卸料处进行卸料。

反铲有斗底可开启式（Ⅵ）与不可开启式（Ⅴ）两种。

反铲挖掘机适宜于挖掘停机面以下的土，例如挖掘基坑及沟槽等。机械传动的反铲挖掘过程由于只是依靠铲斗自身重力切土，所以只适宜于挖掘轻级和中级土壤。

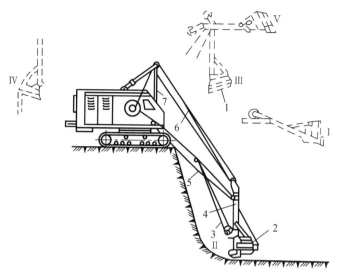

1—斗底；2—铲斗；3—牵引钢索；4—斗杆；5—动臂；
6—提升钢索；7—前支架。

图11.3　反铲挖掘机工作装置及工作过程

机械传动的拉铲挖掘机的工作装置没有斗杆，而是由格栅型动臂与带钢索的悬挂铲斗 1 等组成（见图11.4）。铲斗的上部和前部是敞开的。

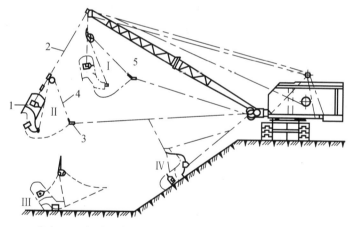

1—铲斗；2—提升钢索；3—牵引钢索；4—卸料钢索；5—动臂。

图11.4　拉铲挖掘机工作装置及工作过程

拉铲的工作过程为：

（1）首先拉收和放松牵引钢索3，使铲斗在空中前后摆动（视情况也可不摆动），将铲斗以提升钢索 2 提升到位置 I，然后同时放松提升钢索和牵引钢索，铲斗被顺势抛掷在工作面上（II→III），铲斗在自重作用下切入土中。

（2）拉动牵引钢索，使铲斗装满土壤（IV）。

（3）然后提升铲斗，同时放松牵引钢索，使铲斗保持在斗底与水平面呈 8° ~ 12°，防止铲斗倾翻卸料。

（4）在提升铲斗的同时将挖掘机回转至卸料处，放松牵引钢索使斗口朝下卸料。

（5）挖掘机转回工作面进行下一次挖掘。

拉铲挖掘机适宜挖掘停机面以下的土，特别适宜于开挖河道等工程。由于拉铲靠铲斗自重切土进行挖掘，所以只适宜挖掘一般土料和砂砾等。

抓斗挖掘机的工作装置是一种带两瓣或多瓣的蚌形抓斗（见图 11.5）。抓斗用提升索 2 悬挂在动臂 4 上。斗瓣的启闭由闭合索 3 来执行。为了不使爪斗在空中旋转，用一根定位索 5 来定位。定位索的一端与抓斗固定，另一端与动臂连接。

抓斗的工作过程为：

（1）放松闭合索 3，固定提升索，使斗瓣张开。

（2）同时放松提升索和闭合索，让张开的抓斗落在工作面上，并借自重切入土中（Ⅰ）。

（3）逐渐收紧闭合索，抓斗在闭合过程中装满土料（Ⅱ）。

（4）当抓斗完全闭合后，提升索和闭合索收紧，并以同一速度将抓斗提升（Ⅲ）挖掘机转至卸料位置。

（5）放松闭合索，使斗瓣张开，卸出土料（Ⅳ）。

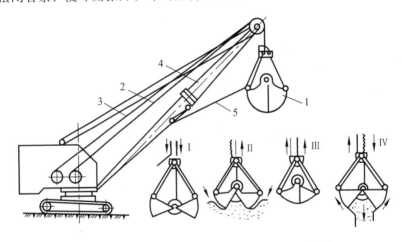

1—爪斗；2—提升索；3—闭合索；4—动臂；5—定位索。

图 11.5 抓斗的工作装置及工作过程

抓斗挖掘机适宜挖掘停机面以上和以下的土，卸料时无论是卸在车辆上或弃土堆上都很方便，特别适合挖掘垂直而狭窄的桥基桩孔、陡峭的深坑以及水下土方等作业。但抓斗受自重的限制，只能挖取一般土料、砂砾和松散料。

2．液压传动式单斗挖掘机的工作过程

液压传动式单斗挖掘机一般只带正铲、反铲、抓斗和起重工作装置，其工作循环和机械传动式的挖掘机基本相同。由于其挖掘、提升和卸料等动作是靠液压油来实现的，因此其工作能力比同级机械传动的挖掘机要高。其正铲、反铲的作业范围如图 11.6 所示，两者对停机面上下的作业都能挖掘。

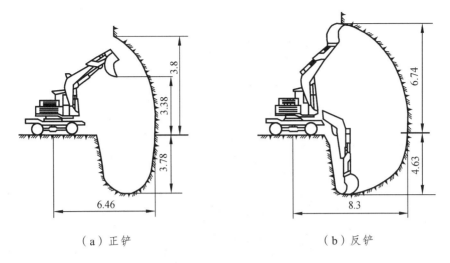

（a）正铲　　　　　　　　　　　　　（b）反铲

图 11.6　液压传动式单斗挖掘机的作业范围（尺寸单位：m）

3．挖掘机的主要技术参数

单斗液压挖掘机的技术参数有：斗容量、机重、额定功率、最大挖掘半径、最大挖掘深度、最大卸载高度、最小回转半径、回转速度和液压系统的工作压力等。其中主要参数有标准斗容量、机重和额定功率 3 个，用来作为液压挖掘分级的标志性参数，反映液压挖掘机级别的大小。

标准斗容量：指挖掘Ⅳ级土壤时，铲斗堆尖时的斗容量（m^3）。它直接反映了挖掘机的挖掘能力。

机重：指带标准反铲或正铲工作装置的整机质量（t），反映机械本身的级别和实际工作能力，影响挖掘能力的发挥、功率的利用率和机械的稳定性。

额定功率：指发动机正常工作条件下，飞轮的净输出功率（kW），反映了挖掘机的动力性能。

第二节　单斗挖掘机构造

单斗挖掘机主要由发动机、机架、传动系统、行走装置、工作装置、回转装置、操纵控制系统和驾驶室等部分组成。

图 11.7 所示为单斗液压挖掘机的总体结构简图，工作装置主要由动臂 8、斗杆 4、铲斗 1、连杆 2、摇杆 3、动臂油缸 7、斗杆油缸 6 和铲斗油缸 5 等组成。各构件之间的连接以及工作装置与回转平台的连接全部采用铰接，通过 3 个油缸的伸缩配合，实现挖掘机的挖掘、提升和卸土等作业过程。

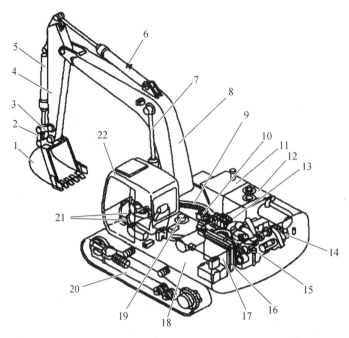

1—铲斗；2—连杆；3—摇杆；4—斗杆；5—铲斗油缸；6—斗杆油缸；
7—动臂油缸；8—动臂；9—回转支撑；10—回转驱动装置；
11—燃油箱；12—液压油箱；13—控制阀；14—液压泵；
15—发动机；16—水箱；17—液压油冷却器；
18—回转平台；19—中央回转接头；
20—行走装置；21—操纵系统；
22—驾驶室。

图 11.7　单斗液压挖掘机的总体结构

一、传动系统

图 11.8 为一种单斗挖掘机液压传动示意图。柴油机驱动两个油泵 11、12，把压力油输送到两个分配阀中。操纵分配阀将压力油再送往有关液压执行元件，这样就可驱动相应的机构工作，以完成所需要的动作。

二、回转装置

回转平台是液压挖掘机重要组成部分之一。在转台上安装有发动机、液压系统、操纵系统和驾驶室等，另外还有回转装置。回转平台中间装有多路中心回转接头，可将液压油传至底座上的行走液压马达、推土板液压缸等执行元件上。

液压挖掘机的回转装置由回转支承装置（起支承作用）和回转驱动装置（驱动转台回转）组成。图 11.9 为液压挖掘机的回转装置示意图。

工作装置铰接在平台的前端。回转平台通过回转支承与行走装置相连，回转驱动装置使平台相对于行走装置作回转运动，并带动工作装置绕其回转中心转动。

挖掘机回转支承的主要结构形式有转柱式回转支承和波动轴承式回转支承两种。

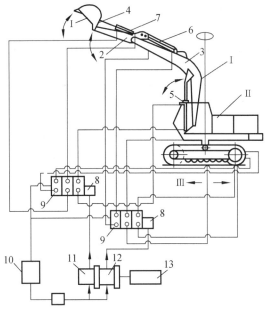

1—铲斗；2—斗杆；3—动臂；4—连杆；5、6、7—液压油缸；
8—安全阀；9—分配阀；10—油箱；11、12—油泵；
13—发动机；Ⅰ—挖掘装置；Ⅱ—回转装置；
Ⅲ—行走装置。

图 11.8 单斗挖掘机液压传动装置

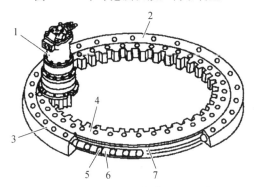

1—回转驱动装置；2—回转支承；3—外圈；
4—内圈；5—钢球；6—隔离体；
7—上下密封圈。

图 11.9 液压挖掘机的回转装置

波动轴承式回转支承是一个大直径的滚动轴承，与普通轴承相比，它的转速很慢，常用的结构形式有单排滚球式和双排滚球式两种。

三、行走装置

行走装置是挖掘机的支承部分，它承载整机重量和工作载荷并完成行走任务，一般有履带式和轮胎式两种，常用的是履带式行走底盘。单斗液压挖掘机的履带式行走装置都采用液压传动，且基本构造大致相同。图 11.10 所示是目前挖掘机履带式行走装置的一种典型形式。

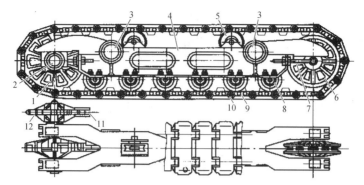

1—驱动轮；2—驱动轮轴；3—下支承架轴；4—履带架；5—托链轮；
6—引导轮；7—张紧螺杆；8—支重轮；9—履带；
10—履带销；11—链条；12—链轮。

图 11.10　履带式行走装置

1. 履带式行走装置的构造

履带式行走装置主要由行走架、中心回转接头、行走驱动装置、驱动轮、引导轮和腰带及张紧装置等组成。

行走架（图 11.11）由 X 或 H 形底架、履带架和回转支承底座组成。压力油经多路换向阀和中央回转接头进入行走液压马达。通过减速箱把马达输出的动力传给驱动轮。驱动轮沿着履带铺设的轨道滚动，驱动整台机器前进或后退。

驱动轮大都采用整体铸件，其作用是把动力传给履带，要求能与履带正确啮合，传动平稳，并要求当履带因连接销套磨损而伸长后仍能保证可靠地传递动力。

引导轮用来引导履带正确绕转，防止跑偏和脱轨。国产履带式挖掘机多采用光面引导轮，它采用直轴式结构及浮动轴封。每条履带设有张紧装置，调整履带保持一定的张紧度，现代液压挖掘机都采用液压张紧装置。

行走驱动多数采用高速小扭矩马达或低速大扭矩液压马达驱动，左右两条履带分别由两个液压马达驱动，独立传动。图 11.12 所示为液压挖掘机的行走驱动机构，它有双速液压马达经一级正齿轮减速，带动驱动链轮。

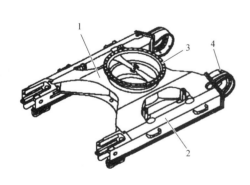

1—X 形底架；2—履带架；3—回转支承底座；
4—驱动装置固定座。

图 11.11　行走架结构

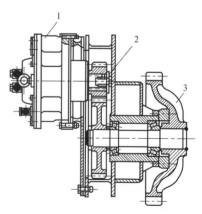

1—液压马达；2—减速齿轮；3—链轮。

图 11.12　履带式挖掘机行走机构

当两个液压马达旋转方向相同，履带直线行驶时，如一侧液压马达转动，并同时制动另一侧马达，则挖掘机绕制动履带的接地中心转向；若使左、右两液压马达以相反方向转动，则挖掘机可实现绕整机接地中心原地转向。

第三节 单斗液压挖掘机工作装置设计

一、工作装置结构形式

单斗液压挖掘机的工作装置分为标准式和伸缩臂式。

标准式工作装置为常规的结构，即由动臂、斗柄、挖斗（或其他作业装置）、油缸和其他杆件组成。

伸缩臂式工作装置为特殊的结构，如图 11.13 所示。伸缩臂式工作装置为单斗挖掘机工作装置的另一种形式，出现较晚，动臂由两节套装而成。由伸缩机构控制伸缩臂相对于主动臂作往复伸缩动作，代替了一般结构上斗柄与动臂间的铰接（滑动副代替回转副）。其余动臂摆动与挖斗转动则与一般的液压挖掘机动作相同，主动臂铰支于转台上，挖斗铰支于伸缩臂上，由各自的油缸驱动。伸缩式动臂的断面有三角形的、矩形的和圆形的，而以三角形断面为多。

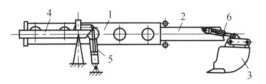

（a）动臂油缸设在摆动轴前方

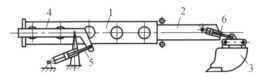

（b）动臂油缸设在摆动轴下方

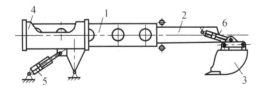

（c）动臂油缸设在摆动轴后方

1—主动臂；2—伸缩臂；3—挖斗；4—动臂摆动架；
5—动臂摆动油缸；6—挖斗油缸。

图 11.13 伸缩臂式工作装置

大量的液压挖掘机装标准式工作装置，适用于土方工程的各种挖掘作业。装伸缩臂式工作装置的液压挖掘机，主要用于平整边坡（刷坡）和清理作业。

常用的液压挖掘机的动臂采用两种结构形式：

1．单节整体式动臂

如图 11.14 所示，单节整体式动臂一般为弯曲的外形、箱形的断面，它制造较简单、质量轻、成本较低。

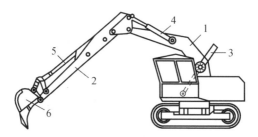

1—单节主动臂；2—加长可调斗杆；3—动臂油缸；
4—斗杆油缸；5—铲斗油缸；
6—反铲斗。

图 11.14　单节整体式动臂

2．双节可调式动臂

如图 11.15 所示，为常见的双节可调式动臂，上下动臂用两个螺栓连接为一体。通过拆卸螺栓，可以将上动臂缩回一个孔或两个孔，再用螺栓固定，就得到较短的动臂。所以，称为双节可调式动臂。

双节可调式动臂可以得到不同的工作参数（挖掘半径、挖掘高度、挖掘深度、卸载半径、卸载高度等），以适应不同的作业工况，可以扩大挖掘机的作业范围，通用性好。例如，上动臂缩回两个孔，换以加长的斗柄，能够较好地完成垂直壁面的挖掘作业，如图 11.16 所示。

反铲斗挖基坑与抓斗比较，作业时不会摆动，操作准确，挖掘的壁面干净，作业效率高。

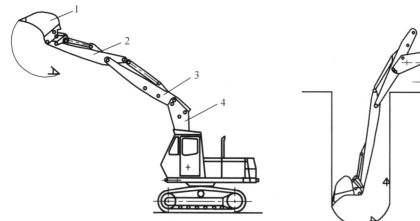

1—挖斗；2—斗柄；3—上动臂；4—下动臂。

图 11.15　装双节可调式动臂的液压挖掘机　　　　图 11.16　反铲斗挖掘基坑

二、工作装置的静载分析与强度计算

反铲是单斗液压挖掘机工作装置的主要形式，其动臂和斗柄通常都采用箱形断面，如图 11.17 所示。

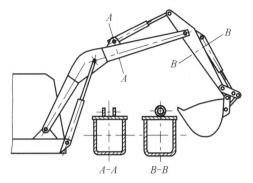

图 11.17 反铲单斗挖掘机动臂和斗柄结构

挖掘力的确定：

单斗液压挖掘机反铲有转动斗柄挖掘和转动挖斗挖掘两种挖掘方式。挖掘机斗齿上的作用力取决于油缸的力及各构件的相对位置，并受限于整机稳定性及行走装置对地面的附着力。

（1）转动挖斗挖掘，挖掘时斗柄油缸和动臂油缸承受反力（见图 11.18）。

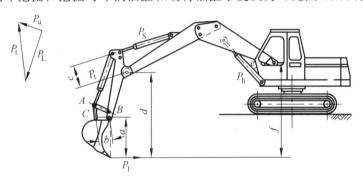

图 11.18 转动挖斗挖掘时受力情况

转斗时斗齿上产生的挖掘力取为 P_1，则

$$P_1 = \frac{P_t b}{a} \tag{11.1}$$

式中　P_t——转斗油缸经由连杆 AC 作用到挖斗上的力，其值可对点 A 用作图法求取。

在力三角形中：P_u——摆杆 AB 承受的拉力；P_L——转斗油缸的推力。为了正常挖掘，应使

$$P_1 d \leqslant P_s c \qquad P_1 f \leqslant P_h e \tag{11.2}$$

$$P_1 \leqslant \frac{P_s c}{d} \qquad P_1 \leqslant \frac{P_h e}{f} \tag{11.3}$$

式中　P_s——斗柄油缸所受压力，由大腔油液闭锁最大油压保证；

　　　P_h——动臂油缸所受压力，由小腔油液闭锁最大油压保证。

（2）转动斗柄挖掘如图 11.19 所示。挖掘时挖斗油缸和动臂油缸承受反力。

转动斗柄时，斗齿上产生的挖掘力

$$P_1 = \frac{P_s c}{d} \qquad\qquad (11.4)$$

式中　　P_s——斗柄油缸推力。

这种情况为了正常挖掘，应使

$$P_1 a \leqslant P_t b \qquad\qquad P_1 f \leqslant P_h e \qquad\qquad (11.5)$$

$$P_1 \leqslant \frac{P_t b}{a} \qquad\qquad P_1 \leqslant \frac{P_h e}{f} \qquad\qquad (11.6)$$

单斗液压挖掘机斗齿作用力的大小和方向在挖掘过程中，随传力构件位置而变。最大挖掘力指额定油压时能发挥的最大斗齿作用力。

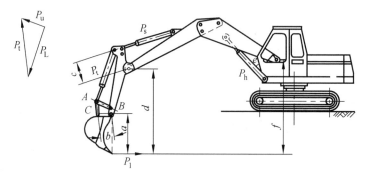

图 11.19　转动斗柄挖掘时受力情况

第十二章 压路机械

第一节 静作用光轮压路机

一、用 途

静作用光轮压路机是借助自身重量对被压材料实现压实的。它可以对路基、路面、广场和其他各类工程的地基进行压实。其工作过程是沿工作面前进与后退进行反复地滚动，使被压实材料达到足够的承受力和平整的表面。

二、分 类

根据滚轮及轮轴数目，自行式光轮压路机可分为：二轮二轴式、三轮二轴式和三轮三轴式3种，如图12.1所示。目前国产压路机中，只生产有二轮二轴式和三轮二轴式两种。

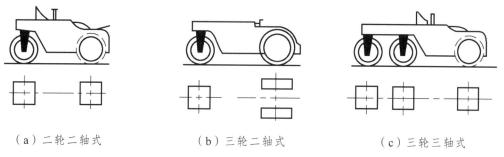

（a）二轮二轴式　　　　　（b）三轮二轴式　　　　　（c）三轮三轴式

图 12.1　压路机按滚轮数和轴数分类

根据整机质量，静作用光轮压路机又可分为轻型、中型和重型3种。轻型的质量为5~8 t，多为二轮二轴式，多用于压实路面、人行道、体育场等。中型的质量为8~10 t，包括二轮二轴和三轮二轴式两种。前者大多数用于压实与压平各种路面，后者多用于压实路基、地基以及初压铺筑层。质量在10~15 t、18~20 t的为重型，有三轮二轴式和三轮三轴式两种。前者用于最终压实路基，后者用于最后压实与压平各类路面与路基，尤其适合于压实与压平沥青混凝土路面。另外，还有质量在3~5 t的二轮二轴式小型压路机，主要用于养护路面、压实人行道等。

第二节 轮胎式压路机

一、用 途

轮胎式压路机是利用充气轮胎的特性对被压材料进行压实。它不但有垂直压实力，还有沿机械行驶方向和沿机械横向都有压实作用的水平压实力。这些力的作用加上橡胶轮胎弹性所产生的"揉搓作用"，产生了极好的压实效果。橡胶轮胎柔曲并沿着轮廓压实，从而产生较好的压实表面和较好的密实性，尤其利于沥青混合料的压实。另外轮胎压路机还可通过增减配重、改变轮胎充气压力，适应压实各种材料。

二、分 类

轮胎式压路机分为拖式和自行式两种。拖式又分为单轴式和双轴式两种：单轴式轮胎压路机即所有轮胎都装在一根轴上，外形尺寸小，机动灵活，用于较狭窄工作面的压实工作；双轴式的所有轮胎分别装在前后两根轴上，多适用在重型和超重型机型，现在应用较少。

自行式轮胎压路机按影响材料压实性和使用质量的主要特征分类如下：

（1）按轮胎的负载情况分类；可分为多个轮胎整体受载、单个轮胎独立受载和复合受载3种。如图12.2（a）所示，在多个轮胎整体受载的情况下，压路机的重力 G 利用不同连接构件，将其重力分配给每个轮胎。当压路机在不平路面上运行时，轮胎的负载将重新分配，其中某个轮胎可能会出现超载现象。在单个轮胎独立受载的情况下，如图12.2（b）中轮胎6、9，压路机的每个轮胎是独立负载。在复合受载的情况下，一部分轮胎独立受载，另一部分轮胎整体受载。

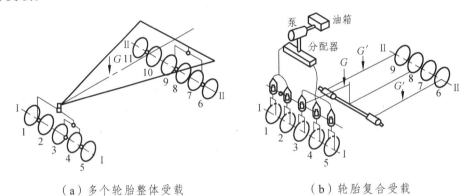

（a）多个轮胎整体受载　　　　（b）轮胎复合受载

Ⅰ-Ⅰ—压路机前轴；Ⅱ-Ⅱ—压路机后轴；1~11—轮胎。

图 12.2　轮胎压路机轮胎受载示意图

（2）按轮胎在轴上安装的方式分类：可分为各轮胎单轴安装、通轴安装和复合式安装 3种。在单轴安装中，如图12.2（b）中的Ⅰ-Ⅰ轴线所示的各轮胎，每个轮胎具有不与其他轮胎轴有连接的独立轴；在通轴安装中，如图12.2（b）中的Ⅱ-Ⅱ轴线的轮胎7、8，几个轮胎是安装在同一根轴上；复合式安装包括单轴独立安装和通轴安装。

（3）按轮胎在轴上的布置分类：可以分为轮胎交错布置［见图12.3（a）］、行列布置［图12.3（b）］和复合布置［图12.3（c）］。在现代压路机中最广泛采用的是轮胎交错布置的方案。

（4）按平衡系统形式分类：可分为杠杆（机械）式、液压式、气压式和复合式等几种。

液压式和气压式平衡系统可以保证压路机在坡道上工作时，其机身和驾驶室保持水平位置。图12.2（a）所示为具有机械平衡系统压路机的行走部分。而在图12.2（b）中Ⅰ-Ⅰ轴线是具有液压平衡系统的结构形式。

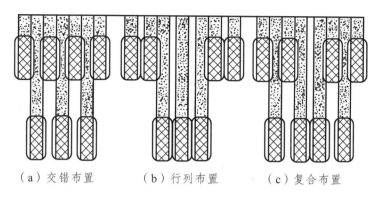

（a）交错布置　　　（b）行列布置　　　（c）复合布置

图 12.3　轮胎压路机轮胎布置示意图

（5）按转向方式分类：可以分为偏转车轮转向、转向轮轴转向和铰接转向 3 种。偏转单车轮和单转向轮轴转向，会引起前、后轮不同的转弯半径，且相差很大，可使前后轮的重叠宽度减小到零，导致压路机沿碾压带宽度压实的不均匀性。前后轮偏转车轮转向、前后轮转向轮轴转向和铰接转向是较先进的结构，在一定条件下，可以获得等半径的转向，可保证压路机在弯道上工作时前后轮具有必要的重叠宽度。但对铰接车架，由于轴距减小会降低压路机的稳定性。

自行式轮胎压路机还可以按传动方式、动力装置形式、操纵系统以及其他特征进行分类。

第三节　振动压路机概述

一、用　途

振动压路机用来压实各种土壤（多为非黏性）、碎石料、各种沥青混凝土等，主要用在公路、铁路、机场、港口、建筑等工程中，是工程施工的重要设备之一。在公路施工中，它多用在路基、路面的压实，是筑路施工中不可缺少的压实设备。

二、分类、特点及适用范围

1．分类、型号

振动压路机可以按照结构质量、结构形式、传动方式、行驶方式、振动轮数、振动激励方式等进行分类，其具体分类如下：

（1）按机器结构质量可分为：轻型、小型、中型、重型和超重型。

（2）按振动轮数量可分为：单轮振动、双轮振动和多轮振动。

（3）按驱动轮数量可分为：单轮驱动、双轮驱动和全轮驱动。

（4）按传动系统传动方式可分为：机械传动、液力机械传动、液压机械传动。

（5）按行驶方式可分为：自行式、拖式和手扶式。

（6）按振动轮外部结构可分为：光轮、凸块（羊脚碾）和橡胶滚轮。

（7）按振动轮内部结构可分为：振动、振荡和垂直振动。其中振动又可分为单频双幅、单频多幅、多频多幅和无级调频调幅。

（8）按振动激励方式可分为：垂直振动激励、水平振动激励和复合激励。垂直振动激励又可分为定向激励和非定向激励。

振动压路机结构形式的分类如表 12.1 所示。

表 12.1　振动压路机结构形式分类

类　别	名　称	类　别	名　称
自行式振动压路机	轮胎驱动光轮振动压路机 轮胎驱动凸轮振动压路机 钢轮轮胎组合振动压路机 两轮串联振动压路机 两轮并联振动压路机 四轮振动压路机	手扶式振动压路机	手扶式单轮振动压路机 手扶式双轮整体式振动压路机 手扶式双轮铰接式振动压路机
拖式振动压路机	拖式光轮振动压路机 拖式凸轮振动压路机 拖式羊足振动压路机 拖式格栅振动压路机	新型振动压路机	震荡压路机 垂直振动压路机

2．规格系列

振动压路机规格系列应符合相关规定，如表 12.2 和表 12.3 所示。

表 12.2　自行式振动压路机规格系列

名　称		基本参数与尺寸														
		轻型					中型		重型			超重型				
工作质量/t		1	1.4	2	2.8	4	5	5	8	10	12	14	16	18	20	22	25
振动轮	直径/mm	400～1 000					800～1 650						>1 500				
	宽度/mm	500～1 300					1 100～2 150						>2 100				
振动参数	振动频率/Hz	33～60					25～60						20～40				
	激振力/kN	14～55					35～250						>150				
	理论振幅/mm	0.3～0.5					0.3～3.4						1.0～4.0				
轴距/mm		1 000～2 500					1 100～3 500						>2 800				
爬坡能力/%		—					>20						—				
最小转弯半径/m		<5					<6.5						<7.5				
最小离地间隙/mm		>160					>250						>365				
最高行驶速度/(km·h⁻¹)		<15					<25						<15				

注：1. 四轮振动压路机的最小离地间隙允许减小 50%；
　　2. 爬坡能力指压路机在不起振状态下。

表 12.3　拖式振动压路机规格系列

名　称		基本参数与尺寸									
		轻型		中型			重型			超重型	
工作质量/t		4	5	6	8	10	12	14	16	18	22	25
振动轮	直径/mm	700～1 300		1 300～1 600			1 600～2 000			≥2 000		
	宽度/mm	1 300～1 700		1 700～2 000			2 000～2 300			≥2 300		
振动系数	振动频率/Hz	20～50										
	激振力/kN	60～400										
	理论振幅/mm	0.8～3.5										
工作速度/(km·h⁻¹)		2～5										

新型振动压路机，例如振荡压路机（特性代号为 YD）和垂直振动压路机等，其结构形式与自行式振动压路机相同。

3．特点及适用范围

振动压路机按结构质量分类情况及其特点和适用范围见表 12.4。

表 12.4　振动压路机结构质量分类表

类　型	项　目		
	机构质量/t	发动机功率/kW	适用范围
轻　型	< 1	< 10	狭窄地方和小型工程
小　型	1～4	12～34	用于修补工程和内槽填土
中　型	5～8	40～65	基层、低基层和面层
重　型	10～14	78～110	用于街道、公路和机场
超重型	16～25	120～188	筑堤用于街道、公路

三、振动压路机结构

1．振动压路机的总体构造

自行式振动压路机一般由发动机、传动系统、操纵系统、行走装置（振动轮和驱动轮）以及车架（整体式和铰接式）等组成。轮胎驱动铰接式振动压路机总体构造如图 12.4 所示。

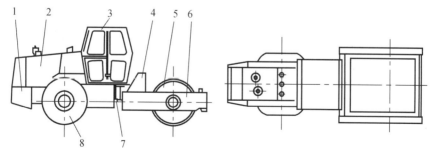

1—后机架；2—发动机；3—驾驶室；4—挡板；5—振动轮；
6—前机架；7—铰接轴；8—驱动轮胎。

图 12.4　轮胎驱动铰接式振动压路机总体构造

轮胎驱动振动压路机振动轮分为光轮和凸块等结构形式。振动轮为凸块结构形式的压路机又称为凸块振动压路机，如图12.5所示。

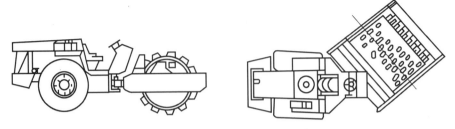

图 12.5　轮胎驱动凸块振动压路机

拖式振动压路机主要有光轮振动压路机、凸块式振动压路机、羊足振动压路机、格栅振动压路机等，如图12.6所示。作业时由牵引车施行作业，牵引车一般用推土机或拖拉机。

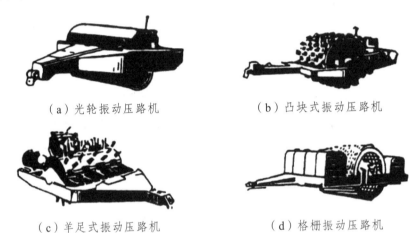

（a）光轮振动压路机　　　　　　　　（b）凸块式振动压路机

（c）羊足式振动压路机　　　　　　　　（d）格栅振动压路机

图 12.6　拖式振动压路机种类

四、振动轮的结构

振动轮的作用是通过振动轮的变频变幅来完成对土壤、碎石、沥青混合料等的压实。振动压路机有单振动轮的，如轮胎驱动光轮振动压路机；也有双振动轮的，如两轮串联振动压路机和两轮并联振动压路机；还有四轮振动压路机（双轴两轮并联式四轮振动压路机）。振动轮随功能不同结构也有所不同。

振动轮按其轮内激振器的结构不同又分为偏心轴式和偏心块式。为适应不同类型的振动压路机对不同被压实材料的密实作用，可以调整偏心轴及偏心块的偏心质量分布和质量大小以改变振幅的大小和振动轮激振力的大小。而振动轮的调频则是通过液压马达或机械式传动改变激振器转速来实现的。

振动轮由钢轮、振动轴（带偏心块）、中间轴、减振器、连接板等组成，其结构如图12.7所示。

振动轮工作时，改变振动轴的旋转方向，使固定偏心块与活动偏心块方向一致叠加或方向相反来改变振动轴的偏心质量（偏心距），从而实现高振幅或低振幅，达到调幅的目的。

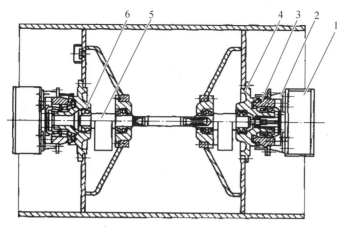

1—连接板；2—减振器；3—支座；4—轴承座；
5—振动轴；6—振动轴承。

图 12.7　振动轮结构

振荡压路机振动轮也是一种偏心块式结构，如图 12.8 所示。它主要由两根偏心轴、中心袖、振荡滚筒、减振器等组成。动力通过中心轴、同步齿轮传动，驱动两根偏心轴同步旋转产生相互平行的偏心力，形成交变力矩使滚筒产生振荡。

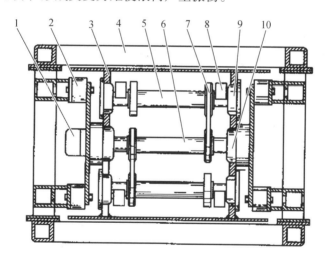

1—振荡马达；2—减振器；3—振荡滚筒；4—机架；5—偏心轴；
6—中心轴；7—同步齿形带；8—偏心块；
9—偏心轴轴承座；10—中心轴轴承座。

图 12.8　振荡压路机振动轮结构

垂直振动压路机振动轮的激振器是由两根带偏心块的偏心轴构成的。与振荡压路机振动轮不同的是，两根偏心轴只产生垂直方向的振动力，在水平方向相对安装，反向旋转，水平方向的偏心力相互抵消。偏心轴式振动轮可实现多级变幅，其偏心质量分布在偏心轴全长度上，通过调整转动偏心轴与固定偏心轴（或偏心块）的不同转角，可得到不同的偏心力矩，从而实现调幅功能。图 12.9 所示的是常用的一种套轴调幅机构。

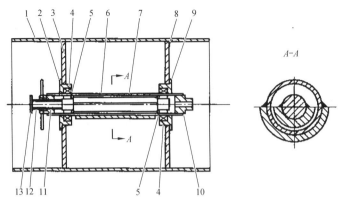

1—轮圈；2—左轴承座；3—左辐板；4—振动轴承；5—铜套；
6—外振动偏心轴；7—内振动偏心轴；8—右辐板；
9—右轴承座；10—花键；11—花键套；
12—弹簧；13—挡板。

图 12.9　套轴调幅机构

这种机构由外振动偏心轴、内振动偏心轴、辐板、花键、挡板等构成。外振动偏心轴 6 通过铜套 5 或轴承支承在内振动偏心轴 7 上。外振动偏心轴 6 通过振动轴承 4 安装在左、右辐板上。外振动偏心轴 6 轴端内花键和内振动偏心轴 7 轴端外花键，通过一个带有内外花键套 11 连接起来。振动马达通过花键 10 驱动外振动偏心轴 6、花键套 11 和内振动偏心轴 7 旋转产生激振力。

调节工作振幅时，握住花键套 11 上的手柄，向左拉出，压缩弹簧 12，直至花键套 11 的外花键与外振动偏心轴 6 的内花键脱开，此时，花键套 11 的内花键始终与内振动偏心轴 7 的外花键啮合，旋转手柄带动内振动偏心轴与外振动偏心轴 6 的内花键恢复啮合状态。改变内外振动偏心轴上偏心块相对夹角（位置），则会改变振动轮振幅。调幅的挡位取决于花键套 11 的外花键的齿数，一般取齿数的一半。

除此之外，如图 12.10 所示为一种水银变幅式振动轮的激振装置。它是由振动轴、水银槽、偏心块等组成。水银槽、偏心块与振动轴组装成一体，水银槽内装入定量的水银后封死。当振动轴正反两个方向旋转时，水银槽内的水银在离心力作用下台集中在槽的两端，由于偏心块是固定的，这样就会产生不同的偏心质量和偏心力矩，从而达到变幅的目的。

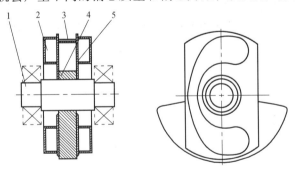

1—振动轴；2—水银槽；3—加强柱；4—偏心块；5—固定板。

图 12.10　水银式变幅激振装置

振动轮钢轮随不同使用功能其结构形式也多种多样，有光面钢轮的，也有凸块面钢轮、羊足面钢轮、格栅面钢轮和多棱面钢轮等。

第十三章 岩石破碎及骨料加工设备

第一节 骨料加工概述

骨料（见图13.1），即在混凝土中起骨架或填充作用的粒状松散材料。骨料作为混凝土中的主要原料，在建筑物中起骨架和支撑作用，粒径大于 4.75 mm 的骨料称为粗骨料，俗称石。常用的有碎石及卵石两种。碎石是天然岩石或岩石经机械破碎、筛分制成的，粒径大于 4.75 mm 的岩石颗粒。卵石是由自然风化、水流搬运和分选、堆积而成的、粒径大于 4.75 mm 的岩石颗粒。卵石和碎石颗粒的长度大于该颗粒所属相应粒级的平均粒径 2.4 倍者为针状颗粒；厚度小于平均粒径 0.4 倍者为片状颗粒（平均粒径指该粒级上、下限粒径的平均值）。建筑用卵石、碎石应满足国家标准 GB/T 14685—2001《建筑用卵石、碎石》的技术要求。

粒径 4.75 mm 以下的骨料称为细骨料，俗称砂。砂按来源分为天然砂、人工砂两类。天然砂是由自然风化、水流搬运和分选、堆积形成的、粒径小于 4.75 mm 的岩石颗粒，但不包括软质岩、风化岩石的颗粒。天然砂包括河砂、湖砂、山砂和淡化海砂。人工砂是经除土处理的机制砂、混合砂的统称。

（a）粗骨料　　　　　　　　　　　　　　　（b）细骨料

图 13.1　骨料

在进行人工骨料生产时需要借助破碎机械和筛分机械进行骨料加工，将石料厂开采出来的形状大小不规则的石料加工成符合生产建设要求的骨料。本章将主要概述破碎机械的工作原理、设备结构简介以及相关选型方法。

设备选型一般应考虑如下原则：

（1）选用的设备应考虑设备对原料岩性（岩石的强度、可破性、磨蚀性等）的适应性，并满足给料粒径的要求。设备的类型、规格、数量应满足产品的质量和产量要求，若有多种满足要求的设备可供选择，通过技术经济比较后确定。

（2）主要设备选型计算，一般可考虑适当的负荷系数，不应考虑整机备用。同一作业的设备尽量选用同一规格、型号及同一厂商，以简化机型，方便维修。

（3）大型砂石加工厂应选用与生产规模相适应的大型设备，但同一作业的设备数量不宜少于两台。

（4）尽量选用便于操作，工作可靠，节省投资、能耗及其他消耗低，以及能降低运行管理费用的设备。

砂石加工厂常用破碎机类型、特点及适用范围如表 13.1 所示。

表 13.1　常用破碎机类型、特点及适用范围

序号	类型	特点	适用范围
1	颚式破碎机	主要形式有双肘简单摆动和复杂摆动两种。 优点：结构简单，工作可靠，外形尺寸小，自重较轻，配置高度低，进料口尺寸大，排料口开度容易调整，价格便宜。 缺点：衬板容易磨损，产品中针片状含量较高，处理能力较低，一般需配置给料设备	能破碎各种硬度岩石，广泛用作各型砂石加工系统的粗碎设备。小型颚式破碎机也可用作中碎设备
2	旋回破碎机	一般有重型和轻型两类，其动锥的支承方式又分普通型和液压型两种。 优点：处理能力大，产品粒型好，单位产品能耗低，大中型机可挤满给料，无须配备给料机。 缺点：结构复杂，外形尺寸大，机体高，自重大，维修复杂，土建工程量大。价格昂贵，允许进料尺寸小，大中型机要设排料缓冲料仓	重型适于破碎各种硬度岩石，轻型适于破碎中硬以下岩石。一般用作大型砂石加工系统的粗碎设备，小型机也可作为中碎
3	颚式旋回机	具有颚式破碎机进料口大、旋回破碎机处理能力高的优点，但不宜破碎坚硬和韧性大的岩石	可用作中硬岩石的粗碎设备，应用较少
4	圆锥破碎机	有标准、中性、短头 3 种破碎腔，弹簧和液压两种支承方式。 优点：工作可靠，磨损轻，扬尘少，不易过粉碎。 缺点：结构和维修都复杂，机体高，价格昂贵	适用于各种硬度岩石，是各型砂石系统中最常用的中、细碎设备
5	反击式破碎机	有单转子和双转子，单转子又有可逆和不可逆式，双转子则有同向和异向转动等形式。砂石加工系统常用单转子不可逆式破碎机。 优点：破碎比大，产品细，粒型好，产量高，能耗低，结构简单。 缺点：板锤和衬板容易磨损，更换和维修工作量大，扬尘严重，不宜破碎塑性和黏性物料	适用于破碎中硬岩石，用作中碎和制砂设备，目前有些大型设备也可用于粗碎
6	锤式破碎机	有单转子、双转子、可逆和不可逆式，锤式铰接和固定式，单排、双排和多排圆盘等形式。砂石系统常用的是单转子、铰接、多排圆盘的锤式破碎机。 优点：破碎比大，产品细，粒形好，产量高。 缺点：锤头易破损，更换维量大，扬尘严重，不适于破碎含水率在 12% 以上和黏性的物料	适用于破碎中硬岩石，一般用于小型砂石系统细碎，目前在大、中型砂石系统中使用较少
7	棒磨机	有端部边孔排料型和中间周边排料型两种。中间周边排料型由两端轴孔进料，中间边孔排料，产品中粉较少，效率高，是砂石加工最常用的机型。 优点：结构简单、操作方便、设备可靠、产品粒形好、粒度分布均匀、级配的规律、质量稳定等。对岩石适应性强。 缺点（与立破相比）：常规为湿法生产，进料粒度小，产量低、电耗高、用水量大、钢耗高、建筑安装费用高等	适用于各种软硬石料制砂，是 20 世纪 70—90 年代主要制砂设备。目前主要用于与立轴破联合生产，调整成品砂的细度模数、级配及石粉含量

第二节　骨料加工设备

一、颚式破碎机

（一）颚式破碎机结构与工作原理

颚式破碎机，俗称老虎口，由活动颚板和固定颚板等两块颚板以及两侧的颊板组成破碎腔，是一种模拟动物的两颚运动而完成物料破碎作业的破碎机。其破碎原理如图 13.2 所示。

颚式破碎机构
原理视频

图 13.2　颚式破碎机破碎原理

颚式破碎机主要由机体、定颚、颊板、电动机、动颚部、肘板、调节装置、拉紧装置等零部件组成，其结构如图 13.3 所示。

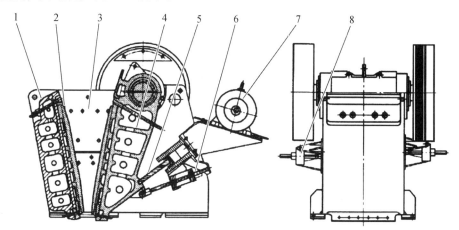

1—机体；2—颚板；3—颊板；4—动颚；5—肘板；6—拉紧装置；
7—电动机；8—调节装置。

图 13.3　颚式破碎机破碎结构

（二）颚式破碎机的分类

颚式破碎机从发明到现在已有 100 多年历史，主要有以下几种类型：

1. 简摆颚式破碎机和复摆颚式破坏机

按动颚运动轨迹分为两类：简摆颚式破碎机和复摆颚式破碎机。

简摆颚式破碎机，有两根轴和两块肘板，其中一根是偏心轴，由电动机带动，动颚向定颚做往复运动，物料由此发生挤压破碎，破碎后的物料靠自重排出破碎机。如图 13.4（a）所示。

复摆颚式破碎机，有一根偏心轴和一块肘板，旋转的偏心轴带动动颚，使动颚向定颚往复运动，运动轨迹从上到下由圆向椭圆变化，物料除受到挤压破碎外，还受到一种向下掏的力，这样物料除自重作用排出破碎腔外，这种下掏力也加快了物料的通过速度。如图 13.4（b）所示。

简摆颚式破碎机的优点在于衬板磨损远远小于复摆颚式破碎机，除此之外，其他方面都劣于复摆，如生产能力低，设备重量大。因此，复摆颚式破碎机基本上已经取代了简摆颚式破碎机。

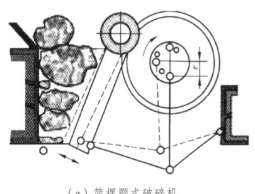 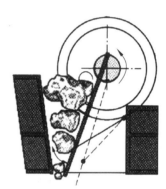

（a）简摆颚式破碎机　　　　　　　　（b）复摆颚式破碎机

图 13.4　简摆和复摆颚式破碎机

2．振动颚式破碎机

振动颚式破碎机是由机架、两个对称布置的动颚、不平衡振动器、颚板弹性悬挂装置等主要部件构成。颚板吊挂在机架上，一对不平衡振动器用电动机驱动做相对转动。不平衡振动器的传动装置与动颚弹性连接，可减少传动装置及其轴承上的冲击载荷。柔和的振动阻尼性能好，无动负荷传到底座，不须配各大型基础，适合安装在露天矿可移动式破碎机组和井下破碎机洞室。

3．颚旋式破碎机

颚旋式破碎机是基于标准旋回破碎机开发的。将旋回破碎机一侧给料口封闭，另一侧给料口加大。给料口通常装有带齿衬板，并与上机架一起形成了初碎区。初碎后的物料在破碎腔下部被进一步破碎，以达到所要求的粒度。颚旋式破碎机具有颚破与旋回两段破碎的功能，比同等规格的旋回破碎机可以处理更大的物料，因此颚旋式破碎机具有更大的破碎比，并且在给料区域不易堵塞。图 13.5 为蒂森克虏伯生产的颚旋式破碎机照片。

图 13.5　蒂森克虏伯生产的颚旋式破碎机

4．外动颚低矮颚式破碎机

北京矿冶研究总院开发的新型外动颚低矮颚式破碎机如图

13.6 所示，其动颚与定颚的位置与传统复摆颚式破碎机正好相反，动颚和偏心轴分别位于破碎腔及定颚两侧，由电动机经三角皮带驱动偏心轴，通过边板将偏心轴的转动传到外侧的动颚上，使动颚进行周期性摆动。落入动颚和可调颚组成的破碎腔中的物料受挤压、劈裂和弯曲作用而被破碎，由排料口排出。动颚和连杆的分离，使连杆的运动已不再约束动颚的运动特性，只要改变机构参数，就可调整动颚运动轨迹，从而获得理想动颚运动特性，使动颚水平行程大，垂直行程小，破碎效率高，衬板磨损少。

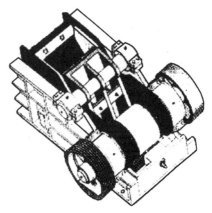

图 13.6　外动颚低矮颚式破碎机

5. 双腔颚式破碎机

以两个同步反向相对运动的双动颚取代了复摆颚式破碎机单动颚，以推力板为负倾角的主体铰接四杆机构替代正倾角结构。增加动颚水平行程，提高破碎力。采用深破碎腔、变啮角、高转速、大动量的传动等措施，使该机具有处理能力高、破碎比大、能耗低、衬板磨损小的优点。如图 13.7 所示。

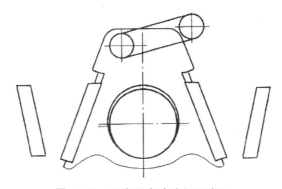

图 13.7　双腔颚式破碎机示意图

二、旋回破碎机

旋回破碎机主要适用于粗碎作业，属于粗碎机，破碎中等和中等硬度以上的各种矿石和岩石。旋回破碎机适宜于生产量较大的工厂和采料场中使用。旋回破碎机的优点是：破碎过程是沿着圆环形破碎腔内连续进行，因此生产率高，电耗低，工作平稳，适于破碎片状物料。从成品粒度组成中，超过出料口宽度的物料粒度小，数量也少，粒度比较均匀。此外，原始物料可以从运输工具直接倒进入料口，无须设置喂料机。

旋回破碎机主要由架体定锥、主轴动锥、水平小齿轮轴、油缸活塞 4 部分组成，如图 13.8 所示。

旋回破碎机的工作原理：旋回破碎机工作时，电动机带动水平小齿轮轴旋转，通过伞齿轮带动主轴动锥作偏心旋转，偏心旋转的动锥与定锥沿圆周方向进行一开一合的运动，经上部进入物料由此发生破碎，一开一合的距离称为偏心距，由偏心套决定；动锥与定锥最小的距离称为紧边排矿口，排矿口的大小可以通过油缸活塞的上下运动进行调整。旋回破碎机工作原理如图 13.9 所示。

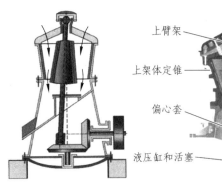
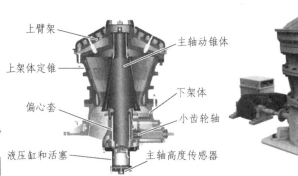

上臂架
上架体定锥
偏心套
液压缸和活塞

主轴动锥体
下架体
小齿轮轴
主轴高度传感器

图 13.8　旋回破碎机的结构与实物图

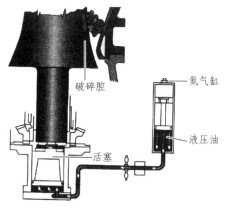

破碎腔

氮气缸

液压油

活塞

图 13.9　旋回破碎机工作原理

旋回破碎机构造
原理视频

三、圆锥破碎机

（一）圆锥破碎机的结构与工作原理

因破碎机的种类繁多，各个厂家生产的结构均有所不同，本节仅介绍比较典型的圆锥破碎机。

国内某厂生产的 CC 系列单缸液压圆锥破碎机（见图 13.10），其主要分为上机架部件、主轴总成、下机架部件、小齿轮轴总成、偏心组件及液压缸总成。所有零件均从上部维护，如更换动锥衬板和定锥衬板十分方便，仅需将上下机架的连接螺栓拆除即可更换动定锥衬板。

圆锥破碎机
构造原理视频

图 13.10　圆锥破碎机

调整齿轮侧隙往往在更换衬板时调整，将偏心组件吊起后在大齿轮架下端增加垫圈即可。

图 13.11 所示的 CC 系列单缸液压圆锥破碎机，具有超大的入料粒度，能够更好地适应二段破碎。其下机架绝大部分零件与标准系列的可以互换，大大降低用户的维护成本。

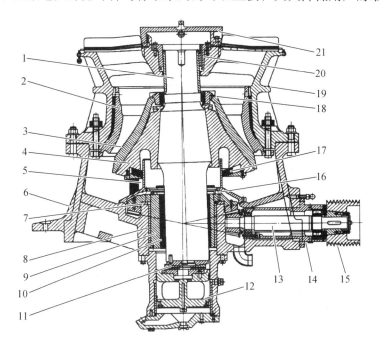

1—主轴；2—定锥衬板；3—动锥衬板；4—动锥体；5—防尘罩；6—下机架；
7—耐磨盘；8—下机架衬套；9—偏心套；10—偏心铜套；11—止推轴承；
12—活塞；13—传动轴；14—传动轴承座；15—皮带轮；
16—挡板；17—防尘圈；18—顶部螺母；
19—上机架；20—臂架衬套；
21—臂架帽。

图 13.11　CC 系列单缸液压圆锥破碎机（一）

圆锥破碎机的工作原理是：电动机通过皮带或联轴器带动传动轴转动，而安装在传动轴上的小锥齿轮将带动大锥齿轮，通过大锥齿轮的转动而带动偏心部件的旋转。而偏心部件的轴线与大锥齿轮的转动中心轴存在一定的夹角，偏心部件带动动锥将绕着齿轮的转动中心做锥面运动，这种运动叫进动运动，也叫旋回运动。

（二）圆锥破碎机的分类

自从圆锥破碎概念提出来，人们就从两个方向研究开发圆锥破碎机，第一个方向是，调整定锥上下运动，从而调整排料口的大小；第二个方向是，调整动锥上下运动，从而调整排料口的大小。两个方向研究发展的成果就是现在的两大类圆锥破碎机：单缸液压圆锥破碎机和多缸圆锥破碎机。图 13.12 和图 13.13 分别展示了 CC 系列两种不同种类的圆锥破碎机的结构。

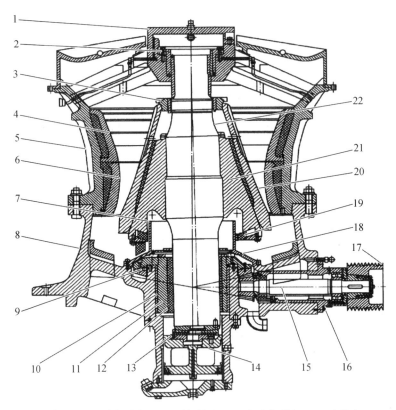

1—臂架帽；2—臂架衬套；3—顶部螺母；4—上定锥衬板；5—上机架；

6—下定锥衬板；7—防尘罩；8—下机架；9—耐磨盘；

10—下机架衬套；11—偏心套；12—偏心铜套；

13—止推轴承；14—活塞；15—传动轴；

16—传动轴承座；17—皮带轮；

18—挡圈；19—防尘圈；

20—动锥衬板；

21—动锥体；

22—主轴。

图 13.12　CC 系列单缸液压圆锥破碎机（二）

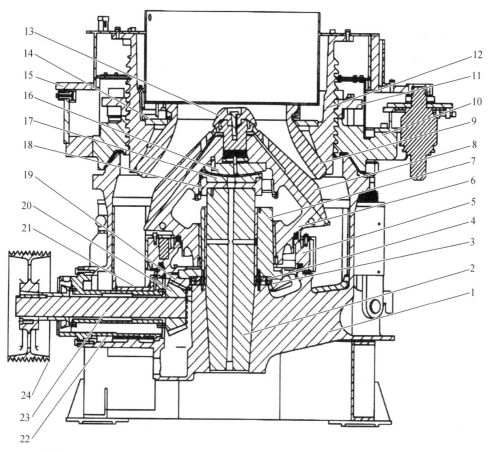

1—机架；2—主轴；3—下推力轴承；4—上推力轴承；5—配重；6—动锥体；7—偏心套；
8—动锥衬板；9—定锥衬板；10—调整环；11—锁紧环；12—定锥；13—分料盘；
14—适配盘；15—驱动环；16—动锥球体；17—球面瓦；18—球面瓦架；
19—大齿轮；20—小齿轮；21—护板；22—水平轴架；
23—水平轴；24—皮带。

图 13.13　CC 系列多缸液压圆锥破碎机

复习思考题

1-1　推土机的作业阻力有哪些？

1-2　举出常见的几种土方工程机械。

1-3　简述静作用光轮压路机与振动压路机之间的差别。

1-4　简述骨料的作用。

1-5　简述常见的几种骨料加工设备。

第十四章 大型养路机械

第一节 清筛机

清筛机构造
原理视频

一、清筛机概述

道碴清筛机是用来清筛道床中道碴的作业机械。它将脏污的道碴从轨枕底下挖出，进行筛分后，将清洁道碴回填至道床，将筛出的污土清除到线路外。随着清筛机械的发展，道碴清筛机的功能不断增多，如可用清筛机进行垫砂、铺土工纤维布等作业。本节主要介绍 RM80 型清筛机，并简要介绍 RM76 型清筛机的特点。

二、清筛机的分类

（一）按作业条件分类

1．封锁线路作业式清筛机

封锁线路作业式清筛机作业时需要中断运输，即"开天窗"。根据清筛机作业时是否在轨道上行进，可以将其划分为以下两种形式。

（1）大揭盖式清筛机。大揭盖式清筛机作业是在拆除轨排后的道床上进行的，如国产 TDs-1 型大揭盖式道碴清筛机。

（2）轨行式清筛机。轨行式清筛机作业时不需拆除轨排，清筛是在轨道上运行的过程中完成的。如：奥地利的普拉塞-陶依尔公司 RM76、RM80 型全断面道碴清筛机，国产 QQs-300 型中型清筛机。

2．不封锁线路作业式清筛机

不封锁线路作业式清筛机是利用列车运行间隔时间进行清筛作业的，这类清筛机主要是国产小型枕底单（双）边清筛机。

（二）按机械功能分类

1．全断面清筛机

清筛机作业时，一次对道床全部断面上的道碴进行清筛，如 EM76、EM80 及 QQs-300型等。

2．边坡清筛机

清筛机只能清筛道床两边边坡部分的道碴，如美国克肖公司 c93 型道床边坡清筛机。

（三）按挖掘机构形式分类

1．耙链式清筛机

2．犁铲式清筛机

3．斗轮式清筛机

（四）按机器生产率（道碴处理量）分类

1．大型清筛机，生产率 > 500 m^3/h

2．中型清筛机，生产率为 300 ~ 500 m^3/h

3．小型清筛机，生产率 < 300 m^3/h

三、清筛机的组成与工作原理

（一）全断面道碴清筛机的组成

普拉塞-陶依尔公司制造的 RM80 型全断面道碴清筛机，如图 14.1 所示。清筛机一般由动力装置、车体、转向架、工作装置和操纵控制系统等组成。

RM80 型全断面道碴清筛机采用前方弃土式总体布置的设计方案。车架安装在两台带动力驱动的转向架上。车架平台上两端设有前、后驾驶室"1""2"和前、后机房。驾驶室内装有用于行驶、作业操纵的各种控制仪表、元件等。机房内安装着由柴油发动机、主离台器、弹性联轴器、万向传动装置、分动齿轮箱等组成的动力传动系统。车架中部设有道床挖掘装置、道碴筛分装置、道碴分配回填装置及污土输送装置。车架下则装有举升器、起拨道装置、左右道碴回填输送带、后拨道装置和道碴清扫装置等。气、液、电控制系统的管道与线路布置在车架的主梁上。

RM80 型清筛机采用两台双轴动力转向架。清筛机走行由液压马达驱动，通过操纵控制，可实现清筛作业低速走行和区间运行。车辆采用空气制动系统。

动力装置选用两台德国 DECTZ 公司制造的 BFl2L513C 型风冷柴油机。前发动机为机器作业或运行提供动力，还为所有输送带、液压油缸提供动力；后发动机除同样为作业及运行提供动力外，还为驱动挖掘链、振动筛等机构提供动力。

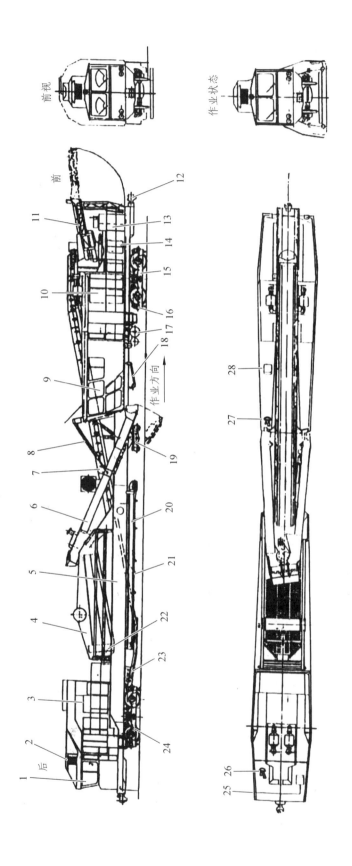

1—后驾驶室"2"；2—空调装置；3—后机房；4—筛分装置；5—车架；6—挖掘装置；7—主污土输送带；8—液压系统；9—前驾驶室"1"；10—前机房；11—回转污土输送带；12—车钩；13—油箱；14—工具箱；15—转向架；16—车轴齿轮箱；17—气动元件；18—举升装置；19—起拨道装置；20—道碴回填输送带；21—后拨道装置；22—道碴导向装置；23—道碴清扫装置；24—前动装置；25—后司机座位；26—后双音报警喇叭；27—前双音报警喇叭；28—前司机座位。

图 14.1　RM80 型全断面道碴清筛机

RM80 型道碴清筛机的前驾驶室"1"内的运行操作司机座位布置在走行方向的左侧,作业司机座位面对挖掘装置水平导槽,作业时司机通过窗户可监控挖掘、清筛、回填等作业的全过程。后驾驶室"2"内的运行操作司机座位同样布置在走行方向的左侧,操作人员通过后机房走道可到工作平台上观察控制道碴筛分、导流、回填等作业。驾驶室密封、隔声,司机前、侧方有带刮雨器的大玻璃窗,司机视野宽阔。驾驶室设有冷暖空调,司机操作舒适安全。

RM76 型全断面道碴清筛机的构造与 RM80 型基本相同,区别是它仅有一台柴油发动机。因此,它比 RM80 型的挖掘深度和生产率都小。另外,RM76 型全断面道碴清筛机的水平导槽的加长节较多,串联起来可使清筛机的挖掘宽度从 4 m 增加到 7.74 m,能适应道岔区,进行清筛作业。

(二)全断面道碴清筛机的工作原理

RM80 型轨行式全断面道碴清筛机是内燃机驱动、全液压传动的大型线路机械。

这类机器利用挖掘链的扒指切割道床上的道碴与道碴振动筛分的原理来工作。清筛机作业时,机器在线路轨道上低速行驶通过穿过轨排下部、呈五边形封闭的挖掘链,靠扒指将道碴挖起并经导槽提升到筛分装置上。脏污道碴通过振动筛的筛分后,符合标准、清洁的道碴,经道碴溜槽、导板及回填输送带回填到线路上。碎碴及污土经主污土输送带、回转污土输送带输送到线路两侧或卸到污土车上。

RM80 型与 RM76 型全断面道碴清筛机的主要技术性能见表 14.1。

表 14.1 全断面道碴清筛机主要技术性能

项目	主要技术参数		单位	机型	
				RM80	RM76
总体性能	生产率		m³/h	650	550
	柴油机	型号	DEUTZ 公司	BF12L513C	BF12L513C
		功率	kW	2×348	333
		转速	r/min	2 300	2 150
总体性能	车钩中心距轨面高度		mm	880±10	880±10
	台车中心距		mm	2 300	19 500
	转向架轴距		mm	1 830	1 830
	车轮直径		mm	900	900
	轨距		mm	1 435	1 435
	通过最小曲线半径	运行	m	180	180
		作业	m	250	250
	机械质量		t	88	68
	外形尺寸	长度	mm	31 346	27 340
		宽度	mm	3 150	3 150
		高度	mm	4 740	4 650

项目	主要技术参数	单位	机型	
			RM80	RM76
运行速度	清筛作业	m/h	0~1 000	0~500
	区间自行	km/h	0~80	0~80
	联挂列车	km/h	≤100	≤100
挖掘装置	形式		五边形封闭耙链式	
	功率	kW	277	175
	挖掘深度（轨面下）	mm	1 000	900
	挖掘宽度	mm	4 030~5 030	4 000~7 740
筛分装置	振幅	mm	9.5（双）	6
	振动频率	Hz	（12）19	（10）16
	筛网有效面积	m²	25	21
	筛网层数	层	3	3
	驱动功率	kW	43	30
	筛孔尺寸（上/中/下）	mm	75/45/25	75/45/25
	最大筛分能力	m³/h	650	440

三、清筛机工作装置

（一）挖掘装置

RM80 型清筛机挖掘装置安装在两台转向架间的车体中部，主要功用是将脏污道碴挖掘出来，并提升和输送到振动筛上。挖掘装置是清筛机的主要工作机构之一。

如图 14.2 所示，挖掘装置由驱动装置、挖掘链、水平导槽、提升导槽、护罩、下降导槽、调整油缸、拢碴板、防护板及道碴导流总成等组成。

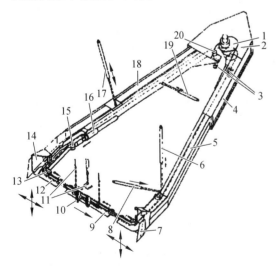

1—驱动装置；2—护罩；3—导槽支框；4—道碴导流总成；5—提升导槽；6—提升导槽垂直油缸；7—拢碴板；8—提升导槽水平油缸；9—水平导槽；10—挖掘链；11—起重装置；12—弯角导槽；13—下角滚轮；14—防护板；15—中间角滚轮；16—张紧油缸；17—下降导槽垂直油缸；18—下降导槽；19—下降导槽水平油缸；20—上角滚轮。

图 14.2　RM80 型挖掘装置

清筛机运行时，挖掘链在水平导槽与弯角导槽连接处断开，提升导槽和下降导槽分别被提升并放置到车体两侧，用链条锁紧。水平导槽被安放到车体下部的举升器上。

　　清筛机作业时，将水平导槽放到预先在道床下挖好的基坑中，提升导槽和下降导槽由车体两侧下放到相应位置，用起重装置将水平导槽吊起与两弯角导槽连接牢固。通过张紧油缸调整链条松紧后，挖掘链才能进行挖掘作业。

　　（二）筛分装置

　　RM80 型清筛机的筛分装置采用双轴直线振动筛，其功用是：对从道床上挖掘出来的道碴进行筛分。筛分后，振动筛上合乎标准粒度的道碴，经道碴回填分配装置回填到道床上，筛下的碎石、砂与污土，由污土输送装置装入污土车或被抛弃到线路限界以外。

　　筛分装置安装在挖掘装置与后驾驶室之间的车架上。它的下部安装有道碴分配装置、道碴回填输送带和污土输送带等部件。

　　筛分装置包括：双轴直线振动筛和振动筛支承、导向、水平调整装置。

　　1．双轴直线振动筛

　　双轴直线振动筛由筛箱、筒式激振器、筛网、道碴导流装置、溜槽和后箱壁等部件组成（见图 14.3）。

　　双轴直线振动筛激振器的工作原理，如图 14.3 所示。两偏心块质量 $m_1 = m_2$，其回转时的离心力 $F_1 = F_2 = F$。当两偏心块作同步反向回转时，在各瞬间位置，离心力沿 K 向（振动方向）的分力总是相互叠加。在与 K 向相垂直的方向上，离心力的分力总是互相抵消。因此，形成单一的沿 K 向的激振力，驱动筛机作直线振动。在 1、3 位置时，激振器产生的离心力相互叠加，激振力为 $2F$，2、4 位置时，离心力完全抵消，激振力为零。由干激振器与筛面呈 45° 倾角，所以筛箱的振动方向角（振动方向线与水平面的夹角）也是 45°。筛网上的道碴受振动后小于筛孔孔径的碎碴、砂及污土透筛，从而完成筛分工作。

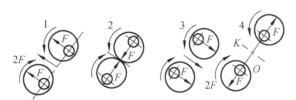

图 14.3　双轴直线振动筛激振器工作原理

　　该机采用筒式激振器，用长形偏心轴，其优点是：高度小，振动筛不必另设横梁，故筛箱质量轻；激振力沿整个筛宽均匀分布，安装精度容易保证。

　　2．振动筛支承、导向及调整装置

　　振动筛支承、导向及调整装置的作用是：支承振动筛，将筛机上的作用力传递到机架主梁上；在曲线地段作业时，使筛面始终保持横向水平位置；振动筛工作时，为筛箱的运动导向；当振动筛停止工作时导向装置可使振动筛尽快越过共振区。

　　振动筛支承、导向与调整装置的构造，如图 14.4（a）所示。它由两根纵向管梁 6、振动筛支架 10、导向板 1、橡胶垫板 2 和两组液压油缸 8 等零部件组成。振动筛支承在支架 10

的弹簧座上。导向装置由导向板 1 和橡胶垫板 2 组成。

振动筛工作时，筛箱沿导向板上下做直线振动，其激振力通过弹簧减振后传递到支架 10 的弹簧座上，然后再经支架 10 两端的液压油缸 8 传到机架上。

清筛机在曲线地段作业时，外轨超高使机器产生倾斜。为了保证振动筛筛面横向的水平位置，需要对振动筛支承装置进行调整。调整工作是将置于外轨侧的支承液压油缸 8 的活塞杆缩回，以保证筛面保持横向水平状态。

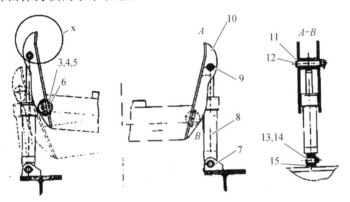

3、14—垫圈；4—螺栓；5、9—螺母；6—纵向管梁；7—开口销；
8—液压油缸；10—振动筛支架；11—销轴套；
12、13—销轴；15—支座。

图 14.4（a） 振动筛支撑、导向及调整装置

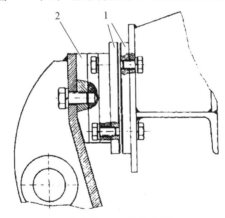

1—导向板；2—橡胶垫圈。

图 14.4（b） 振动筛支撑、导向及调整装置（局部）

（三）道碴回填分配装置

经过筛分后的清洁道碴从振动筛末端左右两通道落下后，通过道碴回填分配装置，重新回填到道床上。道碴回填分配装置由左、右侧道碴分配板和左、右道碴回填输送装置等两大部分组成。左、右侧道碴分配板用于分配清洁的道碴，即分配直接落到道床上或落到回填输送带后再撒落到道床上的道碴量；左、右道碴回填输送装置将落到输送带上的清洁道碴输送到挖掘链后，并均匀地撒布到两钢轨外侧的道床上。回填的清洁道碴离枕下未挖掘的脏污道碴距离不大于 1 500 mm。

1．左、右侧道碴分配板

左、右侧道碴分配板安装在振动筛分装置末端，振动筛中、下层筛网与后箱壁间，左、右两侧道碴流动通道的下方。流动通道的下方呈方形漏斗状，下部设有一个由液压油缸控制的轴，轴上固定着 α 形道碴分配板。当操纵液压阀使油缸活塞杆动作时，通过摇臂使轴转动，从而带动 α 形道碴分配板，以改变漏斗下方流向轨道和输送带的落碴量。

2．道碴回填输送装置

（1）道碴回填输送带。道碴回填输送带是通用型带式输送机，如图 14.5 所示，它由输送带 1、驱动滚筒 3、改向滚筒 9、托辊 7、张紧装置 4、清扫器 5、机架 6 和挡板 15 等组成。左、右两条输送带构造相同，机架做对称安装布置。

（2）输送带摆动装置。回填的道碴需要均匀地撒布到道床上，它由输送带摆动装置来完成。道碴回填输送带摆动装置如图 14.6 所示。

（3）自动控制机构。左、右道碴回填输送带作业时，可以固定不动，也可以摆动。摆动时，靠自动控制机构来实现。输送带摆动自动控制机构，如图 14.7 所示。

摆动自动控制机构是靠感应开关，控制液压电磁换向阀实现自动操纵道碴回填输送带左右摆动的。

四、污土输送装置

污土输送装置的功用是将振动筛筛出的污土卸到机器前或邻线的污土车中，或直接抛弃到线路外。污土输送装置包括：主污土输送带、输送装置支架和回转污土输送带等。

回转污土输送带作业时，距轨面最大高度 4 800 mm，最大抛土距离距轨道中心线 5 500 mm。

（一）主污土输送带

主污土输送带以与水平方向 13° 倾角布置在振动筛下和前驾驶室上方，全长约 21.07 m（见图 14.8）。它在构造上与道碴回填输送带基本相同，如图 14.8 所示，由驱动滚筒 1，改向滚筒 18，托辊 7、9、12、15，张紧装置 2、19，清扫器 4、11 等组成。主污土输送带中有几种与道碴回填输送带不同的部件。

（二）输送装置支架

主污土输送带下段支架靠输送装置支架与机器主梁连接起来。输送装置支架是用结构件组装的，它用前、后支架及中间吊架 40 支承在主梁上。输送装置支架两侧焊有 V 形槽板和侧边板，使振动筛下产物全部落到主污土输送带上。支架下部呈漏斗状，接收来自筛上斜槽孔中超粒度的道碴。支架上部斜溜槽板位于挖掘装置提升导槽导流排碴孔的下面，只要导流排碴孔打开。挖掘出的道碴将全部通过主污土输送带弃掉。

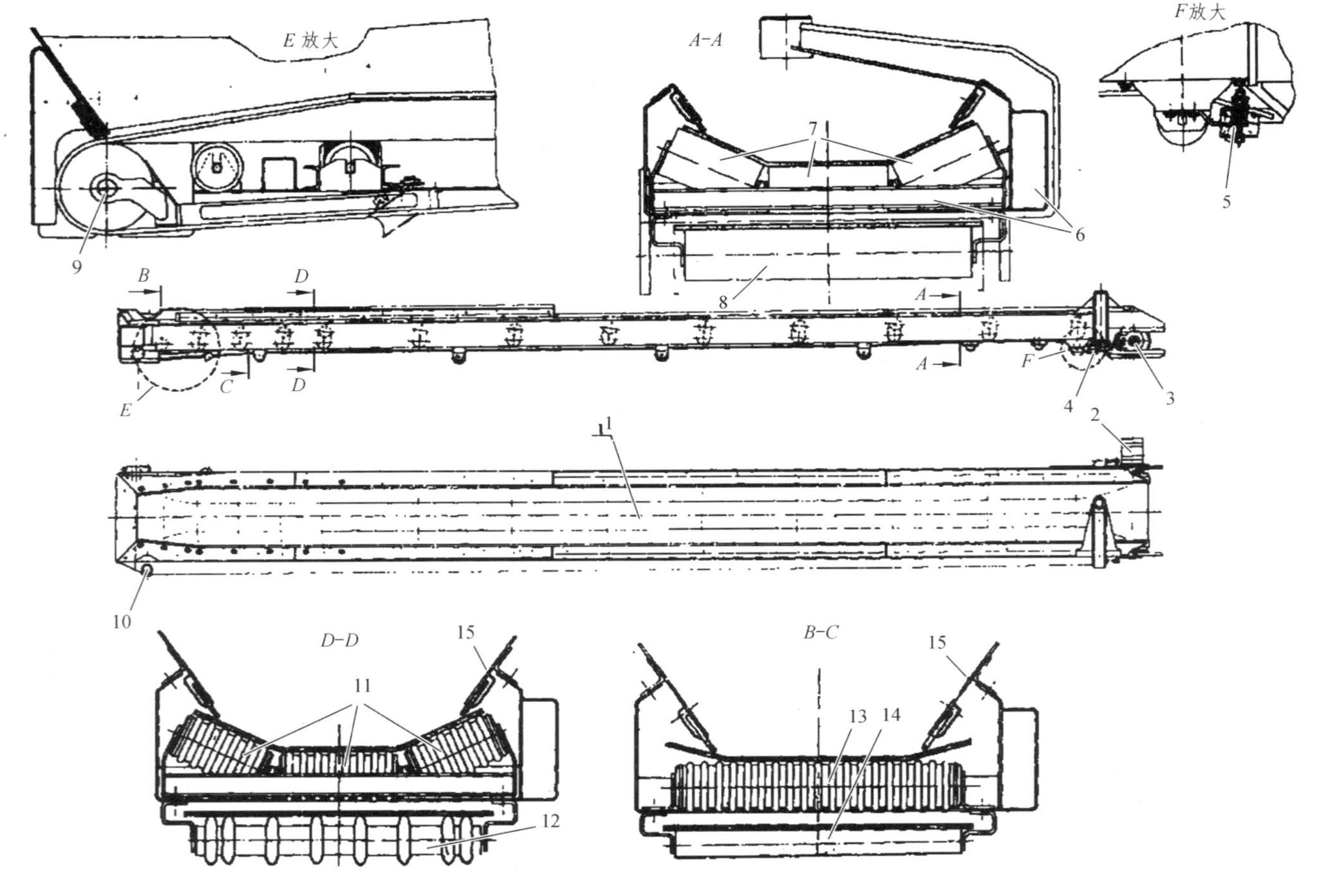

图 14.5 道碴回填输送带

1—输送带；2—液压马达；3—驱动滚筒；4—张紧装置；5—清扫器；6—机架；7—槽形托辊；8、14—平形托辊；9—改向滚筒；10—回转吊底；11—橡胶圈式缓冲槽型上托辊；12—橡胶圈式缓冲平型上托辊；13—橡胶圈式缓冲平形上托辊；15—挡板。

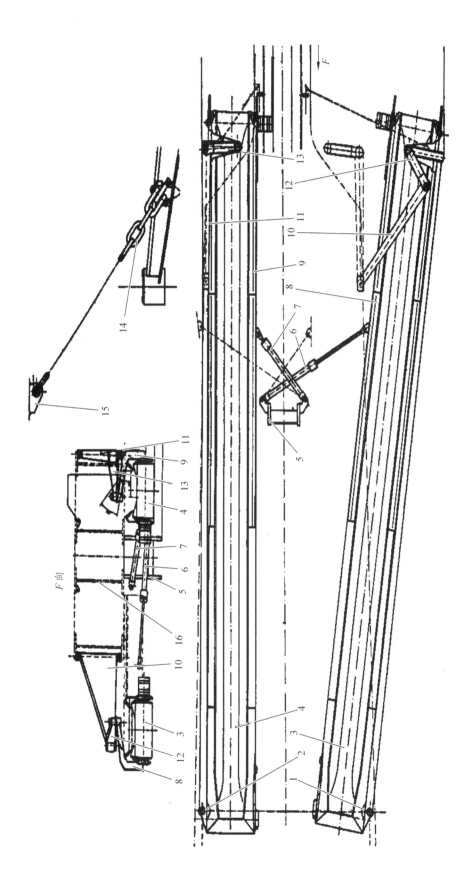

图 14.6　输送带摆动装置

1、2—左、右摆动中心吊座；3、4—左、右道碴回填输送带；5—悬挂支架；6、7—左、右摆动油缸；8、9—左、右摆动支架；10、11—左、右摆臂；12、13—左、右立杆；14—限位安全链条；15—链吊耳座；16—主梁。

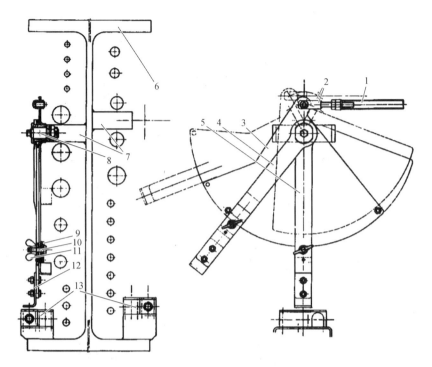

1—拉杆；2—连接叉；3—扇形板；4、5—调控板；6—主梁；7—支座；
8—销轴；9—止动盘；10—螺杆；11—蝶形螺母；
12—感应角板；13—感应开关。

图 14.7 输送带摆动自动控制机构

（三）回转污土输送装置

回转污土输送装置安装在机器前部车架上方。清筛机运行时，它被折叠收放在车架平台前，并锁住，清筛机作业时，液压油缸将其撑起并回转到所需的弃土位置。

回转污土输送装置包括：回转污土输送带、支承回转装置和定位锁紧机构等。

五、起、拨道装置

起、拨道装置的功用是减少挖掘阻力和避开障碍物，它包括前起、拨道装置和后拨道装置两部分。前起、拨道装置紧靠在挖掘装置水平导槽后；后拨道装置在后转向架前，它将拨过的轨道放回原位或指定位置。

RM80 型清筛机起、拨道装置的最大起道力为 140 kN，最大拨道力为 72 kN，作业时最大起道量为 250 mm，最大拨道量为 ±300 mm。起、拨道量由标尺和指针显示。

（一）前起、拨道装置

起、拨道装置如图 14.9 所示，它由起道和拨道两部分组成。

1．起道装置

起道装置包括起道油缸 10、支承轴 12、中梁 6、导向柱 23、侧梁 18、前夹钳装置 4、后夹钳装置 3 及其支承连接件等。起道油缸 10、轴承支架 27 固定在主梁上；油缸活塞杆通

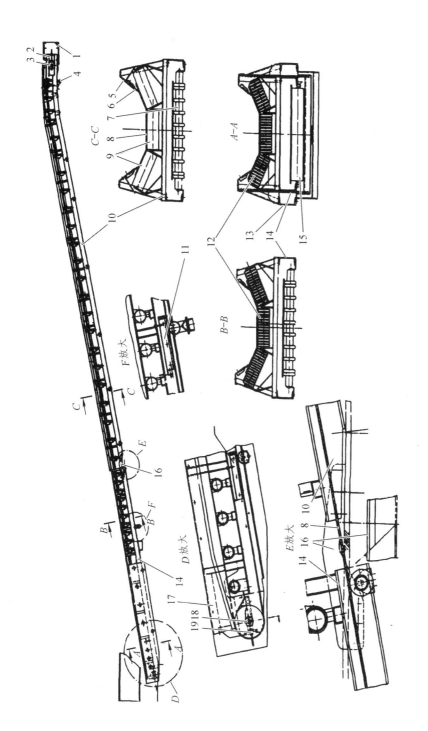

1—驱动滚筒；2、19—螺旋张紧装置；3—卸料护罩；4—弹簧清扫器；5—导料槽板；6—刮板；7—胶圈缓冲下托辊；
8—输送带；9—槽型托辊；10—上段支架；11—空段清扫器；12—槽型胶圈缓冲托辊；13—支承吊架；
14—下段支架；15—平行下托辊；16—支架连接筋板；17—头部导料槽；18—改向滚筒。

图 14.8 主污土输送带

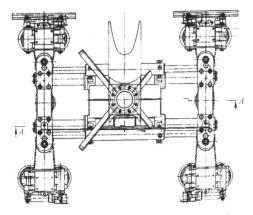

（a）俯视图

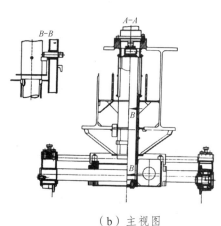

（b）主视图

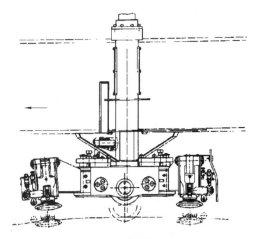

（c）侧视图

1—橡胶板；2—支架；3—后夹钳装置；4—前夹钳装置；5—拨道油缸；6—中梁；7—挡铁；
8—拨道尺；9—压条；10—起道油缸；11、13—销；12—支承轴；14—罩；15—挡块；
16—连接板；17—双头螺栓；18—侧梁；19—垫圈；20、30—张力垫圈；
21、29—防尘圈；22、28—衬套；23—导向柱；24—压盘；
25—异形板；26—筋板；27—轴承支架；31—轴承垫圈；
32—调整螺栓；33—螺母；34—隔套；35—销轴；
36—轴承套；37—支承环；38—轴承；
39—尼龙圈；40—拨道轮。

图 14.9　起、拨道装置

过销 11 与支承轴 12 铰接。因此，支承轴 12 可在轴承支架 27、衬套 28 内上下运动。支承轴 12 用压盘 24 固定在中梁 6 内，中梁 6 上有两根水平放置的导向柱 23，导向柱 23 两端分别用垫圈 19 及螺栓固定着左、右两侧梁 18，侧梁 18 两端又用活塞销轴安装着前夹钳装置 4 和后夹钳装置 3。

起道作业时，首先前后夹钳装置的夹钳滚轮张开，起道油缸 10 的活塞杆下降，夹钳滚轮闭合夹住轨头；然后进行起道作业，即使起道油缸 10 的活塞杆上升，带动支承轴 12、中梁 6 前后导向柱 23、左右侧梁 18、前后夹钳装置 4、3 以及夹钳滚轮夹持的左、右两条钢轨一同提起，完成起道作业。

起道量由挡块 15 来限制。起道作业前应拉出锁定销 13。

2．拨道装置

拨道装置靠固装在中梁上的拨道油缸 5 及安装在左、右侧梁 18 中部的两拨道滚轮 40 来完成安装。两拨道滚轮轮缘内距为 1 435 mm。

拨道油缸 5 是双杆活塞油缸，当活塞在油缸体内左、右移动时，其一端伸出，另一端缩回。由于拨道油缸体固定在中梁上，所以活塞杆伸出端顶着这边侧梁 18、拨道轮 40 一起向线路中心的一侧移动；另一侧由于导向柱的连接也带动向这一侧移动。结果将轨道向活塞杆伸出端拨动一段，最大拨道量等于活塞杆的最大行程。

（二）后拨道装置

安装在后转向架前的拨道装置，如图 14.10 所示。它由气动升降机构、液压拨道机构和安全保险器 3 部分组成。

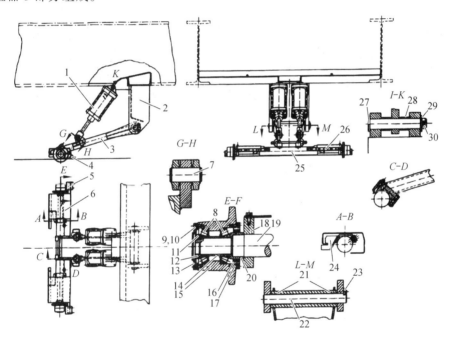

1—气缸；2—安装支架；3—拨道机构支架；4—清扫器；5—盖；6—罩；7、22、27—销；
8—轴承；9—内六角螺钉；10—弹簧垫圈；11—锁紧垫片；12—螺母；
13—滚轮端盖；14、20、28—隔套；15—滚轮；16—密封圈；
17—滚轮轴端盖；18—支承板；19—活塞杆；21—衬套；
23—锁板；24—指示板；25—拨道油缸；
26—刻度尺；29—垫圈；30—开口销。

图 14.10　拨道装置

第二节　捣固车

捣固车是机、电、液、气为一体的机械，采用了大量的先进技术，如电液伺服控制技术、自动检测技术、微机控制技术、激光准直等。本节将以 D08-32 型捣固车为例简要介绍抄平起拨道捣固车的作用、工作原理以及工作过程。D08-32 型捣固车如图 14.11 所示。D08-32 捣固车主机是由两轴转向架、专用车体和前、后司机室、捣固装置、夯实装置、起拨道装置、检测装置、液压系统、电气系统、气动系统、动力及动力传动系统、制动系统、操纵装置等组成。附属设备有材料车、激光准直设备、线路测量设备等。

捣固车构造
原理视频

1—后司机室；2—中间车顶；3—高低检测弦线；4—油箱；5—柴油机；6—前司机室；
7—D 点监测轮；8—分动箱；9—传动轴；10—方向检测弦线；11—液力机械变速箱；
12—起拨道装置；13—C 点检测轮；14—夯实器；15—捣固装置；16—转向架；
17—δ 点检测轮；18—材料车；19—A 点检测轮；20—激光发射器。

图 14.11　D08-32 捣固车

一、捣固车概述

捣固车用在铁道线路的新线建设、旧线大修清筛和运营线路维修作业中，对轨道进行拨道、起道抄平、石碴捣固及道床肩部石碴的夯实作业，使轨道方向、左右水平和前后高低均达到线路设计标准或线路维修规则的要求，提高道床石碴的密实度，增加轨道的稳定性，保证列车安全运行。

捣固车可以单独进行起拨道抄平作业或是捣固作业。但是为了提高作业质量，一般情况都是拨道、起道抄平、捣固作业同时进行，即综合作业。

D08-32 型捣固车有 32 个捣固镐头，可以同时捣固两根轨枕，作业走行是步进式，为多功能的线路捣固车。D08-32 型捣固车是目前应用最广泛的一种捣固车。由于它结构先进，功能齐全，近年来得到世界各国铁路工务部门的使用。

D08-32 型捣固车作业条件如表 14.2 所示。

D08-32 型捣固车主要结构参数如表 14.3 所示。

D08-32 型捣固车主要技术性能如表 14.4 所示。

表 14.2　D08-32 型捣固车作业条件

项　目	作业条件	项　目	作业条件
钢轨/（kg/m）	50，60，75	线路最大坡度	33‰
轨枕	木枕或混凝土枕轨	作业最小曲线半径/m	120
道床	碎石道床	运行最小曲线半径/m	100
作业线路	单线或间距 4 m 及以上的复线和多线	最大海拔高度/m	1 000
特殊环境	可在雨天和夜间及风沙、灰尘严重的情况下作业	环境温度/°C	−10～＋40
轨距/mm	1 435	环境湿度	平均70%
线路最大超高/mm	150		

表 14.3　D08-32 型捣固车主要结构参数

项　目	参　数	项　目	参　数
总长/mm	约为 24 180	空载总质量/t	46
总宽/mm	3 050	空载前转向架轴质量/t	10
总高/mm	约为 3 285	空载后转向架轴质量/t	10.25
心盘距/mm	11 000	空载材料车轴质量/t	5.5
转向架轴距/mm	1 500	负载后质量/t	60
材料掣肘至后转向架中心/mm	5 800	负载前转向架轴质量/t	10
轮径/mm	840	负载后转向架轴质量/t	14
车轮中心高/mm	距轨面 880±10	负载后材料车轴质量/t	12
车轮内侧距/mm	1 353±2		

表 14.4　D08-32 型捣固车的主要技术性能

项目	性能及参数	项目	性能及参数
自行最高速度/（km/h）	80（双面）	横向水平作业精度/mm	±2
允许挂运速度/（km/h）	100	纵向高低作业精度	4 mm（直线 10 m 距离两测点间高差）
空气制动形式	排风制动，一次缓解，缓解时间＜10 s	拨道作业精度	±2 mm（16 m 弦 4 mm 距离两点正矢最大差值）
单机紧急制动距离/m	≤400（以 80 km/h 运行）	起道顺坡率	≤0.1%
作业效率/（m/h）	1 000～1 300	测量系统测量精度/mm	1
作业时最大起道量/mm	150	柴油机型号	KHDF12L413F
作业时最大拨道量/mm	±150	柴油机功率/kW	235
捣固深度/mm	570（由轨顶向下）		

二、捣固车的工作原理和工作方式

1．捣固车工作原理

铁路轨道是行车的基础设备，轨道由钢轨、软枕、联结件、道床及道岔等组成。轨道起着对机车车辆运行导向的作用，并直接承受车轮传来的压力。道床是出粒径为 20～70 mm 的碎石组成的散体结构。道床的作用很多，用来传布轨枕荷载于路基上，阻止软枕纵、横向移动，保持轨道的正确位置，增加轨道弹性，排除轨道中的雨水。

捣固车作业的对象是道床，由于道床是碎心石组成的散粒体结构，所以轨道产生方向和水平偏差的主要原因是列车往复作用下道床产生残余变形。而消除轨道的左、右水平和前后高低偏差，主要是通过调整道床来实现。据统计在日常线路维修作业中。捣固、起道、拨道作业约占全部线路维修作业量的 70%。

D08-32 捣固车采用单弦检测轨道方向，双弦检测轨道的前、后高低。由于铁路曲线半径都是很大的，现场无法用实测半径的方法来检查曲线圆顺。通常是利用曲线半径、弦长、正矢之间的几何关系，用一定长度的弦线测量曲线正矢的方法，来检查线路曲线的圆顺。人工用这种方法来检查整正曲线的圆顺称为绳正法。捣固车上线路方向的检测也是运用绳正法的基本原理，用电液位置伺服系统自动整正线路方向，达到整正曲线的目的。在 D08-32 捣固车上把这一自动检测拨道系统，称为单弦检测拨道系统，也有的捣固车采用双弦检测拨道等不同的检测方法。

2．捣固车工作方式

使轨道在水平面内向左或是向右进行拨动，称为拨道作业。其目的是为了消除线路方向偏差，使曲线圆顺、直线直。捣固车进行拨道作业时，拨道量的大小及方向，是由安装在捣固车上的线路方向偏差检测装置测出的，经电液伺服控制的拨道机构自动地进行拨道作业，在直线和圆曲线地段不需要人工参与。

线路水平包括线路横向水平和纵向水平。纵向水平检测装置和横向水平检测装置同时进行测量，起道量要考虑横向水平偏差和纵向水平偏差，使起道作业后的线路轨道的前、后、左、右都处在同一平面内，符合线路维修规则的要求。通常又把这一作业过程称为起道抄平作业。

三、捣固车工作装置介绍

D08-32 型捣固车的工作装置包括捣固装置、夯实装置和起拨道装置。

捣固装置用于捣固钢轨两侧的枕底道碴，提高枕底道碴的密实度，并与起拨道装置相配合，消除轨道的高低不平，增强轨道的稳定性；夯实装置作用于道床肩部，通过夯实道床肩部的石碴来提高道床的横向阻力，增加轨道的稳定性；起拨道装置作用于钢轨头部，使轨排产生位移，结合捣固作用，恢复轨道的几何尺寸，提高轨道的平顺性。

这 3 套工作装置可以同时工作，对线路进行捣固、夯实、起拨道综合作业。也可以单独进行捣固或是起拨道作业，但在单独捣固作业时，为了提高捣固质量应有适当的起道量。所以，在一般情况下，捣固装置和起拨道装置是同时工作的。

四、捣固装置

（一）捣固装置结构介绍

捣固装置是捣固车的主要工作装置。D08-32 型捣固车有两套捣固装置，左右对称地安装在捣固车的中部。每套捣固装置装有 16 把捣固镐，每次可以同时捣固两根轨枕，因此，又称为双枕捣固装置。

左右两套捣固装置能同步捣固两根轨枕，也能单独使用左右任一个捣固装置，捣固轨枕的左右任一端道床。

捣固装置除了振动夹持动作外，还能垂直升降和横向移动。升降和横移的控制，由各自独立的自动控制机构来完成。

捣固装置的工作对象是碎石道床，工作环境恶劣，振动零部件容易损坏。因此，捣固装置是捣固车日常维修保养的重点部位。它的大修周期短，修理技术复杂，全面了解捣固装置的结构原理，正确的操纵和维修保养，对延长捣固装置的使用寿命是非常重要的。

双枕捣固装置是从单枕捣固装置发展起来的一种结构先进的偏心连杆摇摆振动、异步夹持式捣固装置。

我国引进技术之后生产的捣固装置如图 14.12 所示，主要由箱体、捣固臂、捣固镐、偏心轴、飞轮、内外夹持油缸、捣固镐夹持宽度调整机构、液压系统和润滑系统等组成。

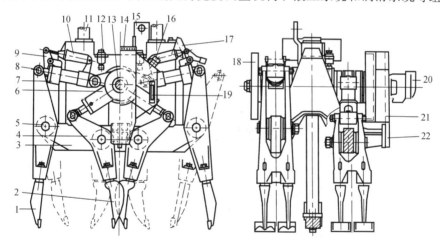

1—外镐；2—内镐；3—箱体；4—内捣固臂；5—销轴；6—内侧夹持油缸；7—外侧夹持油缸；
8—销轴；9—加宽块；10—气缸；11—导向柱；12—油杯；13—偏心轴；14—注油嘴；
15—悬挂吊板；16—加油口盖；17—油管接头集成块；18—飞轮；
19—油位表；20—油马达；21—油箱；22—固定支架。

图 14.12　双枕捣固装置

1. 箱　体

箱体的功能是安装偏心振动轴和夹持油缸等零部件，传递捣固时的道床反作用力至车架。

箱体用钢板和铸钢件组焊，焊后进行低温退火处理，如图 14.13 所示。箱体中部为偏心振动轴的主轴箱，两侧是升降导向套，导向套的上下两端压装铜套和组合密封，上面中央有升降油缸的活塞杆铰接轴承座，下部有安装捣固臂的销轴孔，孔内压装铜套，悬挂吊耳用于在捣固车运行时悬挂并锁住捣固装置。

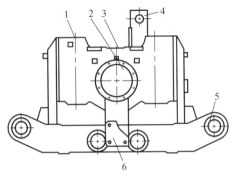

1—导向套；2—通气孔罩；3—铰接轴承座；

4—吊耳；5—铜套；6—支架。

图 14.13　箱体

2．偏心振动轴

偏心轴是捣固装置的重要零件，功能是驱动连杆（夹持油缸），使捣固镐产生振动。偏心轴采用 40CrNiMoa 合金结构钢锻造，机械加工后经过表面淬火或是整体氮化处理，装配关系如图 14.14 所示。偏心轴的中部为主轴颈，左主轴颈上安装单列圆柱滚子轴承 2 和单列向心轴承 3，右主轴颈上装有圆柱滚子轴承，该轴承是通过轴承套 4 装到箱体上。圆柱滚子轴承主要承受捣固时振动夹持产生的径向载荷，单列向心球轴承主要承受轴向载荷，并使偏心轴在轴向定位。

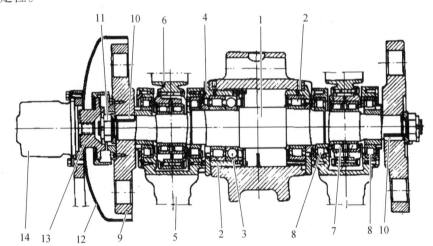

1—偏心轴；2—短圆柱滚子轴承；3—单列向心球轴承；4—轴承套；5—内侧夹持双耳油缸；

6—内侧夹持单耳油缸；7—短圆柱滚子轴承；8—短圆柱滚子轴承；

9—飞轮；10—平键；11—螺母；12—飞轮防护罩；

13—弹性联轴器；14—油马达。

图 14.14　振动偏心轴的组装图

在偏心轴的两端各装一个飞轮 9，用来增大偏心轴的转动惯量，使偏心轴运转稳定。当振动阻力较小时，飞轮将多余的能量储存起来；当振动阻力增大时，飞轮释放出能量，从而减少偏心轴的驱动功率。飞轮通过键 10 与偏心铀连接，再用防松螺母 11 压紧。在偏心轴的驱动端飞轮上装有橡胶联轴器 13 与油马达轴相接。

3．夹持油缸

夹持油缸的主要功用有两点：

一是连杆传动作用。当偏心轴转动时，由于偏心距的作用使套在偏心轴颈上的内侧夹持油缸产生往复运动，如同内燃机的连杆，推拉内侧捣固臂以中间销轴为支点摆动，使内侧捣固臂产生强迫摇摆振动。同时与内侧夹持油缸连接的外侧夹持油缸也同样产生往复运动，使外侧捣固臂也产生强迫摇摆振动。

另一功用是夹持作用。当要进行夹持动作时，改变夹持油缸内的油液压力，则在夹持油缸内的活塞两端形成作用力差，使活塞移动，这时活塞杆除了起连杆作用外还要推或拉捣固臂作较大幅度的摆动，通过镐头实现对道床石碴的夹持作用。

按照安装位置，夹持油缸可以分为内侧夹持油缸和外侧夹持油缸两种。

（1）内侧夹持油缸：内侧夹持油缸由缸体、活塞、活塞杆、缸盖、导向套、密封件等组成。

内侧夹持缸体的结构形状有双耳和单耳两种形式，如图 14.15 所示。内侧夹持油缸内径 93 mm，缸筒内表面经过滚压加工，硬度高，而且耐磨。油缸的大耳环内装有与偏心轴颈连接的短圆柱滚子轴承，油缸的小耳环是连接外侧夹持油缸的销轴孔。

（a）单耳内侧夹持油缸体　　（b）双耳内侧夹持油缸体

图 14.15　内侧夹持油缸体

单耳油缸的轴承安装如图 14.16 所示，两个单列向心短圆柱滚子轴承通过轴承套 2，装在耳环内，轴承套用螺钉固定在耳环上，外装轴承盖 3。两个轴承之间有隔离环 8。

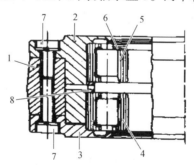

1—单耳环；2—轴承套；3—轴承盖；
4、5—轴承；6—活动平挡圈；
7—螺钉；8—隔离环。

图 14.16　单耳油缸轴承的安装

内侧夹持油缸的活塞杆组装如图 14.17 所示，活塞为整体式，采用高强度铸铁制造，活塞采用钢活塞环 5 密封。活塞与活塞杆用热装配，这样省去了密封件，并提高了活塞与活塞杆的装配同轴度。为了防止活塞转动，用定位销 3 与活塞杆固定，再用螺钉 2 紧固。为了防止螺钉松动，螺钉拧紧后再用紧固螺钉 1 固定。活塞杆导向套是插件式，用锡青铜制造，内装有 Y 形密封 8，外侧装有防尘圈 9，以防活塞杆运动时把杂质、灰尘及水带到密封区，而损坏密封装置。导向套与油缸内径用 O 形圈固定密封。

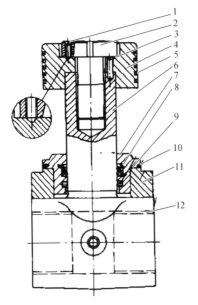

1—紧固螺钉；2—螺钉；3—定位圆柱销；4—活塞；
5—活塞环；6—活塞杆；7—导向套；
8—Y 形密封圈；9—防尘圈；
10—O 形圈；11—缸盖；
12—耐磨衬套。

图 14.17　内侧夹持油缸的活塞杆的组装

（2）外侧夹持油缸：外侧夹持油缸如图 14.18 所示，它由缸体、活塞、活塞杆、缸盖、导向套、密封件等组成。

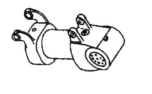

（a）单耳油缸

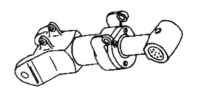

（b）双耳油缸

图 14.18　外侧夹持油缸

外侧夹持油缸的缸体为圆形，用 25GrMo 合金钢铸造，缸筒内径 75 mm，表面经硬化加工处理，在缸体上焊有安装气缸的支架。外侧夹持油缸的缸体以安装形式分为双耳和单耳两种。单耳油缸缸体的销轴孔内装有聚四氟乙烯耐磨衬套，与内侧双耳夹持油缸铰接。

内外侧夹持油缸的单、双耳缸体通过铰接的方式连接，从油马达驱动端看，右内侧夹持油缸与左外侧夹持油缸铰接；左内侧夹持油缸与右外侧夹持油缸铰接。所以内外侧夹持油缸是连体振动，其振幅和频率相等。

外侧夹持油缸的活塞杆结构与内侧夹持油缸的活塞杆相同，图 14.19 为外侧夹持油缸的活塞杆组装。活塞同样为整体式，采用高强度铸铁制造。由于外侧夹持油缸工作压力高，所以活塞密封采用两道导向环和一道组合密封圈。

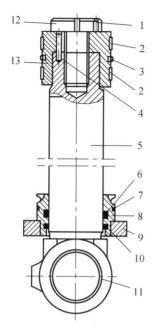

1—紧定螺钉；2—导向环；3—组合密封；4—定位圆柱销；
5—活塞杆；6—组合密封；7—O形圈；8—导向套；
9—缸盖；10—防尘圈；11—耐磨衬套；
12—螺钉；13—活塞。

图 14.19　外侧夹持油缸的活塞杆组装

导向环为浮动型，用聚四氟乙烯石墨制成带状，装在活塞两端外圆的矩形截面沟槽内，侧向保持有间隙，导向环可以在沟槽内移动，并有 45° 斜开口。导向环的主要功用是保持活塞与缸筒的同轴度，并承受活塞的侧向力，并具有以下优点：

① 摩擦副同轴度好，圆周间隙均匀；

② 磨损后更换方便；

③ 低摩擦系数，$f \leqslant 0.1$；

④ 承载能力强，能承受 25 ~ 30 MPa 的压力；

⑤ 能刮掉杂质，防止杂质嵌入组合密封圈；

⑥ 使用寿命长。

4．捣固镐夹持宽度调整机构

在外侧夹持油缸上部安装捣固镐夹持宽度调整机构，如图 14.20 所示，主要参数如表 14.5 所示，它由气缸、宽度调整块和销轴等组成。气缸体用铝合金制造，质量轻。气缸用销轴 2 与夹持油缸体上的支架铰接。为了减少油缸振动力对气缸的作用，在气缸的安装销孔中装有橡胶减振圈 6。捣固镐夹持宽度调整块 4 为整体铸造或是组焊，调整块与夹持油缸盖上的支架铰接，另一端由销轴 3 与活塞杆铰接。气缸动作时调整块以销轴 5 为中心转动，使宽度调整块 4 放入或是离开外侧夹持油缸的端部。

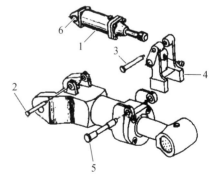

1—气缸；2、3、5—销轴；
4—夹持宽度调整块；
6—橡胶减振圈。

图 14.20　捣固镐夹持宽度调整机构

表 14.5　夹持油缸的主要参数

类　型	参　数				
	活塞直径/mm	活塞杆直径/mm	活塞行程/mm	小腔油压力/MPa	大腔油压力/MPa
外侧夹持油缸	75	60	135（100）	15	9～6.5
内侧夹持油缸	93	50	62	14	4.5

5．捣固臂

捣固臂的作用是安装捣固镐，传递振动力和夹持作用力。

内外捣固臂的结构相同，只是形状和长短不同。外捣固臂较长，内捣固臂短，如图 14.21 所示。捣固臂的下端有两个斜度 1：19.8（莫氏 6 号）的锥孔，用于安装捣固镐。为了防止捣固镐在工作中转动，锥孔内设计有键槽或者紧固螺钉。为了便于镐头拆卸，在捣固臂上设计有安装楔铁的槽孔。在捣固臂的中部有摆动中心销孔，通过销轴与支架铰接，上端的销孔与夹持油缸的活塞杆耳环铰接。

（a）外捣固臂　　　（b）内捣固臂

图 14.21　捣固臂

捣固臂与摆动中心销轴的组装如图 14.22 所示，销轴采用稀油液润滑，为了防止润滑油外泄，在支架两侧的铜套 5 外面安装具有端面密封性能的碟形密封盘 4，销轴与铜套之间有耐磨套 8，耐磨套用优质碳素钢制造，表面渗碳处理。

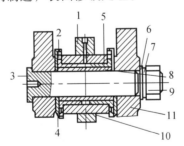

1—润滑油口；2—碟形密封；3—销轴；
4—碟形密封盘；5—铜套；6—垫圈；
7—弹簧垫；8—耐磨套；9—螺母；
10—支架；11—捣固臂。

图 14.22　捣固臂与销轴的组装

销轴与捣固臂采用过盈配合，装配时必须把孔加热安装。拆卸时使用专用液压拔销工具将连接销轴端部的螺孔打出销轴。为防止销轴松动，用螺母将销轴紧固。捣固臂与夹持油缸的铰接如图 14.23 所示。

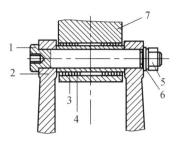

1—销轴；2—捣固臂；3—钢套；
4—耐磨套；5—螺母；6—垫圈；
7—夹持油缸。

图 14.23　捣固臂与夹持油缸的铰接

6．捣固镐

捣固作业时捣固镐插入道床把振动力和夹持力作用于道碴。由于道床是散粒体结构，它的物理机械性能很复杂，捣固镐在插入道床的瞬间要承受很大的下插冲击力，振动夹持过程中要承受振动力和夹持弯矩。因此，要求捣固镐具有足够的强度、耐冲击、耐磨损、安装可靠、更换容易。

捣固镐由镐柄、镐身和镐头 3 部分构成，如图 14.24 所示。捣固镐以镐身形状不同可以分为直镐和弯镐两大类，直镐装在外侧捣固臂上，弯镐装在内侧捣固臂上。普通捣固镐采用冲击韧性较高的高强度合金钢整体模锻。弯镐一般采用 40crMnMo，直镐采用 45Mn2，模锻后镐头及镐身部分经表面硬化处理，在镐头的外边缘堆焊耐磨材料，提高捣固镐的耐磨性，延长使用寿命。

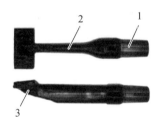

1—镐柄；2—镐身；3—镐头。

图 14.24　捣固镐的组成

为了进一步提高捣固镐的使用寿命，捣固镐头和镐身可采用不同的材料分开制造。镐头采用特殊耐磨合金材料制造，镐身和镐柄整体模锻，镐柄加工好后再把镐头焊接在搞身上或是用螺钉固定在镐身上，镐头磨损后能更换，比整体模锻捣固镐的使用成本低。

捣固镐的镐柄锥度采用 DlN254 标准 1∶19.8（莫氏 6 号），与捣固臂的下端锥孔相配合安装。采用锥面配合的优点是：接触面积人，承载能力高，捣固时的道床反作用力会使锥面配合更加牢固，卸镐时分离迅速。为了防止在工作中捣固镐转动，镐柄与锥孔之间用平键连接，并用螺钉紧固。

捣固镐的表面和边缘易受到磨损，其磨损的快慢取决于道碴的硬度和道床的密实程度。为了保证捣固质量，捣固镐的磨耗应不大于原有尺寸的 20%。磨损后的捣固镐可以堆焊耐磨材料进行修复。

7. 润滑系统

捣固装置在工作时要承受很大的冲击力和振动力，而且工作环境恶劣，尘土较多，易受到雨水侵蚀，所以捣固装置上摩擦副的润滑很重要。捣固装置上的摩擦副的润滑，根据结构不同，分别采用稀油润滑和油脂润滑。

稀油润滑系统采用流动性好的 N100 号抗磨润滑油。有 4 个独立的润滑油路，在偏心轴飞轮外侧装两个油箱（形成飞轮防护罩），如图 14.25 所示，左油箱与偏心轴的主轴箱相通，主轴承采用油浸式润滑。油箱通过管路向主轴承箱补油。由于主轴承箱容积很小，主轴承载荷大，所以要定期更换主轴承箱内的润滑油，改善主轴承的润滑条件。

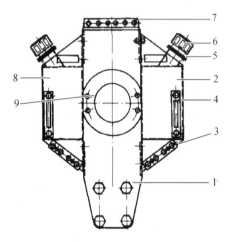

1—固定支架；2—右侧油箱；3—注油脂嘴；
4—油位表；5—加油口；6—盖；
7—油嘴集成块；8—左侧油箱；
9—油马达安装接盘。

图 14.25　润滑油箱

右侧油箱通过润滑油管向捣固臂的摆动中心销轴套供润滑油。由于捣固臂的摆动中心销轴位置低于油箱，润滑油能自流。但是要注意检查中心销轴上的密封状况，如果密封失效，润滑油将大量泄漏。

偏心轴颈上的滚柱轴承和夹持油缸的连接销轴采用油脂润滑。为了便于加注油脂，用橡胶管把注油不方便的注油点引到油箱上的集成块上。集成块上装有专用的高压注油嘴，因此，要用专用的油枪来加注润滑油脂。

第三节　动力稳定车

动力稳定车
构造原理视频

动力稳定车是铁道上先进的大型养路机械。其作用是：大、中修后的铁道线路通过动力稳定车作业能够迅速地提高线路的横向阻力和道床的整体稳定性，从而为取消线路作业后列车慢行创造了条件。这对于日益繁忙的高速、重载和大运量的铁路干线运输来说，意义十分重大。本节将介绍动力稳定车的发展概况、组成、工作原理和主要技术性能。

一、动力稳定车概述

1．组　成

铁道线路经过破底清筛和捣固作业后，道床仍不够密实，其线路的横向阻力及稳定性仍然较差。因此，行车安全得不到保证，故有关规范要求列车限速运行。

动力稳定车是集机、电、液、气和微机控制于一体的自行式大型线路机械。WD320型动力稳定车如图14.26所示。它的主要结构由动力与走行传动系统、稳定装置、主动与从动转向架、车架与顶棚、前后司机室、空调与采暖设备、单弦与双弦测量系统、液压系统、电气系统、制动系统、气动系统和车钩缓冲装置等12部分组成。

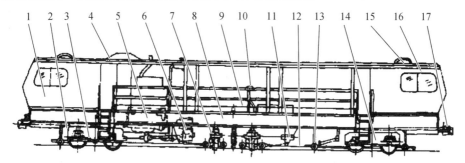

1—后司机室；2—主动转向架；3—制动系统；4—顶棚；5—柴油机；6—走行传动系统；
7—稳定装置；8—车架；9—双弦测量系统；10—电气系统；11—液压系统；
12—单弦测量系统；13—气动系统；14—从动转向架；
15—空调与采暖设备；16—前司机室；
17—车钩缓冲装置。

图14.26　WD320型动力稳定车总图

2．工作原理

动力稳定车是模拟列车运行时对轨道产生的压力和振动等综合作用而工作的。

在作业前，首先将单、双弦测量系统中的各测量小车降落到钢轨上，并给各测量小车和中间测量小车的测量杆施加垂直载荷，将单弦测量系统中的3个测量小车同一侧的走行轮顶紧基准钢轨的内侧，张紧单弦和双弦。然后，再将稳定装置降落到钢轨上，使稳定装置与轨排成为一个整体。使动力稳定车处于作业状态。

在作业时，由一台液压马达同时驱动两套稳定装置的两个激振器，使激振器和轨道产生强烈的同步水平振动。轨道在水平振动力的作用下，道碴重新排列和密实。与此同时，稳定装置的垂直油缸分别给予两侧钢轨向下的压力，使轨道均匀下沉，并达到预定的下沉量。

在作业过程中，动力稳定车是连续移动进行作业的。轨道的预定下沉量是自动实现的。在中间测量小车两侧的测量杆上，各有一个高度传感器。高度传感器分别与双弦测量系统中的每条钢弦连接，它们每时每刻地测量着每条钢弦到轨面的高度值。计算机把测得的高度值与轨道的预定下沉量的差值，转换为相对应的电信号，控制液压系统中的比例减压阀，使稳定装置的垂直油缸对每条钢轨产生不同的下压力，最终使轨道达到预定的下沉量。

由上述可知，动力稳定车的工作原理就是，激振器使轨排产生水平振动的同时，再由稳定装置的垂直油缸对每条钢轨自动地施加必要的下压力，轨道在水平振动力和垂直下压力的共同作用下，道碴重新排列达到密实，并使轨道有控制地均匀下沉。

动力稳定车一次作业后，线路的横向阻力值便恢复到作业前的 80% 以上，从而有效地提高了捣固作业后的线路质量，为列车的安全运行创造了必要的条件。

动力稳定车一般在经过捣固作业的线路上进行作业。其主要技术性能参数如表 14.6 所示。

表 14.6　WD320 型动力稳定车主要技术性能参数

	参数名称	参 数	参数名称	参 数
作业条件	线路最大超高/mm	150	运行时通过最小曲线半径/m	100
	线路最大坡度/‰	33	轨距/mm	1 435
	最小曲线半径/m	180	心盘距/mm	12 000
	最大轴重/t	23	轴距/mm	1 500
	最大海拔高度/m	1 000	轮距/mm	840
	环境温度/℃	−10～40	轴重/t	15
传动类型	区间运行	液力传动	车钩形式	上作用 13 号
	作业走行	液压传动	缓冲器	MX-1 型
速度	区间运行/(km/h)	80	车钩水平中心线距轨面高度/mm	880±10
	作业走行/(km/h)	0～2.5	长×宽×高/mm	18 942×2 700×3 970
	连续运行/(km/h)	100	总质量/t	60

二、动力稳定车结构介绍

1．运行传动系统

动力稳定车的运行传动系统由液力变矩器、动力换挡变速箱、分动箱、车轴齿轮箱和传动轴等组成。在运行时为液力传动、两轴驱动，最大牵引力为 73.3 kN。运行传动系统如图 14.27 所示。

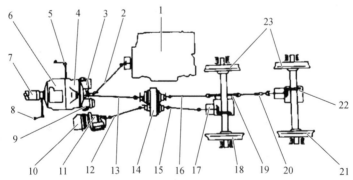

1—柴油机；2、12、13、15、16、20—传动轴；3—振动驱动液压泵；4—液力变矩器；5—输出轴离合器；6—动力换挡变速箱；7—作业系统双联泵；8—液压泵离合器；9—走行系统液压泵；10—走行液压马达；11—液压马达离合器；14—分动箱；17、22—车轴齿轮箱；18、21—主动转向架轮对；19—中间支撑；23—主动转向架。

图 14.27　运行传动系统

2．作业走行传动系统

动力稳定车作业走行传动系统由液压泵、液压马达、液压马达离合器、分动箱、车轴齿轮箱和传动轴等传动部件组成，如图 14.28 所示。作业走行为液压传动，两台传动架的四轴驱动。主动转向架两轴由液压马达经传动轴驱动，另一转向架两轴，分别由各自车轴齿轮箱上马达驱动，作业走行速度在 0～2.5 km/h 内无级变速。

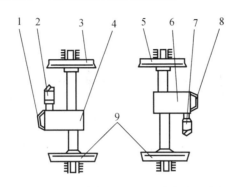

1、8—液压马达离合器；2、7—走行液压马达；
3、5—从动转向架轮对；4、6—车轴齿轮箱；
9—从动转向架。

图 14.28 作业行走传动系统

三、稳定装置

稳定装置是动力稳定车的主要作业装置，熟悉和掌握其组成、结构、工作原理及技术参数等，对正确操纵和维护保养该装置十分重要。

稳定装置由液压马达、传动轴、稳定装置Ⅰ、稳定装置Ⅱ和四杆机构等部分组成，其安装如图 14.29 所示。

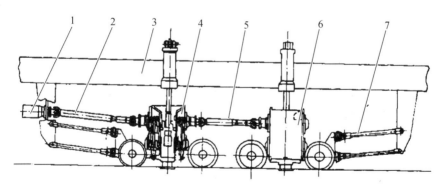

1—液压马达；2—传动轴；3—车架；4—稳定装置Ⅰ；
5—中间传动轴；6—稳定装置Ⅱ；
7—四杆机构。

图 14.29 稳定装置的安装

稳定装置Ⅰ和Ⅱ组成如图 14.30 所示，各由 2 只垂直油缸、1 个激振器、2 个夹钳轮、4 只夹钳油缸、2 只水平油缸和 4 个走行轮等部分组成。

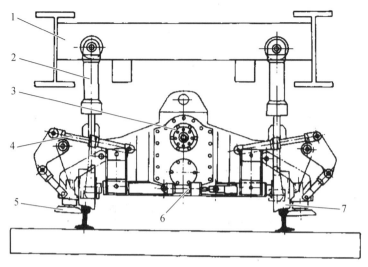

1—车架悬挂梁；2—垂直油缸；3—激振器；4—夹钳油缸；
5—夹钳轮；6—水平油缸；7—走行轮。

图 14.30　稳定装置Ⅰ和Ⅱ的组成

在作业时，由一台液压马达通过传动轴同时驱动两个激振器，使其产生同步水平振动。调节液压马达的转速，可以改变激振器的振动频率。振动频率和振幅分别由安装在稳定装置上的频率传感器和加速度传感器检测。在作业过程中，一旦作业走行突然停止，振动也自动停止。

为了保证动力稳定车运行安全，作业结束后，必须将稳定装置提起，并用锁定机构牢固地锁定在车架上。

稳定装置的工作原理是模拟列车对轨道的动力作用原理而设计的。在稳定装置工作之前，应使两稳定装置与轨排成为一体。将其带轮缘的走行轮，用水平油缸紧靠在两条钢轨的内侧，用夹钳油缸把夹钳轮夹紧在钢轨的外侧，使稳定装置处于工作状态。

工作时，稳定装置在动力稳定车的牵引下低速走行。液压马达驱动两激振器高速同步旋转，产生水平振动。在水平振动力的作用下，轨排也产生水平振动，并把振动力直接传递给道碴。道碴在此力的作用下受迫振动，相互移动、充填和密实。与此同时，位于每条钢轨同侧的两只垂直油缸，自动地对每条钢轨施加所需的垂直下压力，使轨道均匀下沉。稳定装置的工作原理就是，在水平振动力和垂直下压力的联合作用下，轨道均匀下沉，达到预定的下沉量，从而提高了线路的横向阻力值和稳定性，保证了行车安全。

第四节　配碴整形车

配碴整形车构造原理视频

配碴整形车是集机、电、液、气于一体的自行式大型线路机械。本节将主要以 SPZ-200 型以及 SPZ-160A 型配碴整形车为例简要介绍配碴整形车的作用、工作原理以及工作过程。SPZ-200 型配碴整形车外形简图如图 14.31 所示。它主要由发动机、传动装置、制动系统、走行装置、走行和作业液压系统、清扫装置、中犁、侧犁、车架、牵引缓冲装置、电气操纵系统及驾驶室等组成。

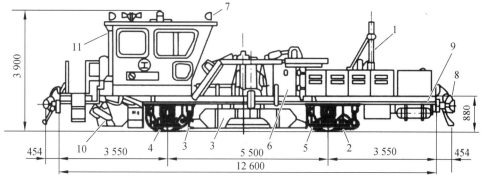

1—发动机；2—传动装置；3—作业装置；4、5—制动系统；6—液压系统；
7—电气系统；8—牵引装置；9—车架；
10—清扫装置；11—驾驶室。

图 14.31　SPZ-200 配碴整形车及组成

一、配碴整形车概述

配碴整形车工作原理：配碴整形车的工作装置由中犁、侧犁和清扫装置组成。其工作原理就是由中犁和侧犁完成道床的配碴及整形作业，使作业后的道床布碴均匀。并按线路的技术要求使道床断面成形。清扫装置将作业过程中残留于轨枕及扣件上的道碴清扫干净，并收集后通过输送带移向道床边坡，达到线路外观整齐、美观。

配碴整形车的主要功能有：

（1）根据捣固作业的要求将卸在线路两侧的道碴通过侧犁分配到钢轨外侧。

（2）通过侧犁构成门字形，可将道床边坡上的多余道碴做近距离搬移。

（3）侧犁和中犁的配合使用可将道碴按需要进行搬移。如：道碴从线路的左侧移运到线路右侧；从线路的右侧移运到线路的左侧。

（4）通过中犁将线路中心的道碴移运到线路两侧或往前推移。

（5）通过中犁将轨枕端部的道碴移运到轨枕内侧。

（6）位于机器后部的滚刷和横向运输皮带装置可将残留在轨枕面和扣件上的道碴收集并

提升送刮皮带上，再通过改变皮带的输送方向，将皮带上的道碴送到线路的左右边坡上。

（7）通过适当调整侧犁的转角，可按工务维修规则的要求，使道床断面按 1:1.75 成形。

配碴整形车主要技术参数如表 14.7 所示。

表 14.7　配碴整形车主要技术参数

参数名称		参　数	参数名称		参　数
作业条件	线路最大超高/mm	150	轴重/t		14
	线路最大坡角/‰	33	传动类型		液压传动
	最小曲线半径/m	120	速度/（km/h）	区间运行	80
	最大轴重/t	23		作业走行	0～12
	最大海拔高度/m	1 000		连挂走行	100
	环境温度/℃	−10～+40	车钩形式		上作用 13 号
	连续工作时间/h	<6	缓冲器		MX-1 型
通过时最小的曲线半径/m		100	车钩水平中心线距轨面高度/mm		880±10
轨距/mm		1 435	每侧最大作业宽度/m		3.3
轴距/mm		5 500	长×宽×高/mm		13 508×3 025×3 900
轮径/mm		840	总质量/t		28

SPZ-200 型配碴整形车是全长为 13.508 m、轴距为 5.5 m 的两轴车，在连挂运行中要挂在列车的尾部，不能通过驼峰，不允许溜放。

二、工作装置

工作装置是完成配碴整形作业功能的执行机构，由中犁、侧犁和清扫装置组成。中犁和侧犁的主要功能是完成道床的配碴及整形作业，使作业后的道床布碴均匀，并按线路的技术要求使道床断面成形。清扫装置的作用是将作业过程中残留于轨枕及扣件上的道碴清扫干净，并移至边坡和碴肩，使线路外观整齐、美观。

SPZ-200 型配整形车的作业性能如下：

最大配碴宽度：3 620 mm；

最大整形宽度：6 600 mm；

最大清扫宽度：2 450 mm；

整形道床边坡：任意；

作业速度：0～12 km/h。

（一）中　犁

中犁装置的结构如图 14.32 所示。

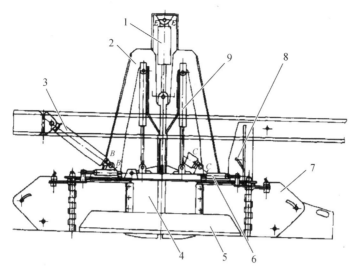

1—升降油缸；2—主架；3—连杆；4—中犁板；5—护轨罩；
6—翼犁板油缸；7—翼犁板；8—机械锁；
9—中犁油缸。

图 14.32　中犁装置的结构

1．主架与升降油缸

主架是中犁装置的基础，它是由底板、吊板及中心轴组焊在一起的焊接结构件，底板上焊接一用槽钢制成的正方形"圈梁"，以保证主架具有足够的刚度。主架上部通过升降油缸悬吊在机体的门架上，下部底板上用 4 根相互平行的连杆悬挂于车架上，这种典型的"平行四连杆机构"能保证中犁装置在升降过程中始终平行于轨面。同时连杆机构承受了中犁装置在作业时的外界阻力。升降油缸则是中犁装置升降的执行元件，在油缸小腔进油口处装有可调式的节流阀，以使中犁装置升降平稳，到位准确。在底板前端两侧垂直焊接两块导向板，其间距比车架外侧宽度约大 5 mm，导向板的作用是限制中犁装置的横动量。

2．中犁板和中犁板油缸

4 块中犁板与线路中心线呈 45°角"X"形对称布置，用中犁板油缸悬吊在主架的吊板上，中犁板沿主架中心轴和护轨罩上导流板的导槽上下移动，最大行程为 450 mm，中犁板像个"闸"，通过 4 块板不同的开闭组合来实现道碴的不同方向的流向，因此中犁板是道床配碴作业的主要执行元件之一。

3．护轨罩与导流板

两个护轨罩对称布置在两股钢轨的正上方，每个护罩上焊接两块导流板，导流板与轨道呈 45°夹角，且与中犁板在同一截面内，用螺栓连接于主架底板下方，导流板的作用一方面为流动的道碴导向，另一方面为中犁板提供导向。护轨罩的作用则在于，当进行道床配碴作业时，不使道碴堆积于钢轨两侧的扣件之上，甚至掩埋住钢轨，以保证机械在线路上正常施工。SPZ-200 型配碴整形车护轨罩可适用于任意轨型，操纵升降油缸可使护轨罩准确地置于任意高度，作业时护轨罩底边距轨枕面的高度一般控制在 20～30 mm 为宜。

4．翼犁板和翼犁板油缸

翼犁板的结构如图 14.33 所示。

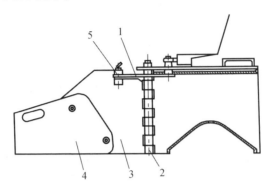

1—扇形板；2—铰轴；3—固定犁板；
4—可调犁板；5—活动槽。

图 14.33　翼犁板的结构

扇形板和固定犁板用铰轴铰接于护轨罩的导流板上，而它们之间由活动销固定。扇形板沿圆周方向布置了 3 个销孔，当活动销将固定犁板与扇形板在不同位置上锁定时可改变翼犁板的初始角度。翼犁油缸的活塞杆端与扇形板上油缸座连接，操纵翼犁油缸，通过扇形板带动整个翼犁板绕铰轴旋转，从而实现不同作业功能的要求。可调犁板一般固定不动，保持下底边与轨面平行，除非道床作业时对碴肩整形有特殊要求才调整。

5．气锁与机械锁

气锁结构如图 14.34 所示。

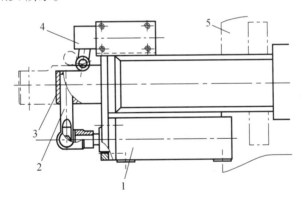

1—气缸；2—连杆；3—锁销；4—行程开关；
5—锁座（上、下）。

图 14.34　气锁结构

气锁是中犁安全装置之一。气缸、锁销、上锁座和行程开关安装于车体侧梁下面。下锁座固定于主架底板上。当配碴整形车作业完毕后，将中犁收起，操纵气缸，推动锁销穿过上、下锁座，将中犁装置锁定于车体上。与此同时，锁销触动行程开关，驾驶室内显示灯亮，司机即可确认气锁锁定是否可靠，从而保证配碴整形车在区间运行的安全。

机械锁是辅助安全装置。当司机确认气锁锁定可靠后，再用机械销将主架上的导向板与车体销接固定，这样实现了安全运行的双保险。

6．中犁的功能

操作人员在驾驶室内操纵中犁，中犁装置的中犁板通过不同启闭的组合可以完成 8 种工况的配碴作业，8 种工况下的道碴流向，如图 14.35 所示。

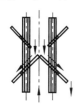

（a）移动道碴从轨道中心至碴肩

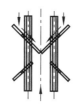

（b）移动道碴从碴肩至中心

（c）移动道碴从轨道左侧至右侧

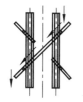

（d）移动道碴从轨道右侧至左侧

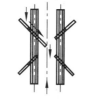

（e）将左侧碴肩道碴回填至右股钢轨内侧

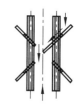

（f）将右侧碴肩道碴回填至左股钢轨内侧

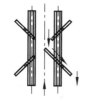

（g）将右股钢轨内侧道碴移至碴肩

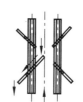

（h）将左股钢轨内侧道碴移至碴肩

图 14.35　道碴流向图

（二）侧　犁

侧犁主要用于道床边坡的整形作业，配合中犁可进行道碴的配碴作业，具体作业功能有：（a）将道床边坡道碴沿轨道方向运送，使道床边坡道碴分布均匀；（b）按道床断面的技术要求最终完成对道床的整形作业。

两个侧犁装置左右对称布置在车体两侧，其结构如图 14.36 所示。

1．滑板与翻转油缸

滑板为钢板焊接而成的矩形箱形结构，其一端与车体铰接，用翻转油缸悬挂于车体的左右两侧，滑板既可以起支承侧犁装置的作用，又可以作为侧犁板伸缩滑动的导向机构。操纵翻转油缸可将侧犁置于作业所需的任意高度。由于翻转油缸小腔进油口处装有节流阀，可保证侧犁下落平稳。当配碴整形车处于区间运行位时，翻转油缸复位，将侧犁翻起，并锁定于车体门架处的保险钩上。

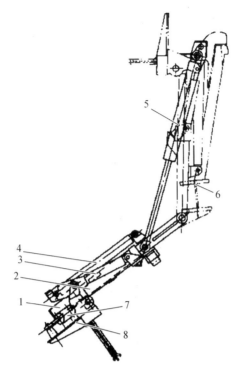

1—滑板；2—滑套；3—犁板角度调节油缸；4—滑套油缸；
5—翻转油缸；6—主侧犁板；7—（侧犁）翼犁油缸；
8—（侧犁）翼犁板。

图 14.36　侧犁结构

2．滑套与滑套油缸

滑套为断面呈矩形的方套结构，两端焊有加强钢带，以增加滑套的强度，滑套在滑板内伸缩移动。主侧犁板铰接在其下方，与滑套联成一体，主侧犁板由犁板角度调节油缸定位。当滑套油缸伸缩时，滑套带动犁板沿滑板滑动，最大位移量为 660 mm。操纵滑套油缸，调节滑套的伸距，即可以达到侧犁所要求的作业宽度。当在路肩处有障碍物时（如路标、电杆、信号标等），可以不必升起侧犁，只要调节滑套伸距及（侧犁）翼犁板角度，即可不碰撞障碍物。由于不必升起犁板，因此可以避免道碴的堆积，使在侧犁通过后的道床边坡保持平顺的断而形状。

3．主侧犁板与翼犁板

主侧犁板与两块翼犁板组成侧犁板，它是完成侧犁作业功能的主要执行元件。翼犁板铰接于主侧犁板两侧，通过翼犁油缸的作用改变翼板与主侧犁板的夹角，从而实现道碴在边坡上的不同流向。犁板角度油缸用于调整侧犁板与滑套轴线的夹角，可使道床边坡成形为给定坡度。侧犁板在作业时要承受很大的载荷，有时还会遇到意外的冲撞，必须具有足够的强度和刚度，为此在主侧犁板和翼犁板外侧焊有加强筋板，保证犁板不会变形。为提高侧犁的使用寿命，在主侧犁板下端两侧及翼犁板下端外侧装有耐磨钢制成的刃口，磨损到限后可以更换，一般情况下可使用 150～200 km。

4．侧犁的功能

通过改变侧犁装置的翼犁板角度，可以完成 4 种工况的运碴整形作业，如图 14.37 所示。

除此以外，侧犁与中犁一起配合使用可在无缝线路地段完成碴肩准高作业，以提高无缝线路道床横向阻力。

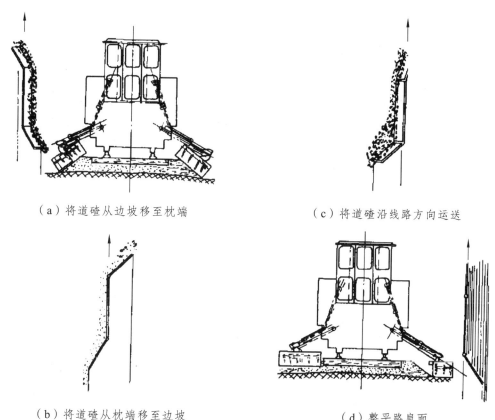

（a）将道碴从边坡移至枕端

（c）将道碴沿线路方向运送

（b）将道碴从枕端移至边坡

（d）整平路肩面

图 14.37　侧犁工况图

（三）清扫装置

清扫装置的结构与特点：扫装置安装于机器的后部，配碴整形车的清扫装置有两种结构形式，它们的基本结构和工作原理大致相同，主要区别在于悬挂升降方式。由中国铁道建筑总公司昆明机械厂生产的 SPZ-200 型配碴整形车，前 16 台的清扫装置采用双导柱垂直升降方式，缺点是：清扫装置悬臂大，结构复杂，加工和安装难度大。改型设计后的 SPZ-200 型配碴整形车采用平行四连杆式悬挂升降方式，大大简化了清扫装置的结构，降低了加工和安装精度。其结构如图 14.38 所示。

1．罩　体

罩体是整个清扫装置的支承骨架，是由钢板焊接而成的整体框架结构，具有足够的强度和刚度。在上顶面用升降油缸和 4 根相互平行的连杆悬挂于车架上，在平行连杆的作用下，可使清扫装置在升降过程中始终平行于轨枕面。升降油缸的进油口装有节流阀，以保证清扫装置升降平稳，到位准确。上顶面后端两侧垂直焊接两块导向板，以限制清扫装置的横移量。

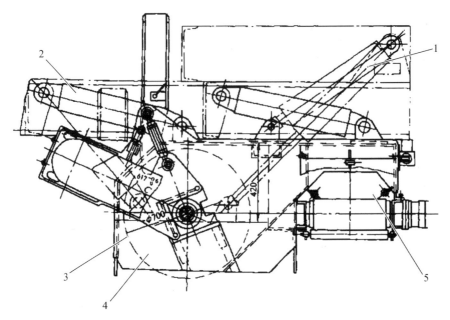

1—升降油缸；2—连杆；3—罩体；4—滚刷；5—输碴带。

图 14.38　平行四连杆悬挂式清扫装置

滚刷悬吊在罩体后部两侧板的斜向导槽内，输碴带则安装于罩体的前部，在滚刷和输碴带之间安装有上料斜板，滚刷清扫时甩起的道碴沿上料斜板传至输送带上。

2．滚　刷

滚刷像把大扫帚，一个钢制空心通轴上安装有 8×18 根"扫帚苗"，"扫帚苗"用 3 层编织麻线橡胶管制成，回转直径为 700 mm，最大清扫宽度为 2 450 mm。滚刷由摆线马达通过一级双排滚子链驱动。短刷可以沿罩体侧板上的斜向导槽滑动，当橡胶管磨损后，调整悬挂滚刷的外螺纹杆的长度，使滚刷沿导槽下降，以补充橡胶管的磨损长度，最大调整量为 100 mm。当橡胶管磨损到限后，卸掉上碴斜板，可将滚刷退出更换橡胶管。橡胶管的使用寿命取决于清扫道碴的数量，一般约为 50～60 km。该刷的使用状态可通过罩体后部的检查窗观察，打开检查窗上的盖板，便一目了然。如若有个别橡胶管损坏或丢失，也可以通过检查窗进行更换。

3．输碴带

输碴带安装在清扫装置的前部，由主动滚筒、从动滚筒、上下托辊、运输带、张紧装置、构架等组成。运输带构架是整个机构的基础，用螺栓固定于罩体上；主动滚筒通过双向摆线马达直接驱动，可以实现道碴的双向输送；运输带选用尼龙强力型，强度大，耐磨性好，带宽为 500 mm，可以保证将道碴抛至道床边坡上，运输带的张紧力和跑偏问题可通过张紧装置调整。

清扫装置的功能：道床经过清筛、配碴、掏固等作业后，往往在轨枕表面及扣件上残留部分道碴，使作业后的道床很不美观，增加了后序收尾的工作量。清扫装置既可将道碴扫入轨枕盒内，又可将多余的道碴沿上碴斜板抛到运输带上，再抛至道床边坡。

清扫装置不能双向作业，仅用于配碴整形车正向行驶时作业，作业速度则取决于轨枕面残留道碴量的多少。

钢轨打磨车
构造原理视频

第五节　钢轨打磨车

本节以 PGM-48 型钢轨打磨列车（见图 14.39）为例，介绍了钢轨打磨车的结构、工作原理以及打磨砂轮的基本知识。

图 14.39　钢轨打磨车

一、钢轨打磨

钢轨是轨道交通的主要部件，钢轨与列车的车轮直接接触，其质量的好坏直接影响到行车的安全性和平稳性。轨道交通开通运营之后，钢轨就长期处于恶劣的环境中，由于列车的动力作用、自然环境和钢轨本身质量等原因，钢轨经常会发生伤损情况（如裂纹、磨耗等现象），造成了钢轨寿命缩短、养护工作量增加、养护成本增加，甚至严重影响行车安全。因此，就必须及时对钢轨伤损进行消除或修复，以避免影响轨道交通运行的安全。这些修复措施如钢轨涂油、钢轨打磨等，其中钢轨打磨由于其高效性受到世界各国铁路的广泛应用。

钢轨打磨主要是通过打磨机械或打磨列车对钢轨头部滚动表面的打磨，以消除钢轨表面不平顺、轨头表面缺陷及将轨头轮廓恢复到原始设计要求，从而实现减缓钢轨表面缺陷的发展、提高钢轨表面平滑度，进一步达到改善旅客乘车舒适度、降低轮轨噪音、延长钢轨使用寿命的目的。钢轨表面的伤损如图 14.40 所示。

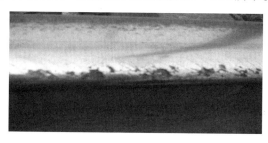

斜线状裂纹

图 14.40　钢轨表面的伤损

二、钢轨打磨原理

钢轨打磨是利用安装在打磨小车的砂轮磨头对钢轨表面进行打磨,砂轮磨头有多组,安装角度各不相同,并且可以进行调整,多组砂轮磨头就可以将正确的轨头轮廓拟合出来,通过对钢轨的打磨就可以打磨出正确的轨头轮廓。

钢轨打磨主要分为预防性打磨和修理性打磨。修理性打磨的特点是打磨速度低,反复进行,基本去除钢轨表面伤损或波磨,不能去除深度裂纹,主要是针对状态较差钢轨的打磨方式,目的是消除钢轨顶面严重的波磨及曲线下股钢轨飞边,尽可能恢复钢轨标准断面,延长钢轨使用寿命,打磨遍数一般为 5 ~ 10 遍。预防性打磨则是一次快速打磨,完全去除包含微裂纹的薄层,同时,形成或保持理想的轮廓,主要是针对状态较好钢轨的打磨方式,目的是消除钢轨顶面不平顺,改善轮轨关系,提高轨面平顺性,延长钢轨使用寿命,打磨遍数一般为 3 ~ 4 遍。

三、钢轨打磨车结构

1. PGM-48 钢轨打磨列车的组成

PGM-48 型钢轨打磨列车由 1 号车(或叫控制车或叫 A 端车)、2 号车(也叫生活车)和 3 号车(叫末端车或 B 端车)3 节车组成,1 号车和 3 号车分别位于列车的两端,2 号车位于列车中部。1 号车由司机室、主动力室、辅助发电机室、电气控制室 4 部分组成,如图 14.41 所示。3 号车由司机室、动力室、物料间、电气控制室 4 部分组成。2 号车由卧室、厨房间、盥洗间、休息娱乐室 4 部分组成,如图 14.42 所示此外钢轨打磨列车还包括了转向架、车架、牵引装置、打磨装置、防火装置、检测系统、液压系统、电气系统、气动系统、动力传动系统及制动系统等基本构成。

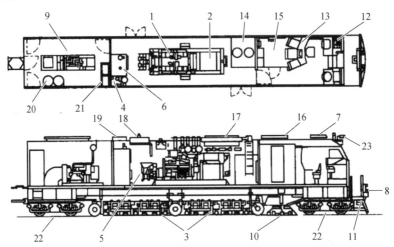

1—康明斯 KTA38 柴油机;2—Rato 8P6-1500 发电机;3—16 个打磨电机;4—液压油箱和油泵及打磨系统;
5—液压泵;6—液压油箱;7—空调;8—软管盘;9—辅助发电系统;10—波磨小车;
11—轨廓测量系统;12—司机控制部分;13—打磨控制计算机系统;14—燃油箱;
15—电气控制间;16—加压装置;17—发动机水冷却系统;
18—行走系统-机油冷却器;19—打磨系统-机油冷却器;
20—机油桶;21—蓄电池(康明斯 KTα38 柴油机);
22—行走转向架;23—汽笛及灯系。

图 14.41 钢轨打磨列车 1 号车的组成

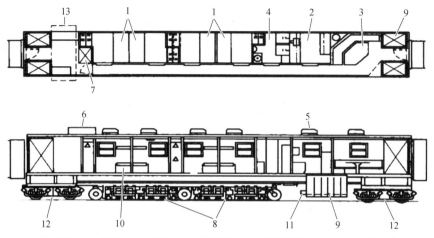

1—卧铺间；2—厨房；3—饭厅；4—洗漱间；5—空调系统；6—空气加压系统；
7—液压油箱（打磨系统）；8—16个打磨电动机；9—消防水箱；
10—生活水箱；11—水泵（消防控制用）；
12—转向架（非动力转向架）；
13—水泵（生活水用）。

图 14.42　钢轨打磨列车 2 号车的组成

2．PGM-48 型钢轨打磨列车的特点

（1）PGM-48 型钢轨打磨列车可在大于 100 m 的曲线上进行打磨作业，打磨小车轮对的轴距为 4.76 m，因此可在标准轨距的曲线条件下有足够的横向移动量，保证安全通过曲线。

（2）PGM-48 型钢轨打磨列车配备着迄今为止与其他钢轨打磨列车相比最复杂又最易操作的计算机控制系统，它由一台图形界面主控计算机及由其控制的 4 台分开的计算机组成。

（3）障碍自动避让系统可单独升降每一个打磨电动机，以便避让预知的障碍，安装在轴上的光学编码器监视本车在线路上的位置，当操作人员输入不需要打磨的起止位置，当打磨列车经过这些预知的位置时，砂轮将自动地、单独地升起和下降。

（4）PGM-48 型钢轨打磨列车可连续工作 6 h，但砂轮在 6 h 内发生消耗时，这个连续工作时间则不含更换砂轮的时间。

3．钢轨打磨列车车架与驾驶室

（1）车架是打磨车的基础，是安装发动机、动力传动装置、打磨小车、测量装置、司机室及其他所有附属装置的基础，并起着传递牵引力、制动力和工作装置作用力的作用，是整车的承载部件。

钢轨打磨车由于作用在车架上的两个打磨小车的载荷集中分布两个转向架之间，因此要求打磨车车架的设计不仅应具有足够的强度来承受车辆运行时的纵向冲击力，同时，还要求车架有足够的刚度来保证车辆在运行过程中，车架的中部在集中载荷的作用下不会产生过大的变形和振动。钢轨打磨列车车架结构如图 14.43 所示。

（2）PGM-48 型打磨列车驾驶室是操作人员工作与休息的场所，因此驾驶室要有足够的活动空间和良好的工作环境。室内设备的布置、色彩的选取应符合人机工程原理，给司乘操作人员提供一个安全、可靠、舒适、整洁明亮、色调和谐、视野宽广、仪表监视直观、操作自如的工作条件。

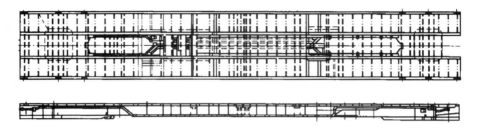

图 14.43 钢轨打磨列车车架结构

4．打磨工作机构

打磨工作机构主要是打磨小车的工作机构。该机构的整体形式是打磨工作小车，故亦称打磨机构即打磨小车（见图 14.44）。打磨车上所有的机械设备与动力机构等的配置目的，最终都是为了保证打磨小车能够状态良好地从事打磨作业。所以，打磨小车是打磨作业的执行机构，是钢轨打磨车的关键组成部件，在打磨车上具有重要的地位与作用。同时打磨车所要求的打磨动作、质量、效率和打磨工艺的先进性等最终都要由打磨小车来体现。

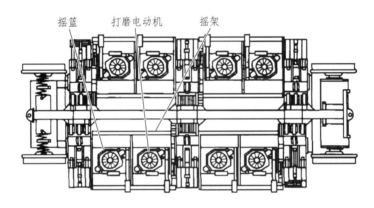

图 14.44 打磨小车

复习思考题

1-1 简述捣固车的作用和特点。

1-2 简述动力稳定车的作用和特点。

1-3 简述配碴整形车的作用和特点。

1-4 简述钢轨打磨车的作用和特点。

第十五章 桥梁机械

架梁机构造
原理视频

第一节 架梁机概述

一、SPJ900/32 型架梁机的组成及工作状态

SPJ900/32 型架梁机（见图 15.1）额定起重能力 900 t，采用前中后 3 点支承式，通过吊具起升，天车走行，起重小车横移定位、落梁，整机过孔等动作完成架梁工作，全部动作的完成均在司机室内由司机控制。

图 15.1 SPJ900/32 型架梁机

1. 架梁机组成

SPJ900/32 型架梁机，主要由电气控制系统、结构部分、机械动作部分、液压系统及走行轨道等部分组成：

结构部分（主要前支腿、后支腿、C 型支腿、导梁），如图 15.2 所示。

机械构造（大车中车台车组、大车后车台车组、桁车台车组、前后起重小车、吊具、纠偏装置）。

液压系统（中车升降机构、前支腿升降机构）。

图 15.2　结构部分

2．架梁机工作状态

SPJ900/32 型架梁机工作状态分为两种，一种为空载过孔走行，另一种为重载架梁。

（1）空载过孔时，两天车梁后移至后门柱，前支腿收起，司机室控制 4 组台车组在预先铺好的轨道向前移动，使前支腿对准下一个桥墩处，单独控制前支腿伸缩油缸、升起前支腿，用 4 个钢销定位。调节中车液压缸使中车台车的车轮离开轨道，在台车和轨道之间加垫板，使整个中车受力经过台车架和液压缸传到轨道上。

（2）重载架梁时，用运梁车将混凝土梁送入后门柱和中车结构之间，先起用 1#天车梁将混凝土梁一端吊起，跨过中车，移动到一定位置时，起用 2#天车梁，吊起混凝土梁的另一端，此时两天车梁联动，将整个混凝土梁运至架梁位置，通过天车梁上横移小车调整落梁的精度，使混凝土梁落在指定位置。完成后进行过孔作业，进入下一跨的施工。

二、SPJ900/32 型架梁机的主要特点

（1）结构稳定、机构简单。采用制式器材组拼的三点支承两跨连续的主梁结构形式，设计构思合理，机构简单、受力明确、稳定性好，作业过程支腿无须任何锚固措施。

（2）作业程序简捷，操作简便。方便完成吊梁、前移、落梁和横移就位等动作，整机悬臂过孔，简化了架梁作业程序。

（3）变跨及首末孔架设方便。变跨及首末孔架设方式简单，由 32 m 跨变为 24 m 跨时，将中车前移 8 m 即可，首孔直接架设，末孔前支腿折转后架设。

（4）主梁部分采用制式器材"八七型"铁路抢修钢梁拼组，经济性好。特别是高速铁路

工程完工后，器材、部件可用于造桥机、架桥机、施工便桥和施工支架等其他工程，创造更大的经济效益。

（5）起升系统绳速为变频自动调整，保证箱梁起升和降落中各吊点之间的完全同步。

架梁机的主要技术参数如表 15.1 所示。

表 15.1　SPJ900/32 型架梁机技术参数

项　目	设计性能指标	备　注
额定起重量/t	900	
适应跨度/m	32，24，20	
架桥机总质量/t	520	
外轮廓尺寸/m	67.5×18.2×6.2	长×宽×高
内部净宽/m	14.1	
架梁最小曲线半径/m	5 000	
允许最大作业纵坡/（‰）	12	
吊梁升降速度/（m/min）	0.5	
最大升降高度/m	72	
主机最大走行速度/（m/min）	过孔时 3 过场时 10	无级变速
桁车重载最大走行速度/（m/min）	3	无级变速
桁车空载最大走行速度/（m/min）	10	无级变速
起重小车横移速度/（m/min）	0.4	
最大输入功率/kW	148	
综合作业速度	每孔 3 h 30 min	运距 10 km 以内计
允许作业最大风力/级	6	
非作业风力/级	11	
环境温度/℃	−20～50	

第二节　工作流程

一、施工准备

架梁机架梁作业前必须做好人员分工，责任明确并落实到个人，每次作业以前做好班前检查，检查项目如下：

（1）检查各类限位器是否牢固可靠。

（2）检查吊具、滑车耳板（即滑轮两侧和吊杆接触板）有无变形、裂缝。

（3）检查绳卡有无松动。

（4）检查钢索绳有无断丝。

（5）检查卷扬机滚筒排绳是否整齐、密实；当卷筒上卷绕不良情况，及时排除，严禁用手诱导钢丝绳。

（6）检查卷扬机、减速机的制动是否可靠。

（7）如果架梁机位于待架状态，检查前支腿支撑状态是否垂直（倾斜度≤1/400）、支垫是否可靠。

（8）各部位螺母是否上紧。

二、架梁作业程序

1．一般作业原则

（1）架梁机的最大工作风压为6级风的最大风压，当架梁机的风速仪发出警报时，由现场指挥立即采取措施将梁体临时放置妥当，暂停作业。

（2）原则上在越过5级风或中雨天气下不进行吊梁作业，但如果工作已经进行了一半，需现场指挥酌情处理。

（3）架梁机严禁超载使用。

（4）架梁机每次就位后，桁车均要空车试运行，特别注意起动、制动控制是否灵敏，语音系统是否可靠，轨道车有无咬轨现象。

（5）架梁机过孔和运梁车喂梁时对桁车位置有具体要求，必须严格执行。

2．架梁作业程序（见图15.3）

（1）架梁机悬臂过孔。

第一步：退回起重桁车。

将1号、2号桁车开至导梁后端，尽可能靠近后支腿，1号桁车距后车净距离不大于1 m、2号桁车距后车净距离不大于8 m；然后安放卡轨器，固定桁车，两个桁车前后左右共安装8个卡轨器。

第二步：收起前支腿。

启动液压系统，根据钢销与活动支腿的剪压状态上下微调液压缸，以便拔出固定活动支腿的钢销，然后收回液压缸，使柱底离开垫石200 mm以上；两端各插入1个钢销，并插入销卡；检查后，前支腿泵站断电，工作人员撤离墩顶。

第三步：中车走行台复位。

启动中车液压系统，将中车顶起，撤出支撑垫块，然后落顶，使走行台车轮槽落入轨道上。

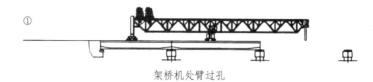

① 架桥机处臂过孔

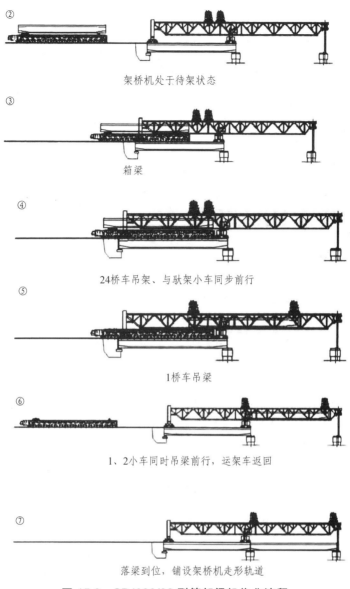

② 架桥机处于待架状态

③ 箱梁

④ 24桥车吊架、与驮架小车同步前行

⑤ 1桥车吊梁

⑥ 1、2小车同时吊梁前行，运架车返回

⑦ 落梁到位，铺设架桥机走形轨道

图 15.3　SPJ900/32 型箱架梁机作业流程

第四步：悬臂前行。

拆除中、后车卡轨器；安放走行轨道前端的限位卡轨器，误差不大于 2 cm；架梁机大车走行前移，走行即将到位时及时降速，提前停车，然后点动前行到规定位置，到位后迅速安装其他卡轨器，保证其与车架密贴。

第五步：临时支撑前支撑。

临时中车顶起，前支腿受力很大，不能顶到架梁高度，必须先临时固定前支腿。前支腿插销临时固定后，再顶起中车梁到架梁位置。

第六步：中车梁恢复架梁支撑状态。

启动中车液压系统，将中车梁顶起，放上支撑垫板；落下液压顶，并调平所有支点，使各支点均匀受力。

第七步：前支腿恢复到架梁状态。

找出支座中心位置，根据垫石顶面高程情况安放好垫板；前支腿复位时必须保证其垂直度和位置正确，可用撬杠或手动进行小千斤顶微调，使支腿有一个略微向前的倾斜（一般经验值约 6 cm，施工中应验证），这样顶起后基本可保证垂直度；起动液压缸，顶出可伸缩支腿（伸缩支腿伸出长度为架桥机前支腿竖向挠度值），落在支墩上；伸缩到位后，先安装上端两个固定销，再安装下端两个固定销使钢销受力，完成支撑作业；支撑工作完成后，前支腿泵站断电，避免有人误操作。

第八步：检查架梁机支撑状态。

在前支腿及中车支撑好后，需重新紧固中、后车卡轨器，确认架梁机支撑工作完成后，卸掉桁车夹轨器，桁车前移到位，开始喂梁作业。

（2）喂梁作业。

第一步：运梁平板车喂梁。

运梁车升至架梁机腹内喂梁，前端行至离中车 30 cm 左右时停止，2 号桁车就位，落下吊具。此时吊具中心距中车中心大于 4.5 m。

第二步：安装 2 号桁车吊具。

下落吊具，一般吊杆距梁面 4～5 cm 时，调整桁车位置和吊具横移装置，使预留吊孔中心与桁车中心重合，偏差在 1 cm 内；继续下落吊具，一般吊具底面距梁面 4～5 cm（强制性要求），拧紧螺帽（吊杆端部的螺丝帽要带满）。

第三步：2 号桁车（远离司机室侧）起吊。

2 号桁车起吊箱梁前端，起吊高度为梁底面离开支点 10 cm 左右，并保证支座底端高于中车梁顶面 5 cm 以上，准备前行。

第四步：运梁车上驮梁小车和 2 号桁车同步前行。

驮梁小车和 2 号桁车运行一致；密切观察箱梁的运行位置，禁止箱梁撞击中车梁；接近驮梁小车前行极限位置时要提前变频降速、点动前行，此时 1 号桁车吊具中心距中车中心应不大于 9 m〔该项为强制性要求）；准备安装 1 号桁车吊具。

第五步：安装 1 号桁车（靠近司机室侧）吊具。

箱梁走行至后吊点位置，同时调整 1 号桁车位置，使预留吊孔中心与桁车中心重合，偏差在 1 cm 以内，安装用具，（吊具安装要求同 2 号桁车）。

第六步：1 号桁车起吊。

1 号桁车起吊箱梁，使梁底面处于水平状态，运梁车退出。

第七步：1、2 号桁车同步走行。

1、2 号桁车同步走行，正常运行速度不得超过 3 m/min，接近设计位置时要提前变频降速。

（3）落梁、就位。

落梁过程中密切监视与已架箱梁的前后位置，不得撞击已架箱梁或前支腿；吊具要求水平（目测），发现不平时必须单动调节；梁体底面落至离支座顶 30 cm 时停止，进行梁体水平及前后左右位置初调，然后继续落梁至离支座顶 5 cm 时停止，然后由精确对位系统调整梁体前后左右位置，使其达到精度要求。

（4）轨道作业。

移除轨道：架梁机前移就位后，安装好卡轨器后，在恢复架梁机架梁状态的同时进行中车轨道的外移工作，以保证运梁车走行到位。中车轨道应向外平移，移除的中车走行轨道外拨至后车走行线路上并与后车轨道前端连接好。

安装轨道：运梁车退出后，将拆除的后车走行轨道用专用移轨小车运至架梁机腹内前孔，用专用移轨小车或桁车电动葫芦准备安装中车走行轨道。箱梁落梁至设计高程后，即可安装首节定位轨。首节定位轨的位置要准确、纵向应与梁端平齐，中心位置根据曲线矢距和前支腿偏心尺寸确定。两节定位轨顶面高程应一致，相对高差不超过 5 mm。首节定位轨确定后，其他轨道顺接安装。

3．架梁机转场作业

当一座桥架设完毕之后，如要架设下一座桥时，可采用 3 种方式转场：当转场距离很短（1 km 以内），可采用整机自行转场方式；当转场距离较长（大于 1 km），则采用运梁车载运方式转场；当途中无障碍时可整机载运转场，如有障碍时可部分解体载运转场。

第十六章 运梁车

运梁车施工视频

第一节 概 述

运梁车一般是与架梁机配套使用的，主要作用是向架梁机运送混凝土箱梁，在必要时还可以协助架梁机进行转场。MBEC900型运梁车是与中铁大桥局研制的JQ900型下导梁架桥机配套使用的运梁车，由中铁大桥局与德国KIROW公司共同研究设计，合作生产。

运梁车概述

MBEC900型运梁车与JQ900型下导梁架桥机配套使用，由于JQ900型下导梁架桥机以其独特的定点吊梁方式，对配套运梁车提出了相应的要求，需要运梁车喂梁驶入下导梁之上、架桥机主梁之下，由架桥机起重天车定点吊起混凝土梁后，运梁车再从架桥机承重支腿之间退出，因此，运梁车需要通过架桥机后支腿，要求运梁车有相对较窄的车身，同时由于架桥机定点起吊，运梁车上无须驮梁小车，这是MBEC900型运梁车与其他形式架桥机配套运梁车最明显的区别。

MBEC900型运梁车的主要技术特点是：

（1）全液压悬挂系统，保证全部轴线载荷均匀，混凝土箱梁平衡支承。

（2）转向采用全轮独立转向，共有6种转向模式，适应在各种工况条件下使用。

（3）自动导航驾驶，自动纠纷、报警和停车，具有高的运输功效和对通过桥梁结构的安全保障。

（4）能通过无线遥控驾驶。在架桥机内对位行走时，能就近观察操作。

（5）车身结构简单、质量轻，采用单元模块式，安装拆卸方便，便于工地转移运输。

MBEC900型运梁车主要技术参数如表16.1所示。

表 16.1　MBEC900 型运梁车主要技术参数

参 数		参数值
载 荷	自重/t	225
	额定载荷/kN	9 000
	单轮载荷/kN	最大 170
尺寸/mm	总长	45 315
	总宽	5 740
	轴距	2 300
	轮距	4 100

参 数		参数值
悬挂系统	最大升程距离/mm	600
	补偿范围/mm	最大 ±300
	转向角/(°)	最大 ±42
行驶速度/(km·h⁻¹)	快速	最大 14
	慢速	最大 5
	爬行	最大 0.2
额定载荷爬坡能力/‰		最大 4.16
转弯半径（最大 42°）/m	内径	21
	外径	35
牵引力/kN		最大 665
驱动系统	功率/kW	381
	额定转速/(r·min⁻¹)	2 100
转向架	数量	34
	悬挂轴摆角/(°)	最大 ±4
电气系统	操作电压/V	24

第二节　运梁车的主要结构

MBEC900 型运梁车如图 16.1 所示，其主要由车架结构、悬挂结构、转向机构、驮梁小车系统、支腿系统、司机室等组成。

图 16.1　MBEC900 型运梁车

整个运梁车以车架为主体，在车架两侧各伸出 16 个"牛腿"，以安装转向架、主动轮组和从动轮组；在车架一端安装动力装置、驾驶室，另一端安装驾驶室；液压和电气系统管路附在车架两侧面。运梁车无动力箱的一端为前。

一、车架结构

运梁车车架结构为中主梁形式，由主梁和横梁组成，主梁置于车架中间，横梁置于主梁两侧。横梁又分为单横梁和双横梁。车架结构如图16.2所示。

主梁为焊接箱型结构，由4个节段组成，从前至后各节段长度划分为8 760 mm + 11 500 mm + 9 200 mm + 9 200 mm，断面尺寸为1 900 mm × 1 440 mm，各节段之间采用高强度螺栓连接。由于运梁车车身较长，装载混凝土箱梁后，车架主梁会产生竖向挠度，因此主梁预留拼装中垂挠度100 mm。

全车共有18个单横梁、8个双横梁，单横梁用于安装单个转向架，双横梁用于安装两个转向架载荷，双横梁顶部中间设置混凝土箱梁支座。单横梁和双横梁与主梁均采用高强度螺栓连接。

运梁车车架主结构采用钢材为St52-3（德国钢材）或者Q345D（中国钢材）。

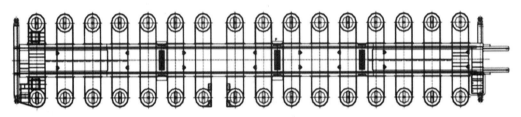

图 16.2　车架结构

二、悬挂机构

液压悬挂总成结构由转向架、摇臂、支承油缸、回转轴承、转向机构、车桥、轮边减速箱、油马达和工程轮胎等部分组成，通过回转轴承和车架连接，实现转向、高度调节等功能，如图16.3所示。

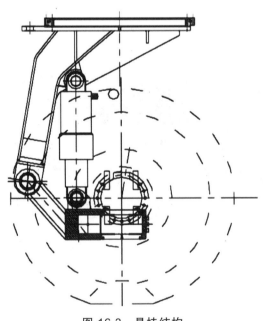

图 16.3　悬挂结构

三、主动轮对

主动轮对由工程子午轮胎、轮辋、摇摆架、液压驱动马达、减速机等组成，如图 16.4 所示。摇摆架轴套内装有免维护的滑动轴承，通过滑动轴承与转向架的摆轴连接，主动轮对可围绕摆轴摆动，以适应 4% 的横坡。液压马达、减速器固定在摇摆架上，液压马达通过减速机驱动轮辋上的轮胎转动。运梁车共有 11 对为主动车轮对。

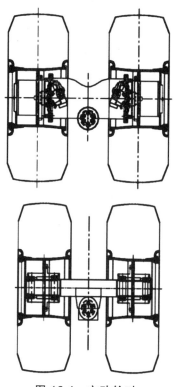

图 16.4　主动轮对

四、从动轮对

从动轮对主要由工程子午轮胎、轮辋、轮毂、从动轮轴、调心滚子轴承等组成。从动轮对的从动轮轴套内装有免维护的滑动轴承，通过滑动轴承与转向架的摆轴连接，从动轮对可围绕摆轴摆动，以适应 4% 的横坡。运梁车共有 21 对为从动车轮对。

五、转向机构

转向机构采用全轮独立转向机构，全车 32 套悬挂可根据驾驶员选定的"转向模式"进行工作。各悬挂轮轴均可按设定的转向轨迹进行转动，实现无滑移行驶，不仅可延长轮胎使用周期，而且使整机运行非常机动、灵活。

六、驮梁小车系统

驮梁小车系统由一个双出绳液压卷扬机、3 个转向滑轮、钢丝绳和驮梁小车结构组成，如图 16.5 所示。卷扬机均采用液压马达＋减速器来驱动，该减速器带弹簧闭锁液压释放制动器。驮梁小车由液压卷扬机通过钢丝绳驱动。驮梁小车在拖梁时其速度完全由架桥机控制，从而保证驮梁小车与架桥机起重小车同步运行。驮梁小车空载返回锚定位置时其速度由运梁车控制，改驮梁小车的锚定位置还可以运输 24 m 和 20 m 箱梁。

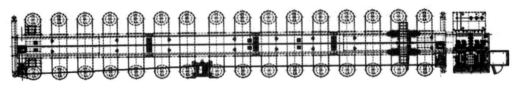

图 16.5　驮梁小车系统

七、油缸支腿系统

运梁车设有 4 个油缸支腿，每个油缸支腿的最大支承力为 1 250 kN，当混凝土箱梁在驮梁小车上拖行时，油缸支腿能保证轮胎的载荷不超过其承受的范围，并保持运梁车处于稳定状态。

八、司机室

采用双驾驶室，在运梁车前部和后部的正面分别有一个司机室，两司机司均可旋转，司机室内视野开阔，装有冷暖空调。司机室可以保护操作员以及操作和显示设备不受气候响。司机室内设有单人座椅。通过司机室主控计算机彩色显示屏、视频显示屏、仪表盘及信号灯组，提供全面直观的现场状态数据。

第十七章 提梁机

提梁机是运梁机的配套机械设备，其主要作用是提起混凝土箱梁放至运梁车上，也有的提梁机同时具有提梁、运梁作用。本章将以 ML900-43 型轮胎式吊运梁机和 500 t 轨行式提梁机为例简要介绍提梁机的特点、主要参数和结构组成。

第一节 轮胎式吊运梁机

一、ML900-43 型轮胎式吊运梁机的特点和参数

ML900-43 型轮胎式吊运梁机用于中铁大桥局京津城际 7 号梁场。该机设计用于梁场内混凝土箱梁的吊运和为运梁车进行装车作业等，能吊运铁路客运专线 20 m、24 m 和 32 m 双线箱梁。

轮胎式吊运梁机的主要特点：

（1）能覆盖整个梁场进行吊运作业，工效高，速度快。

（2）与轮轨式提梁机相比，走行路基相对于路面不需要特殊的加固。

ML900-43 型轮胎吊运梁机如图 17.1 所示。

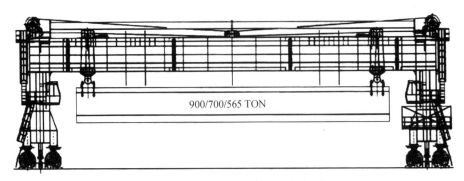

图 17.1　ML900-43 型轮胎式吊运梁机

ML900-43 型轮胎式吊运梁机主要技术参数见表 17.1。

表 17.1　ML900-43 型轮胎式吊运梁机主要技术参数

指　标	参　数	指　标	参　数
额定起重量/t	900	卷扬机数量/个	4
立柱中心距（跨度）/m	43.5	卷扬机单绳拉力/t	10
跨内净宽/m	＞39	钢丝绳直径/mm	24
吊具下高度/m	9.0	空载提升速度/(m/min)	0～1.5
最大长度/m	约 51	满载提升速度/(m/min)	0～0.5
最大宽度/m	17.45	卷扬机最大提升高程/m	7.0
最大高度/m	14.33	单卷扬机允许提升质量/t	225
轮组数量/个	28	提梁小车最大横移距离/mm	250
轮胎数量/个	56	满载走行速度/(m/min)	0～16
轮胎型号	26.5 R25	空载走行速度/(m/min)	0～27
轮胎充气压力/kPa	750	爬坡能力/(%)	1.5
驱动轮数量/个	20	发动机功率/kW	380
从动轮数量/个	36	发动机型号	DEUTZ BF8M1015
轮组最大转向角度/(°)	109	驾驶室数量/个	2
提梁小车数量/个	2	整机质量/t	约 400

二、ML900-43 型轮胎式吊运梁机结构组成

1．主结构

吊运梁机主结构包括一个主梁、两个垂直立柱和两个下横梁。立柱分别与主梁和下横梁连接。主梁、立柱和下横梁均为箱形结构，它们之间由螺栓连接构成吊运梁的主结构。各连接法兰经机械加工，箱梁由钢板制作。为了加强结构和稳定性，箱梁内部设有各向筋板。

2．走行轮组

吊运梁机共安装有 28 个轮组、56 个轮胎，每个立柱下有 7 根轴线，14 个轮组，28 个轮

胎。轮轴经强化处理，轮组支架和滚动轴承分别承载纵向与横向负载。轴承上设有密封装置，使轴承受到保护而不受水的侵蚀，轴承通过球形加油嘴润滑。

3．液压系统

液压系统的动力传递由 20 组变、定量液压马达与两个变量液压泵组成。系统压力补偿泵可以补偿主回路流量的损失，保持系统压力的稳定。通过改变柴油发动机的供油量可以精确地调整液压系统的开启和停止，系统流量可以通过变量泵上的变量调节装置来实现流量的逐渐减少至停止。

4．制动系统

吊运梁机有两套制动系统：常规的制动，适合正常的传动制动，用来制动液压马达；刹车制功，位于减速器和液压马达之间。

5．转向系统

吊运梁机前后端各有 14 组轮组。在行驶中需要转向时，所有的轮组将沿吊运梁机的转向半径转向。为了保证吊运梁机实现原地 90° 转向，所有轮组都有各自独立的可以实现 90° 转向的双作用液压缸和连杆机构。本机的转向机构可使每个轮组以不同角度转动，它们的回转轴心在同一条线上。

控制吊运梁机转向的操作杆在驾驶室里，操作杆控制液压系统的分配器，减压阀控制液压系统的最大压力。

6．提升装置

提升装置包括吊具和提梁小车。提升装置有 4 个液压卷扬机。每个液压卷扬机都有 一个带槽卷筒，钢丝绳在卷筒上可以平整缠绕。卷筒轴上装有轴承、卷筒、减速器和液压马达。多片盘式制动器位于减速器和液压马达之间，为常闭制动器。当绞车到达其行程终点时，旋转控制器会使卷筒停止；卷筒的转速如超过限定值，卷扬机的紧急制动装置将立即起作用，使卷筒停止转动。在发生紧急情况时，按下红色的紧急停止按钮同样会使紧急制动装置实现卷筒的制动。

卷扬机安装在主梁的上部，并设有平台，便于它的维修和保养。

卷扬机的钢丝绳缠绕在吊梁小车的定滑轮和吊具上的动滑轮之间。每个滑轮都装有向心球轴承。当提升负载的时候，动滑轮协同吊具可将负载提升到适当的位置。提升系统共有 3 根钢丝绳，其中有两根钢丝绳分别缠绕在两个卷筒上。另外两个卷筒上缠绕同一根钢丝绳，实现三吊点方式吊梁。

卷扬机液压系统、每个绞车都设有独立的压力分配单元和压力控制阀组。驾驶室的操纵杆和按钮可以控制绞车与 4 台卷扬机，它们都可以分别动作或同步动作。当卷扬机到达其行程终点或操作者松开操纵杆时，控制执行元件的电磁阀将会处于停止供油状态，此时制动系统对卷扬机实施制动。如果由于油管爆裂导致整个系统压力下降，制动系统马上会自动制动以阻止负载的继续坠落。操纵杆上的按钮开关是很灵敏的，但即使由于某些原因，操纵杆被偶然的碰到了也不会出现问题。在低载荷运行时，节流阀将会控制液压马达的输入流量。节流阀的使用避免了由于液压马达转速过高而导致的液压绞车超负荷运转。

7. 动力机组

主发动机、液压泵、提升装置控制装置、转向装置控制装置、伺服系统、液压油箱、分配器、电磁阀、蓄电池等一起安装在一个封闭的柜子里组成吊运梁机的动力机组。这个柜子安装在一个平台上，平台放置在下横梁上方。柴油发电机和水冷装置安装在一个减震装置上，由司机操作。所有的液压泵都通过一个变速箱传递发动机的功率。主液压泵连接在变速器的一个输出口上，其余的卷扬机、液压小车和转向装置用的液压泵连接在另一个输出口上。

第二节　轨行式提梁机

500 t 轨行式提梁机

500 t 轨行式提梁机是为铁路客运制梁场而专门设计的门式起重机，两台 500 t 轨行式提梁机联合抬吊作业，可进行铁路客运专线 20 m、24 m、32 m 跨预制双线整孔预应力箱形混凝土梁的提升和装卸施工。

根据提升装吊作业需要，500 t 轨行式提梁机可分为 3 种形式：大车重载走行，通过小车移动实现箱梁横移；大车空载走行，定点起吊混凝土梁，通过小车实现箱梁横移；固定式门架，定点起吊混凝土梁，通过小车移动实现横梁横移。

按门架结构形式，500 t 轨行式提梁机可分为箱梁式或桁架式两种。

依据中铁大桥局集团承接的京津高速铁路梁场特点和使用要求，京津 500 t 提梁机采用箱梁形式，支腿为一刚一柔结构，大车重载走行，通过小车移动实现箱梁横移，走行机构采用变频技术，整机采用 PLC 控制，大车走行和小车走行均采用单轨走行方案。考虑到今后转场到其他梁场的使用需要，此提梁机可实现有级变跨和有级变高功能。500 t 提梁机如图 17.2 所示。

图 17.2　500 t 轨行式提梁机门架

几种 500 t 轨行式提梁机的主要参数如表 17.2 所示。

表 17.2　500 t 轨行式提梁机的主要技术参数

参数名称	京津 500 t 提梁机	温福 500 t 提梁机	武广 500 t 提梁机
起重量（1 台）	500 t		
跨度/m	36（可变为 32）	32（可变为 36）	20（可变为 36）
起升高度/m	26.5（可变为 22）	22（可变为 26.5）	16（可变为 26.5）
主起升速度/（m/min）	0.5	0.5	0.5
小车运行速度/（m/min）	0~6	0~6	0~6
大车运行速度/（m/min）	0~10	0~10	0~10
起重小车轨距/m	2.6	2.6	2.6
小车轮压/t	69	69	69
起重大车轨距/m	36	32	20
大车轮压/t	70	70	70
提梁机自重/t	325	306	245
提梁机外形尺寸/m	长 40×宽 17×高 35	长 36×宽 17×高 32	长 24×宽 14.5×高 25
整机功率/kW	160		
电源	三相五线制，交流 380 V、50 Hz		
整机稳定系数	满足 GB/T 3811—2008 的要求		
实验载荷	静载试验加载到额定载荷的 1.25 倍，动载试验加载到额定载荷的 1.1 倍		

复习思考题

1-1　简述架梁机的作用和架梁过程。

1-2　简述运梁车的作用及特点。

第六篇

隧道工程机械

第十八章　盾构隧道掘进机

第一节　盾构机简述

盾构隧道掘进机，简称盾构机或盾构（Shield Machine）。它是一种软土隧道掘进的专用工程机械，现代盾构机集光、机、电、液、传感、信息技术于一体，具有开挖切削土体、输送土渣、拼装隧道衬砌、测量导向纠偏等功能，涉及地质、土木、机械、力学、液压、电气、控制、测量等多门学科技术，而且要按照不同的地质进行"量体裁衣"式的设计制造，可靠性要求极高。盾构机已广泛用于地铁、铁路、公路、市政、水电等隧道工程。

用盾构机进行隧洞施工具有自动化程度高、节省人力、施工速度快、一次成洞、不受气候影响、开挖时可控制地面沉降、减少对地面建筑物的影响和在水下开挖时不影响水面交通等特点，在隧洞洞线较长、埋深较大的情况下，用盾构机施工更为经济合理。

盾构机的工作原理就是一个钢结构组件沿隧道轴线边向前推进边对土壤进行掘进。这个钢结构组件的壳体称盾壳，盾壳对挖掘出的还未衬砌的隧道段起着临时支护的作用，承受周围土层的土压、承受地下水的水压以及将地下水挡在盾壳外面。掘进、排土、衬砌等作业在盾壳的掩护下进行。

开挖面的稳定方法是盾构机工作原理的主要方面，也是盾构机区别于硬岩掘进机的主要方面。硬岩掘进机也称岩石掘进机，国内一般称为 TBM（Tunnel Boring Machine），通常定义中的 TBM 是指全断面岩石隧道掘进机，是以岩石地层为掘进对象。硬岩掘进机与盾构机的主要区别就是不具备泥水压、土压等维护掌子面稳定的功能。而盾构机施工主要由稳定开挖面、掘进及排土、管片衬砌及壁后注浆三大要素组成。

第二节　盾构机的分类

盾构机的分类方法较多，可按盾构机切削断面的形状；盾构机自身构造的特征、尺寸的大小、功能；挖掘土体的方式；掘削面的挡土形式；稳定掘削面的加压方式；施工方法；适用土质的状况等多种方式分类。

一、按挖掘土体的方式分类

按挖掘土体的方式，盾构机可分手掘式盾构机、半机械式盾构机及机械式盾构3种。

（1）手掘式盾构机：即掘削和出土均靠人工操作进行的方式。

（2）半机械盾构机：即大部分掘削和出土作业由机械装置完成，但另一部分仍靠人工完成。

（3）机械式盾构机：即掘削和出土等作业均由机械装备完成。

二、按掘削面的挡土形式分类

按掘削面的挡土形式，盾构机可分为开放式、部分开放式、封闭式3种。

（1）开放式：即掘削面敞开，并可直接看到掘削面的掘削方式。

（2）部分开放式：即掘削面不完全敞开，而是部分敞开的掘削方式。

（3）封闭式：即掘削面封闭不能直接看到掘削面，而是靠各种装置间接地掌握掘削面的方式。

三、按加压稳定掘削面的形式分类

按加压稳定掘削面的形式，盾构机可分为压气式、泥水加压式、土加压式3种。

（1）压气式：即向掘削面施加压缩空气，用该气压稳定掘削面。

（2）泥水加压式：即用外加泥水向掘削面加压稳定掘削面。

（3）土加压式（也称土压平衡式）：即用掘削下来的土体的土压稳定掘削面。

综合以上3种分类方式，质构分类如图18.1所示。

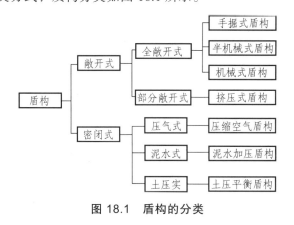

图18.1 盾构的分类

第三节　具体盾构机形式

一、手掘式盾构

手掘式盾构是指采用人工开挖隧道工作面的盾构。手掘式盾构是盾构的基本形式，其正面是敞开式的，开挖采用铁锹、风镐、碎石机等开挖工具人工进行。对开挖面一般采取自然的堆土压力支护及利用机械挡板支护。按不同的地质条件，开挖面可全部敞开人工开挖；也可用全部或部分的正面支撑，根据开挖面土体自立性适当分层开挖，随挖土随支撑。开挖土方量为全部隧道排土量。这种盾构便于观察地层和清除障碍，易于纠偏，简易价廉，但劳动强度大，效率低，如遇正面坍方，易危及人身及工程安全。在含水地层中需辅以降水、气压或土壤加固。

这种盾构由上而下进行开挖，开挖时按顺序调换正面支撑千斤顶，开挖出来的土从下半部用皮带运输机装入出土车，采用这种盾构的基本条件是：开挖面至少要在挖掘阶段无坍塌现象，因为挖掘地层时盾构前方是敞开的，如图18.2所示。

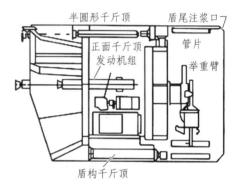

图 18.2　手掘式盾构

手掘式盾构从砂性土到黏性土地层均能适用，因此较适应于复杂的地层，该形式的盾构在开挖面出现障碍物时，由于正面是敞开的，较易排除。由于这种盾构造价低廉，发生故障也少，因此是最为经济的盾构。

在没有辅助措施时，手掘式盾构只适用于开挖面自稳性强的围岩。对开挖面不能自稳的围岩和渗漏地层，可与气压、降水、化学注浆等稳定地层的辅助施工法同时使用。施工中可根据具体情况采用压缩空气施工法，或采取改良地层、降低地下水位等措施。

手掘式盾构不一定是圆形断面，也可以是使矩形或马蹄形断面。

二、半机械式盾构

半机械式盾构是在敞开式人工式盾构机的基础上安装掘土机械和出土装置，以替代人工作业。

半机械式盾构（见图18.3）进行开挖及装运石碴都采用专用机械，配备液压挖掘机、臂式掘进机等掘进机械和皮带输送机等出碴机械，或配备具有掘进与出碴双重功能的挖装机械。施工时必须充分考虑确保作业人员的安全，并选用噪声小的设备。为防止开挖面坍塌，盾构装备了活动前檐和半月形千斤顶，常采用液压操作的胸板，胸板置于单独的区域或在盾壳的周边辅助支撑隧道工作面。半机械式盾构适用土质以洪积层的砂、砂砾、固结粉砂和黏土为主，也可用于软弱冲积层，但须同时采用压气施工法，或采取降低地下水位、改良地层等辅助措施。

φ2.86 m反铲挖掘盾构　　φ5.71 m反铲挖掘盾构　　φ6.731 m反铲挖掘盾构

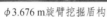

φ3.676 m旋臂挖掘盾构　　　　　　φ6.03 m旋臂挖掘盾构

图 18.3　半机械式盾构

三、机械式盾构

全敞开式的机械式盾构，前面装备有旋转式刀盘，增大了盾构的掘进能力（见图 18.4）。开挖的土砂通过旋转铲斗和斜槽装入皮带输送机。围岩开挖和排土可以连续进行。适用土质同手掘式及半机械式的盾构。

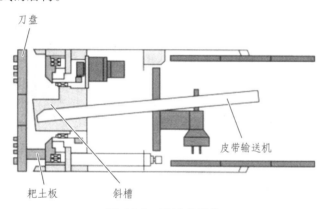

图 18.4　机械式盾构

四、挤压式盾构

挤压式盾构在日本也称为"盲式盾构（Blind Type Shield）"。在挤压推进时，挤压式盾构对地层土体的扰动较大，地面易产生较大的隆陷变化，在地面有建筑物的地区不宜使用。挤压式盾构仅适用于自稳性很差、流动很大的软黏土和粉砂质围岩，不适用于含砂率高的围岩和硬质地层。若液性指数过高，则流动性过大，也不能获得稳定的开挖面。由于适用地质范围狭窄，所以目前已很少采用挤压式盾构。挤压式盾构主要有盖板挤压式、螺旋排土挤压式、网格挤压式。

1．盖板挤压式盾构

盖板挤压式盾构是利用隔板将开挖面全部封闭，只在一部分上设有面积可调的排土盖板。盾构正面贯入围岩向前推进，使贯入部位砂土呈塑性化流动，由盖板部位进行排土。开挖面的稳定是靠调节盖板开口的大小和排土阻力，使千斤顶推力和开挖面土压达到平衡来实现的。图18.5所示为日本三菱φ6.32 m挤压式盾构。

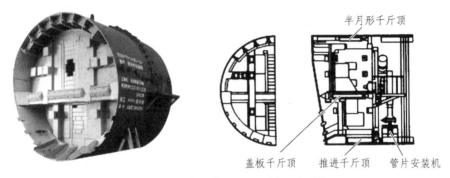

图18.5　日本三菱**φ6.32 m挤压式盾构**

2．螺旋排土挤压式盾构

利用封板将开挖面封闭，盾构正面贯入围岩向前推进，使贯入部位土砂呈塑性化流动，由螺旋输送机进行排土。开挖面的稳定是靠调螺旋输送机的转速和螺旋输送机出土闸门的开度，使千斤顶推力和开挖面土压达到平衡来实现的。其原理如图18.6所示。

3．网格挤压式盾构

网格挤压式盾构是利用盾构切口的网格将正面土体挤压并切削成为小块，并以切口、封板及网格板侧向

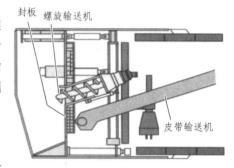

图18.6　**螺旋排土挤压式盾构**

面积与土体间的摩阻力平衡正面地层侧向压力，达到开挖面的稳定，具有结构简单，操作方便，便于排除正面障碍物等特点。网格挤压式盾构正面网格开孔出土面积较小，适宜在软弱黏土层中施工，当处在局部粉砂层时，可在盾构土仓内采用局部气压法来稳定正面土体。根据出土方式的不同，网格挤压式盾构可分为干出土与水力出土两种类型。图18.7所示为网格挤压式水力机械盾构。

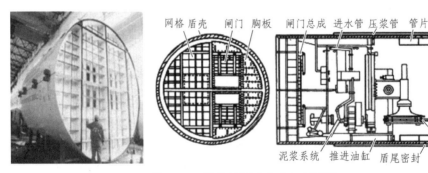

图18.7　**网格挤压式水力机械盾构**

五、压缩空气式盾构

压缩空气式盾构的原理是空气压力与地下水的静水压力保持平衡，因此也称为"气压平

衡（Air Pressure Balance）盾构"，简称 APB 盾构。但空气压力不能直接抵抗土压，土压依靠自然或机械的支撑承受。

压缩空气式盾构适用于黏土、黏砂土及多水松软地层。包括所有采取以压缩空气为支护材料的盾构，开挖可以是手掘式、机械式，断面可为分部或全断面。早期的压缩空气式盾构施工时要在隧道工作面和止水隧道之间封闭一个相对较长的工作仓，大部分工人经常处于压缩空气下。后来开发的压缩空气盾构只是开挖仓承压，称局部气压盾构，日本称为"限量压缩空气盾构"。这类盾构装有密封隔板，可将经过加压的工作面密封起来，使其与完成的隧道断面隔离，能在大气压下安全地操作设备。图 18.8 所示为日本三菱 ϕ5.25 m 压缩空气式盾构。ϕ5.25 m 压缩空气盾构通过一个球阀形的旋转漏斗排土，并同时确保开挖面压力的稳定。图 18.9 所示为球阀形旋转漏斗排土实况的照片。

图 18.8　ϕ5.25 m 压缩空气式盾构

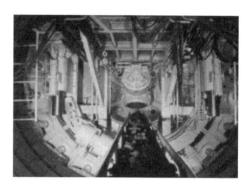

图 18.9　球阀形旋转漏斗排土

压缩空气的压力应高于或等于隧道工作面底部的水压，由于水压有明显的梯度，因此，在顶部过剩的压力会使空气进入地层，当土壤颗粒由于气流失去平衡时，覆土层较浅的隧道工作面就会泄漏而引起"喷发"，并可能引起灾难性的后果。由于压缩空气式盾构有"喷发"的危险，且工作条件极差，现已被泥水盾构取代。

六、泥水加压式盾构机

泥水加压式盾构（Slurry Pressure Balance Shield），简称 SPB 盾构。它是应用封闭型平衡原理进行开挖的新型盾构，用泥浆代替气压支护开挖面土层，施工质量好、效率高、技术先进、安全可靠，是一种全新的盾构技术。

泥水加压式盾构需要一套较复杂的泥水处理设备，投资较大（大概就占了整个泥水盾构系统的 1/3 的费用）；施工占地面积较大，在城市市区施工，有一定困难。然而在某些特定条件下的工程，如在大量含水砂砾层，无黏聚力、极不稳定土层和覆土浅的工程，以及超大直径盾构和对地面变形要求特别高的地区施工，泥水加压式盾构就能显示其优越性。另外对某些施工场地较宽敞，有丰富的水源和较好泥浆排放条件或泥浆仅需进行沉淀处理排放的工程，可大幅度降低施工费用。

泥水加压盾构机构造原理视频

（一）基本构造和工作原理

1．基本构造

图 18.10 所示为泥水加压式盾构的基本构造简图，主要由盾壳、刀盘、密封泥水舱、推

进油缸、管片拼装机以及盾尾密封装置等组成。概括地说，泥水加压式盾构是在盾构前部增设一道密封隔仓板，把盾构开挖面与盾构后面和隧道空间截然分开，使密封隔仓板与开挖面土层之间形成密封泥水仓，在泥水仓内充以压力泥浆，刀盘浸没在泥水仓中工作，由刀盘开挖下的泥土进入泥水仓后，经刀盘切削搅拌和搅拌机搅拌后形成稠状泥浆，通过管道排送到地面，排出的泥浆作分离处理，排除土渣，对余下的浆液进行黏度、密度调整，重新送入盾构密封泥水仓循环使用。

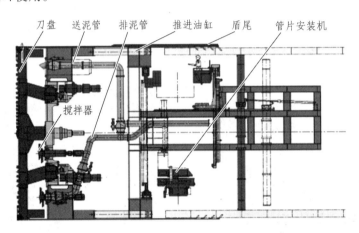

图 18.10　泥水加压式盾构构造

2．工作原理

泥水加压式盾构是利用向密封泥水仓中输入压力泥浆来支护开挖面土层，使盾构施工在开挖面土层十分稳定的条件下向前掘进，从而大大地提高了隧道施工质量和施工效率。泥浆的主要功用为：

（1）利用泥浆静压力平衡开挖面土层水土压。

（2）在开挖面土层表面，形成一层不透水泥膜，使泥浆压力发挥有效的支护作用。

（3）泥浆中细微黏粒在极短时间内渗入土层一定深度，进一步改善土层承压能力。

输入盾构的泥浆必须具有适当的黏度和密度，泥浆压力要保持高于土层地下水压 0.02 MPa 左右。

（二）两种类型的泥水加压式盾构机

根据泥水密封仓构造形式和对泥浆压力的控制方式不同，盾构的泥水系统分为两种基本类型：直接控制型和间接控制型。

1．直接控制型

图 18.11 所示是直接控制型（日本型）泥水系统流程图，P_1 为供泥浆泵，从地面泥浆调整槽将新鲜泥浆打入盾构泥水仓，与开挖下的泥土进行混合，形成稠状泥浆，然后由排泥浆泵 P_2 输送到地面泥水处理场，排除土渣，而稀泥浆流向调整槽，再对泥浆密度和浓度进行调整后，重新输入盾构循环使用。

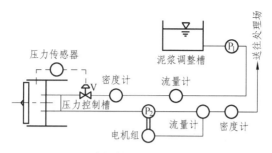

图 18.11　直接控制型泥水系统流程图

控制泥水舱中泥浆压力,可通过调节 P_1 泵转速或调节控制阀 V 的开度来进行。P_1 泵安在地面,控制距离长而产生延迟效应不便于控制泥浆压力,因此常用调节控制阀 V 来进行泥浆压力调节。

由于泥水加压式盾构开挖面工况不能直接观察,为了保证施工质量,在进排泥浆的管路上分别安装流量计和密度计,通过检测泥浆的流量和密度,即可算出盾构的排土量,然后将排土量与理论掘进排土量进行比较,并使实际排土量控制在一定范围内,就可减小和避免地面变形,保证隧道施工质量。

2．间接控制型

图 18.12 所示为间接控制型(德国型)泥水系统流程图,这种系统的工作特征是由泥浆和空气双重回路组成。在盾构密封泥水舱内插装一道半隔板,在半隔板前充以压力泥浆,在半隔板后面盾构轴心线以上部分充以压缩空气,形成空气缓冲层,气压作用在隔板后面与泥浆接触面上,由于接触面上气、液具有相同压力,因此只要调节空气压力,就可以确定和保持在全开挖面上相应的泥浆支护压力。当盾构掘进时,有时由于泥浆的流失,或推进速度的变化,进、排泥浆量将会失去平衡,气液接触面就会出现上下波动现象。通过液位传感器,根据液位的高低变化来操纵供泥浆泵转速,使液位恢复到设定位置,以保持开挖面支护液压的稳定。也就是说,供泥浆泵输出量随液位下降而增加,随液位上升而减小,另外在液位最高和最低处设有限位器,当液位达到最高位时,停止供泥浆泵,当液位降低到最低位时,则停止排泥浆泵。正是由于空气缓冲层的弹性作用,从而当液位波动时,对支护泥浆压力变化无明显影响。显然,间接控制型泥水加压式盾构与直接控制型相比,操作控制更为简化,对开挖面土层支护更为稳定,对地表变形控制也更为有利。

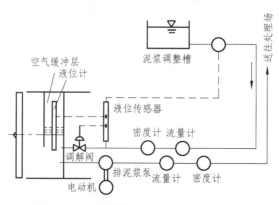

图 18.12　间接控制型泥水系统流程图

土压式平衡（Earth Pressure Balance）盾构，简称 EPB 盾构。土压式平衡盾构是在机械式盾构的前部设置隔板，使土仓和排土用的螺旋输送机内充满切削下来的泥土，依靠推进油缸的推力给土仓内的开挖土渣加压，使土压作用于开挖面以使其稳定。土压式平衡盾构的支护材料是土壤本身。

（一）土压式平衡盾构机的基本组成和工作原理

1. 土压式平衡盾构机的基本构成

土压式平衡盾构机由刀盘、盾壳、推进系统、刀盘驱动、管片拼装机、盾尾密封系统、后配套设备等组成，如图 18.13 和图 18.14 所示。

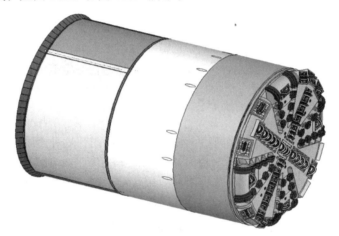

土压式平衡盾构机
构造原理视频

图 18.13　土压平衡盾构机三维模型

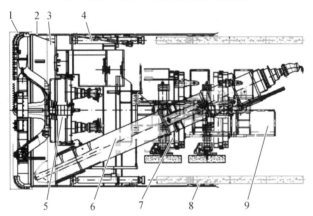

1—刀盘；2—盾体；3—土仓；4—推进油缸；5—刀盘驱动；
6—螺旋输送机；7—管片拼装机；8—盾尾密封；
9—皮带输送机。

图 18.14　土压平衡盾构机的组成

（1）刀盘。

刀盘带有多个进料槽的切削盘体，位于盾构机最前部，用于切削土壤，是盾构机上直径最大的部分，由一个带 4 根支撑辐条的法兰板与刀盘驱动连接，刀盘上可根据被切削土质的硬度来选择安装硬岩刀具或软土刀具。刀具通常有两大类：一类是刮削刀具；另一类是滚动刀具。刀盘外侧装有一把扩挖刀，盾构机在转向时，可以操作扩挖刀油缸使扩挖刀沿刀盘的径向向外伸出，扩大开挖直径，从而易于实现盾构机的转向。刀盘上安装的所有刀具都是由螺栓连接，可以从刀盘后面的土仓中更换。法兰板的后面有一个回转接头，它的作用是向刀盘的面板输入泡沫或膨润土以及向扩挖刀液压油缸输送液压油，如图 18.15 所示。

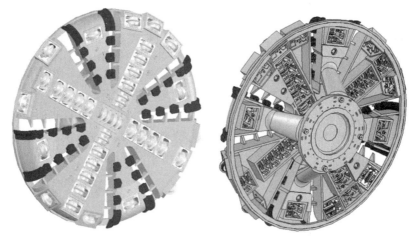

图 18.15　盾构刀盘

（2）盾体。

盾体包括前盾、中盾和尾盾 3 部分，如图 18.16 所示。

前盾和与它焊接在一起的承压隔板用来支撑刀盘驱动，同时使土仓与后面的工作空间隔开，推力油缸的压力可以通过承压隔板作用到开挖面上，起到支撑和稳定开挖面的作用。承压隔板不同高度处装有 5 个土压传感器，可以用来探测土仓中不同高度的土压力。

中盾和前盾通过法兰用螺栓连接，中盾内侧的周边装有多个推进油缸，用于盾构机的推进。

尾盾通过铰接油缸和中盾相连，这种铰接连接可以使盾构机易于转向。

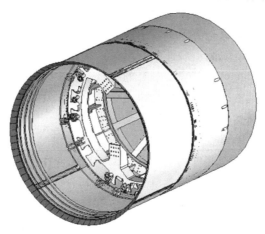

图 18.16　盾构盾体

（3）刀盘驱动机构。

刀盘驱动是由螺栓连接在前盾承压隔板的法兰上，它是一个敞开式中心环形驱动。刀盘由主驱动箱内的带有环形内齿圈的主轴承支撑。刀盘驱动可以使刀盘在顺时针和逆时针两个方向上实现一定范围的无级变速。刀盘驱动主要由9组齿轮传动副和主齿轮箱组成，每组由一个斜轴式变量轴向柱塞马达和水冷式行星减速齿轮箱组成，其中一组传动副的行星减速齿轮箱中带有制动器，用于制动刀盘。安装在前盾承压隔板上的一台定量液压泵驱动主齿轮箱中的齿轮油，用来润滑主齿轮箱，这个油路中有一个水冷式的齿轮油冷却器用来冷却齿轮油，如图18.17所示。

（4）推进机构。

盾构机的推进是通过推进液压缸顶住安装好的管片来向前推进的。盾构机在掘进过程中按照指定的路线做轴向前进时，由于土层土质条件的多样性和施工中诸多不可预见因素的作用使盾构推进控制非常复杂，整个盾构机受到地层阻力不均而使盾构掘进时方向发生偏离，而且盾构机有时还要转弯或曲线行进，这些都要靠合理地调节推进系统各液压缸的推进压力得到所需扭矩来实现盾构机姿态的调整，如图18.18所示。

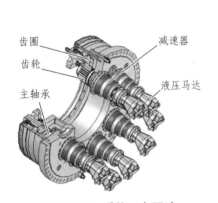

图18.17　盾构刀盘驱动

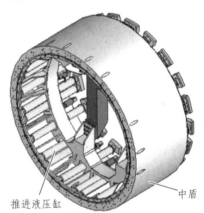

图18.18　盾构推进机构

（5）排土机构。

盾构机的排土机构主要包括螺旋输送机和皮带输送机。渣土由螺旋输送机从土仓运输到皮带输送机上，再由输送机运送到渣土车。螺旋输送机上有前后两个闸门，前部的闸门关闭时可以使泥土仓和螺旋输送机隔断；后面的闸门在停止掘进或维修时关闭，在整个盾构机断电的紧急情况下，这个闸门也可由蓄能器贮存的能量自动关闭，防止开挖仓中的水及渣土在压力作用下进入盾构机。螺旋输送机将盾构机土仓的土压值与设定土压值进行比较，随时调整向外排土的速度，实现盾构机土仓内连续的动态土压平衡。

（6）管片拼装机构。

管片由龙门吊从地面吊下至竖井内的管片车上，由电瓶车牵引管片车到第一节台车前的电葫芦下方，由电葫芦吊起管片向前运送到管片小车上，由管片小车再向前运送，供给管片拼装机使用。管片拼装机由拼装机大梁、支撑架、旋转架和拼装头组成。拼装机大梁用法兰连接在中盾的后支撑架上，拼装机的支撑架通过左右各两个滚轮安装在大梁的行走槽中，内圈为齿圈的滚珠轴承外圈通过法兰与拼装机支撑架相连，内圈通过法兰与旋转架相连，拼装头与旋转支架之间用两个伸缩油缸和一个横梁相连接。

两个拼装机行走液压油缸可以使支撑架、旋转架、拼装头在拼装机大梁上沿隧道轴线方向移动；安装在支撑架上的两个液压马达，驱动滚珠轴承的内齿圈可以使旋转架和拼装头沿隧道圆周方向左右旋转各200°；通过伸缩油缸可以使拼装头外伸或者收缩；拼装头在油缸的作用下又可以实现在水平方向和竖直方向上的摆动以及抓紧和放松管片的功能。这样在拼装管片时，就可以有6个方向的自由度，从而可以使管片准确就位。拼装手可以采用机械抓取，也可以采用真空吸盘。一环管片由6块管片组成，它们是3个标准块、2块临块和1块封顶块。隧道成型后，管环之间及管环的管片之间都装有密封，用以防水。管片之间及管环之间都由高强度的螺栓连接。

（7）后配套设备。

① 一号台车及其设备。

一号台车上装有盾构机的操作室及注浆设备。

盾构机操作室中有盾构机操作控制台、控制电脑、盾构机PLC自动控制系统、隧道掘进激光导向系统电脑及螺旋输送机后部出土口监视器。

② 二号台车及其设备。

二号台车上有包含液压油箱在内的液压泵站、膨润土箱、膨润土泵、盾尾密封油脂泵和润滑油脂泵。

液压油箱和液压泵站为刀盘驱动、推进油缸、铰接油缸、管片拼装机、管片运输小车、螺旋输送机、注浆泵等液压设备提供液压油。泵站上有液压油过滤及水冷式冷却回路。盾尾密封油脂泵在盾构机掘进时将盾尾密封油脂压送到三排盾尾密封刷与管片之间形成的两个腔室中，防止注射到管片背后的浆液进入盾体内。润滑油脂泵将油脂泵送到盾体中的小油脂桶中，盾构机掘进时，电机驱动的小油脂泵将油脂送到主驱动齿轮箱、螺旋输送机齿轮箱及刀盘回转接头中。

③ 三号台车及其上的设备。

三号台车上装有两台打气泵、一个贮气罐、一组配电柜及一台二次风机。

打气泵可提供压缩空气并将压缩空气贮存在贮气罐中，压缩空气用来驱动盾尾油脂泵、密封油脂泵和气动污水泵；给人闸、开挖室加压；操作膨润土、盾尾油脂的气动开关等。二次风机将由中间井输送至四号台车位置处的新鲜空气，继续向前泵送至盾体附近，给盾构机提供良好的通风。

④ 四号台车及其设备。

四号台车上装有变压器、电缆卷筒、水管卷筒、风管盒。

（8）辅助设备。

辅助设备包括数据采集系统、激光导向系统、注浆装置、泡沫装置、膨润土装置。

① 数据采集系统。

数据采集系统按掘进、管片拼装、停止掘进3个不同运行状态段来记录、处理、存储、显示和评判盾构机运行中的所有关键监控参数，通过数据采集系统，地面工作人员就可以在地面监控室中实时监控盾构机各系统的运行状况。

② 激光导向系统。

激光经纬仪临时固定在安装好的管片上，随着盾构机的不断向前掘进，激光经纬仪也要不断地向前移动，这被称为移站。激光靶则被固定在中盾的双室气闸上。激光经纬仪发射出激光束照射在激光靶上，激光靶可以判定激光的入射角及折射角，另外激光靶内还有测倾仪，用来测量盾构机的滚动和倾斜角度。在显示器上显示出盾构机轴线相对于隧道设计轴线的偏差，操作者依此来调整盾构机掘进的姿态，使盾构机轴线和隧道设计轴线之间的偏差始终保持在一个很小的数值范围内。

③ 注浆装置。

注浆装置主要包括两个注浆泵、浆液箱及管线。

两个注浆泵各有两个出口，4个出口直接连至盾尾上圆周方向分布的4个注浆管上。盾构机掘进时，注浆泵泵出的浆液被同步注入隧道管片与土层之间的环隙中，浆液凝固后就可以起到稳定管片和地层的作用。为了适应开挖速度的快慢，注浆装置可以根据压力来控制注浆量的大小，不至于破坏盾尾密封。

④ 泡沫装置。

泡沫装置产生泡沫，向盾构机开挖室中注入泡沫，用于开挖土层的改良。作为支撑介质的土在加入泡沫后，其塑型、流动性、防渗性和弹性都得到改进，盾构机掘进驱动功率就可降低，也可减少刀具的磨损。

⑤ 膨润土装置。

膨润土装置也是用来改良土质，以利于盾构机的掘进。需要注入膨润土时，膨润土被膨润土泵沿管路向前泵至盾体内，操作人员可根据需要，在控制室的操作控制台上，通过控制气动膨润土管路控制阀的开关，将膨润土加到开挖室、泥土仓或螺旋输送机中。

2．土压平衡盾构机的工作原理

土压平衡盾构机是在刀盘后面设置土仓，刀盘旋转切削下来的泥土充满土仓和排土用的螺旋输送机，依靠推进油缸的推力来给土仓内的开挖土渣加压，使土压作用于开挖面，承受土层的土压和地下水的水压，从而达到压力平衡。开挖下来的渣土通过螺旋输送机从土仓运输到皮带输送机上，然后由皮带输送机把渣土运输到停在轨道上的渣车，通过调节螺旋输送机的排土速度可以达到调节土仓压力的目的。土压平衡盾构机的掘进、排土、衬砌等作业工程都是在盾壳的支护下进行，给施工提供了安全保障。

（二）4 种类型的土压平衡盾构机

1．普通型土压平衡盾构

普通型土压平衡盾构参见图 18.13 和图 18.14 所示，适用于松软黏性土，由刀盘切削下的泥土进入泥土仓，再通过螺旋输送机向后排出。由于泥土经过刀盘切削和扰动后会增加塑流性，在受到刀盘切削和螺旋输送机传送后也会变得更为松软，使泥土仓内的土压能均匀传递。通过调节螺旋机转速或调节盾构推进速度，调节密封泥土仓内的土压并使其接近开挖面静止土压，保持开挖面土层的稳定。

普通型土压平衡盾构一般采用面板式刀盘，进土槽口宽为 200～500 mm，刀盘开口率为20%～40%，另外在螺旋输送机排土口装有排土闸门，有利于控制泥土仓内土压和控制排土量。

2．加泥型土压平衡盾构

当泥土含砂量超过一定限度时，土砂流动性差，靠刀盘切削扰动难以使泥土达到足够的塑流状态，有时会压密固结，产生拱效应。当地下水量丰富时，通过螺旋输送机的泥土，就不能起到止水作用，无法进行施工。此时应在普通型土压平衡盾构的基础上增加特殊泥浆压注系统，即形成加泥型土压平衡盾构（见图18.19）。向刀盘面板、泥土仓和螺旋输送机内注入特殊黏土泥浆材料，再通过刀盘开挖搅拌作用，使之与开挖下来的泥土混合，使其转变为流动性好、不透水性泥土，符合土压平衡盾构施工要求。

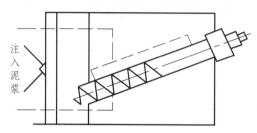

图 18.19　加泥型土压平衡盾构

为了降低刀盘传动功率和减小泥土移动阻力，加泥型土压平衡盾构刀盘为有；辐条的开放式结构，开口面积接近100%，并在刀盘背面伸出若干搅拌土砂的叶片，以便对土砂进行强力搅拌，使其变成具有塑流性和不透水性的泥土。

另外，对要求注入浓度、黏性更高的泥浆材料才能改变土砂功能时，往往难以用刀盘搅拌达到目的，这将大大增加刀盘和螺旋输送机的机械负荷，造成盾构施工困难。此时应注入发泡剂代替泥浆材料，因为发泡剂材料密度小、搅拌负荷轻，可使刀盘扭矩降低50%左右。盾构排出土砂中的泡沫会随时间自然消失，有时在泥土中加入消泡剂，可加速泡沫的消失，保持良好的作业环境。

3．加水型土压平衡盾构

在砂层、砂砾层透水性较大的土层中，还可以采用加水型土压平衡盾构。这种盾构是在普通型土压平衡盾构的基础上，在螺旋输送机的排土口接上一个排土调整箱（见图18.20），在排土调整箱中注入压力水，并使其与开挖面土层地下水压保持平衡。经过螺旋输送机将弃土排入调整箱内与压力水混合后形成泥浆，再通过管道向地面排送。开挖面的土压仍由密封泥土仓土压进行平衡。

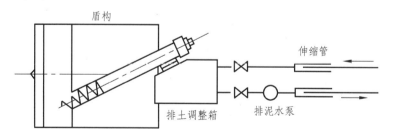

图 18.20　加水型土压平衡盾构

盾构掘进时，刀盘不停地对土层进行开挖和搅拌，使密封泥土仓内的土砂处于均匀状态；土砂颗粒之间的空隙被水填满，减少了土砂颗粒之间有效应力而增加了流动性，从而能顺畅地通过螺旋输送机送入排土调整箱。在调整箱内通过搅拌混合，向地面处理场排放。

加水型土压平衡盾构的泥水排放系统与泥水加压盾构相似，但注入的主要是清水，无黏粒材料，无须对注入的水进行浓度、密度控制，泥水分离处理设备和工艺也大为简化。这种盾构刀盘一般采用面板式结构，进土槽口尺寸可根据土体中砾石最大尺寸来决定，刀盘开口率一般在 20%～60%。

4．泥浆型土压平衡盾构

这种盾构适用于土质松软、透水性好、易于崩塌的积水砂砾层或覆土较浅、泥水易喷出地面和易产生地表变形的极差地层的施工。图 18.21 是其施工工艺流程图，它具有土压平衡盾构和泥水加压盾构的双重特征。盾构掘进时，应向盾构内注入高浓度泥浆，通过搅拌与土砂混合使其泥土化，并充满泥土仓、支护开挖面。由于从螺旋输送机排出的泥土呈塑化或流化状态，所以在螺旋输送机的排土口装上一个旋转排土器，既可保持泥土仓内土压的稳定，又可不断地从压力区向无压区顺利排土。但从排土器排出的泥土呈泥浆状，不能用干土排送方式向地面排送，同时泥浆浓度较高，无法通过管道排出，从螺旋输送机排出的泥土，是在泥浆槽中经水稀释后再以流体形式通过管道排往地面。

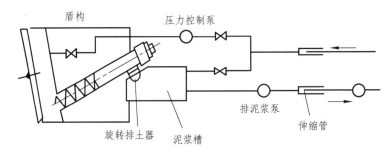

图 18.21　泥浆型土压平衡盾构工艺流程

从图中可以看出，泥浆型土压平衡盾构泥土仓的泥浆供入系统和排出系统是两个回路，所以从泥浆排出系统操作所造成的压力波动，对泥土仓内支护压力无大的影响，使盾构操作控制更为简便。

该机通常采用面板结构，进土槽口宽度可按土层中最大砾石尺寸决定，刀盘开口率一般在 40%～60%。由于泥浆型土压平衡盾构多用于巨砾土层，因此排土多采用带式螺旋机，可比同样大小中心轴式螺旋输送机排出的石块粒径大一倍左右。

第四节　盾构基本参数

一、盾构直径

盾构直径取决于管片外径、保证管片安装的富裕量、盾构结构形式、盾尾壳体厚度及修正蛇行时的最小余量等。

$$D = D_s + 2(\delta + t) \tag{18.1}$$

式中　D_s——管片外径；

　　　t——盾尾壳体厚度；

　　　δ——盾尾间隙。

盾尾间隙主要考虑保证管片安装和修正蛇行时的最小富裕量。盾尾间隙在施工时既可以满足管片安装、又可以满足修正蛇行的需要，同时应考虑盾构施工中一些不可预见的因素。盾尾间隙一般为 25 ~ 40 mm。

二、盾构推力

（一）盾构阻力

在设计盾构推进装置时，必须考虑的主要阻力有以下 6 项：盾构推进时的盾壳与周围地层的阻力 F_1；刀盘面板的推进阻力 F_2；管片与盾尾间的摩擦阻力 F_3；切口环贯入地层的贯入阻力 F_4；转向阻力 F_5；牵引后配套拖车的牵引阻力 F_6。

盾构推力必须留有足够的余量，总推力一般为总阻力的 1.5 ~ 2 倍。

$$F_e = AF_d \qquad (18.2)$$

式中　F_e——盾构总推力；

A——安全储备系数，一般为 1.5 ~ 2；

F_d——盾构推进总阻力，$F_d = F_1 + F_2 + F_3 + F_4 + F_5 + F_6$。

1. 盾构推进时盾壳与周围地层的摩擦阻力 F_1

（1）对于砂土而言

$$F_1 = 0.25\pi DL(2P_e + 2KP_e + K\gamma D)\mu_1 + W\mu_1 \qquad (18.3)$$

式中　D——盾构外径，m；

L　　盾壳总长度，m；

P_e——作用在盾构上顶部的竖直土压强度，kPa；

K——开挖面上土体的静止土压系数；

γ——开挖面上土体的浮重度，kN/m^3；

μ_1——地层与盾壳的摩擦系数，通常取 $\mu_1 = 0.5/\tan\varphi$，φ 为土体的内摩擦角；

W——盾构主机的重量，kN。

（2）对于黏土而言

$$F_1 = \pi DLC \qquad (18.4)$$

式中　C——开挖面上土体的内聚力，kPa；

2. 刀盘面板的推进阻力 F_2

手掘式、半机械式盾构上，F_2 为开挖面支护反力；机械式盾构上，F_2 为作用于刀盘上的推进阻力；闭胸式盾构上 F_2 为土仓内压力。

$$F_2 = 0.25\pi D^2 P_f \qquad (18.5)$$

式中　P_f——开挖面前方的压力；泥水盾构为土仓内的设计泥水压力，土压平衡盾构为土仓内的设计土压力，kPa。

3．管片与盾尾间的摩擦阻力 F_3

$$F_3 = n_1 W_S \mu_2 + \pi D_S b P_T n_2 \mu_2 \qquad (18.6)$$

式中　n_1——盾尾内管片的环数；

　　　W_S——环管片的重量，kN；

　　　μ_2——盾尾刷与管片的摩擦系数，通常为 0.3～0.5；

　　　D_S——管片外径，m；

　　　b——每道盾尾刷与管片接触长度，m；

　　　P_T——盾尾刷内的油脂压力，kPa；

　　　n_2——盾尾刷的层数。

4．切口环贯入地层的贯入阻力 F_4

（1）对砂质土而言

$$F_4 = \pi(D^2 - D_i^{\ 2})P_3 + \pi D t K_P P_m \qquad (18.7)$$

式中　D——前盾外径，m；

　　　D_i——前盾内径，m；

　　　P_3——切口换插入处的地层的平均土压，kPa；

　　　t——切口环插入地层的深度，m；

　　　K_P——被动土压系数；

　　　P_m——作用在盾构上的平均土压力，kPa。

（2）对黏土而言

$$F_4 = \pi(D^2 - D_i^{\ 2})P_3 + \pi D t C \qquad (18.8)$$

式中　C——开挖面上土体的内聚力，kPa。

5．转向阻力 F_5

$$F_5 = RS \qquad (18.9)$$

式中　R——抗力土压（被动土压力），kPa；

　　　S——抗力板在掘进方向上的投影面积，m²。

转向阻力仅在曲线施工中或者盾构推进中出现蛇行时存在，由于抗力板在掘进方向上的投影面积的计算比较复杂，因此，一般不计算转向阻力，在确定总推力时考虑盾构施工中的上坡、曲线施工、蛇行及纠偏等因素，留出必要的富余量。

6．牵引后配套拖车的牵引阻力 F_6

$$F_6 = W_b \mu_3 \qquad (18.10)$$

式中　μ_3——后配套拖车与运行轨道间的摩擦系数；

　　　W_b——后配套拖车及拖车上设备的总重量，kN。

（二）盾构推力的经验估算方法

（1）经验估算公式 1：

$$F_e = \frac{1}{4}\pi D^2 P_J \qquad (18.11)$$

式中　P_J——单位掘进断面上的经验推力，P_J 的取值范围为 $700 \sim 1\,200\ kN/m^2$。

（2）经验估算公式 2：

$$F_e = \beta \cdot D^2 \qquad (18.12)$$

式中　β——经验系数，一般 $\beta = 500 \sim 1\,200\ kN/m^2$。

三、刀盘扭矩

刀盘扭矩的计算比较复杂，刀盘在地层中掘进时的扭矩一般包含切削土阻力扭矩（克服泥土切削阻力所需要的扭矩）、刀盘的旋转阻力矩（克服与泥土的摩擦阻力所需的扭矩）、刀盘所受推力载荷产生的反力矩、密封装置所产生的摩擦力矩、刀盘的前端面的摩擦力矩、刀盘后面的摩擦力矩、刀盘开口的剪切力矩、土压内的搅动力矩。

1. 刀盘扭矩的理论算法

刀盘扭矩的计算包括：刀盘切削扭矩 T_1；刀盘自重形成的轴承扭矩 T_2；刀盘轴向载荷形成的轴承扭矩 T_3；密封装置摩擦力矩 T_4；刀盘前面摩擦扭矩 T_5；刀盘圆周面的摩擦反力矩 T_6；刀盘背面摩擦力矩 T_7；刀盘开口槽的剪切力矩 T_8；刀盘构造柱（云腿）和搅拌棒的搅拌阻力矩 T_9；减速装置摩擦损耗扭矩 T_{10}。

刀盘设计扭矩：

$$T = T_1 + T_2 + T_3 + T_4 + T_5 + T_6 + T_7 + T_8 + T_9 + T_{10} \qquad (18.13)$$

（1）刀盘切削扭矩 T_1。

$$T_1 = n q_u h_{max} D^2 n^2 \qquad (18.14)$$

式中　n——刀盘转速，r/min；

q_u——切削土的抗压强度，kPa；

h_{max}——贯入度，即刀盘每转的切入深度，m，$h_{max} = v/n$，其中 v 为推进速度，m/h；

D——刀盘直径，m。

（2）刀盘自重形成的轴承扭矩 T_2。

$$T_2 = W_C R_1 \mu_g \qquad (18.15)$$

式中　W_C——刀盘重量，kN；

R_1——主轴承滚动半径，m；

μ_g——轴承滚动摩擦系数。

（3）刀盘轴向载荷形成的轴承扭矩 T_3。

$$T_3 = P_t R_1 \mu_g \qquad\qquad (18.16)$$

其中 $\qquad\qquad P_t = \alpha\pi\left(\dfrac{D}{2}\right)^2 P_d$

式中　P_t——刀盘推力荷载；

　　　α——刀盘不开口率，$\alpha = 1 - A_S$，A_S 为刀盘开口率；

　　　D——刀盘直径，m；

　　　P_d——盾构前面的主动土压，kPa。

（4）密封装置摩擦力矩 T_4

$$T_4 = 2\pi\mu_m F_m (n_1 R_{m1}^2 + n_2 R_{m2}^2) \qquad\qquad (18.17)$$

式中　μ_m——主轴承密封与钢的摩擦系数，一般取 $\mu_m = 0.2$；

　　　F_m——密封的推力，kPa；

　　　n_1——内密封数量；

　　　n_2——外密封数量；

　　　R_{m1}——内密封安装半径，m；

　　　R_{m2}——外密封安装半径，m。

（5）刀盘前面摩擦扭矩 T_5

$$T_5 = 2\alpha\pi\mu_1 R_C^3 P_d / 3 \qquad\qquad (18.18)$$

式中　α——刀盘不开口率；

　　　μ_1——土与刀盘之间的摩擦系数；

　　　R_C——刀盘半径，m；

　　　P_d——盾构前面的主动土压，kPa。

（6）刀盘圆周面的摩擦反力矩 T_6

$$T_6 = 2\pi R_C B P_Z \mu_1 \qquad\qquad (18.19)$$

式中　R_C——刀盘半径，m；

　　　B——刀盘周边的厚度，m；

　　　P_Z——刀盘周围的平均土压力，kPa；

　　　μ_1——土与刀盘之间的摩擦系数。

（7）刀盘背面摩擦力矩 T_7

$$T_7 = 2\alpha\pi\mu_1 R_C^3 P_W / 3 \qquad\qquad (18.20)$$

式中　α——刀盘不开口率；

　　　μ_1——土与刀盘之间的摩擦系数；

　　　R_C——刀盘半径，m；

　　　P_W——土仓设定的土压力，kPa。

（8）刀盘开口槽的剪切力矩 T_8

$$T_8 = 2\pi\tau R_\text{C}^3 A_\text{S} / 3 \tag{18.21}$$

式中　τ——刀盘切削剪力，$\tau = c + P_W \tan\varphi$；

　　　R_C——刀盘半径，m；

　　　A_S——刀盘开口率；

　　　c——开挖面上土体的内聚力，kPa；

　　　φ——土仓内土体的内摩擦角，如果是泥水盾构，则是渣土和泥水的混合物，一般取内摩擦角 $\varphi = 5°$；

　　　P_W——土仓设定的土压力，泥水盾构为泥水压力，kPa。

（9）刀盘构造柱（云腿）和搅拌棒的搅拌阻力矩 T_9，它由两部分组成，

$$T_9 = T_{91} + T_{92} = T_{91} + m\sigma_\text{m} R_\text{b}(A_\text{b} + \mu_\text{ms} A_\text{c}) \tag{18.22}$$

式中　T_{91}——刀盘构造柱的搅拌扭矩，根据刀盘具体的结构参考搅拌臂的计算方法计算；

　　　T_{92}——刀盘搅拌棒的搅拌扭矩；

　　　m——搅拌臂的个数；

　　　σ_m——泥土仓渣土的平均土压力；

　　　A_b——搅拌臂迎土面的面积；

　　　A_c——搅拌臂侧面的面积；

　　　μ_ms——搅拌臂与渣土的摩擦系数；

　　　R_b——搅拌臂的平均回转半径。

（10）减速装置摩擦损耗扭矩 T_{10}

$$T_{10} = f \cdot T_0 \tag{18.23}$$

式中　f——驱动机械的磨耗系数；一般可取为不大于 0.02；

　　　T_0——常用装备扭矩。

2．刀盘扭矩的经验算法

刀盘驱动扭矩应有一定的富余量，扭矩储备系数一般为 1.5～2。同时，根据国外盾构设计经验，刀盘扭矩可按下式进行估算，即

$$T = K_\alpha D^3 \tag{18.24}$$

式中　K_α——相对于刀盘直径的扭矩系数，一般取土压平衡盾构 $K_\alpha = 14 \sim 23$；泥水盾构 $K_\alpha = 9 \sim 18$。

四、盾构功率

1．主驱动功率

$$W_0 = A_\text{w} T\omega / \eta \tag{18.25}$$

式中　W_0——主驱动系统功率，kW；

A_w——功率储备系数，一般为 1.2~1.5；

ω——刀盘角速度，$\omega = 2\pi n/60$，n——刀盘转速，r/min；

η——主驱动系统的效率。

2．推进系统功率

$$W_\mathrm{f} = A_\mathrm{w}Fv/\eta_\mathrm{w} \tag{18.26}$$

式中　W_f——推进系统功率，kW；

A_w——功率储备系数，一般为 1.2~1.5；

F——最大推力，kN；

v——最大推进速度，m/h；

η_w——推进系统的效率，$\eta_\mathrm{w} = \eta_\mathrm{pm}\eta_\mathrm{pv}\eta_\mathrm{c}$，$\eta_\mathrm{pm}$ 为推进泵的机械效率，η_pv 为推进泵的容积效率；η_c 为联轴器的效率。

五、盾构选型

盾构的类型分为软土盾构和复合盾构两类，盾构的机型目前应用最广泛的是土压平衡盾构和泥水盾构两种。无论是适用于单一软土地层的软土盾构，还是适用于复杂地层的复合盾构，又包含有土压平衡盾构和泥水盾构两种机型。

（一）盾构选型的依据

盾构选型应以工程地质、水文地质为依据，综合考虑周围环境条件、隧道断面尺寸、施工长度、埋深、线路的曲率半径、沿线地形、地面及地下构筑物等环境条件，以及周围环境对地面变形的控制要求及工期、环保等因素，同时，参考国内外已有盾构工程实例及相关的盾构技术规范、施工规范及相关标准，对盾构类型、驱动方式、功能要求、主要技术参数、辅助设备的配置等进行研究。

1．工程地质

根据隧道工程地质资料，综合分析隧道岩性和围岩类别，选择合适的盾构类型，确保施工安全可靠，确保地面建筑物的安全，确保施工进度目标的实现。不同类型的盾构适应的地质范围不同，所选择的盾构应能适应地质条件，能保持开挖面稳定。

土压平衡盾构是依靠推进油缸的推力给土仓内的开挖土渣加压，使土压作用于开挖面使其稳定，主要适用于粉土、粉质黏土、淤泥质粉土、粉砂层等黏稠土壤的施工。掘进时，由刀盘切削下来的土体进入土仓后由螺旋输送机输出，在螺旋机内形成压力梯降，保持土仓压力稳定，使开挖面土层处于稳定。盾构向前推进的同时，螺旋机排土，使排土量等于开挖量，即可使开挖面的地层始终保持稳定。当渣土中的含砂量超过某一限度时，泥土的塑流性明显变差，土仓内的土体因固结作用而被压密，导致渣土难以排送，需向土仓内添加膨润土、泡沫或聚合物等添加剂，以改善土体的塑流性。对于砂卵石地层，由于粉砂土及黏土含量少，开挖面在刀盘的扰动下易坍塌，采用一般的土压平衡盾构机已经不能满足这种地层的需要，必须采取辅助措施，注入足够数量的添加剂，进行渣土改良，或者选择泥水平衡式盾构机。

泥水盾构利用循环悬浮液的体积对泥浆压力进行调节和控制，采用膨润土悬浮液（俗称泥浆）作为支护材料。开挖面的稳定是将泥浆送入泥水仓内，在开挖面上用泥浆形成不透水的泥膜，通过泥膜表面扩张作用，以平衡作用于开挖面的土压力和水压力。开挖的土砂以泥浆形式输送到地面，通过泥水处理设备进行分离，分离后的泥水进行质量调整，再输送到开挖面。泥水平衡盾构机从某种意义上说在隧道掌子面平衡方面比土压平衡盾构机优越。

2．水文地质

隧道盾构施工另外一个重要选型依据就是隧道围岩水文地质因素，围岩渗水系数是盾构选型常用的一个参数指标。

对于渗水系数大的隧道采用土压盾构施工，螺旋输送机"土塞效应"难以形成，螺旋输送机出渣发生大量"喷涌"现象，这样对施工是非常不利的，同时引起的一个直接反映是土仓压力波动大，地面沉降不利控制，如果采用泥水平衡盾构，甚至采用气垫等措施，泥水仓压力波动可以控制在很小的范围内，欧洲设备采用气垫一般可以控制在 0.2 bar 左右。

对于渗水系数较小的隧道如果采用泥水平衡盾构施工，主要制约因素是隧道渣土排放需要较长的管道，同时需要昂贵的泥水处理设备，在环境要求高的场合还必须采用渣土压滤设备，同时耗费大量的膨润土，这样工程造价是比较高的。

3．尽量少的辅助施工工法

对于盾构施工，一个重要概念即掘进快速、工序少、人员程序化施工。辅助工法的增多给隧道施工带来很多不便：材料耗费大、工序复杂、工人技术能力要求高、管理困难。因此进行盾构选型，应该综合分析施工成本，尽量采取少的辅助施工工法，保证隧道稳定高速掘进。

4．环保要求

对于现代化隧道施工，进行盾构机类型的选择，环保要求应该引起施工界的高度重视，比如盾构施工带来的有形污染物、噪声、水源污染等各个环节应综合考虑。

以上几个方面在主要满足工程地质和水文地质关键技术需要的情况下，同时兼顾尽量少地采用辅助工法、环保高要求等因素，多方面调研，综合确定适合工程的盾构类型。

（二）不同类型土质条件的盾构选型

1．软弱土层隧道盾构选型

（1）软弱土层基本特性。

这种土层主要由黏粒和砂粒组成，其黏粒含量高、含水量大、透水性较差、强度低，具有触变性。土层一旦受到扰动，强度显著降低。

（2）盾构选型。

在软弱土层中采用盾构施工，必须在盾构掘进过程中，始终保持盾构开挖面和盾构外围周边土层的稳定，避免和减少土层扰动，以防止地表变形，这是软弱土层隧道对盾构选型考虑的首要问题。软弱土层隧道施工可选用以下类型盾构：

① 普通型土压平衡盾构。适用于软弱黏性土，即使黏结较密实的泥土，在受到刀盘开挖扰动后，也会增加塑流性，能充填满刀盘泥土仓和螺旋输送机壳体的空间，通过调节螺旋

机转速或盾构推进速度，就能使泥土仓内土压与开挖面静止土压保持平衡，以保持开挖面土层稳定。

② 泥水加压盾构。这种盾构适用土层类型很广，从软弱黏性土、砂性土以及砂砾层都可选用，但需要配备泥水处理分离设备，占地面积较大，费用较高。

③ 网格挤压盾构。适用于不能自稳、流动性大的软弱黏性土，尤其是对盾构掘进沿线地表变形无严格要求的工程，例如穿越江、湖、海底或沼泽地区的隧道工程。这种盾构具有结构简单、造价低、故障少等优点，因而可在地质条件和施工环境适当的情况下选用。

2．湿陷性黄土层隧道盾构选型

（1）湿陷性黄土基本特性。

湿陷性黄土在承受一定压力、同时处于浸水条件时会发生结构破坏而引起附加变形，这种变形具有突变性、非连续性和不可逆性。当建筑物或隧道建造在湿陷性黄土地区，一旦发生湿陷变形，必将产生结构破坏的严重后果。湿陷变形是在压力和浸水共同作用下产生的，相反，湿陷性黄土在干燥环境下形成的结构强度是相当高的，可直立不垮。

（2）盾构选型。

在湿陷性黄土层采用盾构法建造隧道是非常复杂和困难的，应力求避开。这种土层宜选用开敞型盾构，包括人工开挖盾构、半机械开挖和机械开挖盾构。但应特别提醒：通常盾构施工法要在隧道衬砌外表面和土层之间的缝隙中及时压浆充填，由于湿陷性黄土在外荷和水的共同作用下，会导致土体结构强度降低，使结构体系失稳而破坏，因此在湿陷性黄土层采用盾构法施工时，应改为向衬砌外围缝隙压注小直径固体砂砾骨料，以保证隧道结构的稳定。

3．红土层隧道盾构选型

（1）红土基本特性。

红土是一种中等压缩性、强度较高的黏性土，其流限较大、含水量较多，土体常处于硬塑和可塑状态。但浸水后强度降低，部分含黏粒较多的红土，湿化崩解明显。

（2）盾构选型。

根据红土的基本特性，采用土压平衡盾构是红土层隧道施工的最佳选型。对强度较高的红土，以选用加泥型土压平衡盾构为宜。盾构掘进时，可向密封泥土仓和螺旋输送机内注入泥浆或泡沫，使其与开挖下的泥土搅拌混合，提高泥土的塑流性，适应土压平衡盾构工作要求。

当红土层存有未风化、微风化岩层时，宜选用土压平衡复合型盾构；当盾构在一般性红土层中掘进时，可采用封闭型土压平衡盾构施工；当遇到岩石层时，就可转换成开敞型机械开挖盾构施工。

另外，有的红土黏结性极高，被开挖下的泥土，常常会牢固地黏结在刀盘进土口边沿或泥土仓隔板上，导致进土不畅、刀盘扭矩和盾构推力大增，影响盾构正常施工。为此，应采取以下措施：① 在刀盘和泥土仓钢板表面涂上润滑剂或粘贴减摩板材，以减小摩擦力；② 刀盘和泥土仓构造设计应尽量简化，减少死角，以使排土畅通；③ 刀盘采用中间梁支承，可对土体进行搅拌，并有利于避免泥土黏结；④ 适当加大刀盘和螺旋输送机传动功率，以备不测。

4．膨胀性黏土层隧道盾构选型

（1）膨胀性黏土基本特性。

膨胀性黏土具有显著的吸水膨胀和失水收缩两种变形特性，并且具有再吸水再膨胀和再失水再收缩的可逆性变形特性。其在天然状态下，结构强度高、压缩性小、天然含水量低，土体处于硬塑或坚硬-半坚硬状态。而在干燥状态下，土质坚硬、易脆裂，一旦遇水则发生膨胀，强度显著降低。

（2）盾构选型。

这种土层在天然状态下土体可以保持稳定，一般可选用开敞型盾构，包括：人工开挖盾构、半机械开挖盾构和机械开挖盾构。但应禁止采用注水或注浆工艺。这种土层浸水后强度显著降低，宜选用土压平衡或泥水加压型盾构。

当盾构施工所穿越土层既有天然状态下膨胀性黏土，又有被水浸湿的土层时，就宜选用复合型盾构。

5．砂卵石地层盾构选型

（1）砂卵石地层基本特性。

砂卵石地层与水的结合能力小，呈现无黏聚力或小黏聚力的松散颗粒，不具有塑性。

（2）盾构选型。

① 砂砾层盾构选型。

在砂砾层采用盾构施工，应着重考虑对开挖土层的稳定措施，一般以采用封闭型盾构为宜。（a）泥水加压型盾构。利用压力泥浆支护开挖面土层，同时面板式刀盘与开挖面土层密贴接触，增加了土层的稳定，是砂砾层隧道施工的最佳选型。（b）土压平衡型盾构。可根据不同地质条件采取不同改良土质技术措施，使其符合土压平衡盾构施工要求，因而能广泛用于从软弱黏性土到砂砾层隧道施工，而且特别适应城市人口稠密地区工程施工。

② 卵石及复合地层盾构选型。

一般卵石层强度变化较大，在强度大的卵石层施工应选用开敞型盾构：包括人工开挖、半机械化和机械化盾构。如果穿越地层含水砂砾层和卵石交互层，则应选用泥水加压型复合盾构。对于大块卵石，还应在盾构土仓内安设碎石机。

6．风化岩层隧道盾构选型

（1）风化岩层基本特性。

风化岩是新鲜岩在风化作用下形成的物质，可划分为全风化、强风化、中等风化和微风化。其中全风化和强风化岩石强度一般较低，而微风化和中等风化岩石强度较高。

（2）盾构选型。

随着地下工程建设事业的发展，不少隧道穿越的土层较为复杂，尤其是长度大的隧道具有软土和强、中、微风化岩层交互地层，在这种情况下，应选用复合型盾构，包括：泥水加压型、土压平衡型以及敞开型复合盾构。在进行具体选型时，还应着重根据所遇到的软土地层的施工要求加以考虑。

综上所述，盾构选型主要是根据土质特性和施工要求加以考虑，而在实际工程中，还有许多重要因素直接影响盾构选型的要求。例如某一工程从地质条件和施工环境考虑，选用泥水加压型盾构是最适宜的，但承包商考虑到另一条同直径隧道施工条件，要求采用土压平衡型盾构，为了使一台盾构能重复应用于多项工程，因此这项工程最后还是选用了土压平衡型盾构。

在实际工程中，到目前为止，国内在建和已建工程主要选用了以下几类盾构：① 土压平衡型盾构。主要用于城市市区建筑物和人口稠密地区隧道施工，如城市地铁区间隧道工程。② 泥水加压型盾构。主要用于地质条件恶劣或穿越江海隧道施工，如上海黄浦江多条过江隧道工程。③ 复合型盾构。主要用于风化岩多变地层隧道施工，如广州地铁二号线海珠广场至市二宫区间隧道工程。④ 网格挤压型盾构。主要用于软弱土层且地表变形无严格要求的空旷地区隧道施工，已广泛用于上海及浙江沿海沿江地区进排水隧道工程。

（三）盾构刀盘选型

1．刀盘结构形式的选择

盾构机的刀盘主要具有开挖、稳定掌子面的功能，对于土压平衡盾构和泥水平衡盾构还具有搅拌渣土和泥浆的作用。刀盘的结构形式有面板式和辐条式两种，具体应用时应根据施工条件和土质条件等因素决定。泥水盾构一般都采用面板式刀盘，土压平衡式盾构则根据土质条件不同可采用面板式（见图18.22）或辐条式（见图18.23）。

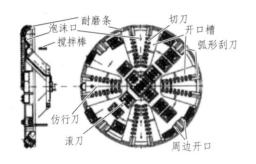

图18.22 面板式刀盘

图18.23 辐条式刀盘

（1）面板式刀盘：面板式刀盘适用于风化岩及软硬不均地层，其优点是通过刀盘的开口限制进入土仓的卵石粒径，其缺点是由于受刀盘面板的影响，开挖面土压不等于测量土压，因而土压管理困难；由于受面板开口率的影响，渣土进入土仓不顺畅、易黏结和易堵塞，且刀盘负荷大，使用寿命短。对于土压平衡盾构，采用面板式刀盘时，由于泥土流经刀盘面板的开口进入土仓，盾构掘进时土仓内的土压力与开挖面的土压力之间产生压力降，且压力降的大小受面板开口的影响不易确定，从而使得开挖面的土压力不易控制。

（2）辐条式刀盘：辐条式刀盘仅有几根辐条，土、砂流动顺畅，有利于防止黏土附着，不易黏结和堵塞；由于没有面板的阻挡，渣土从开挖面进入土仓时没有土压力的衰减，开挖面土压等于测量土压，因而能对土压进行有效的管理，能有效地控制地面沉降；同时刀具负荷小，寿命长。刀具切削下来的土体直接进入土仓，没有压力损失，同时在辐条后设有搅拌叶片，土、砂流动顺畅，土压平衡容易控制。因此辐条式刀盘对砂、土等单一软土地层的适应性比面板式刀盘强；辐条式刀盘也能安装滚刀，在风化岩及软硬不均地层或硬岩地层掘进时，也可采用辐条式刀盘。

2．刀具的选取

（1）滚刀。

滚刀分为齿形滚刀和盘形滚刀。齿形滚刀主要有球齿滚刀和楔齿滚刀两种，常用于软岩；盾构上应用较广的是盘形滚刀。盘形滚刀按刀圈的数量分有单刃、双刃、多刃等3种形式（见图18.24）。

图18.24　盘形滚刀

在风化的砂岩及泥岩等较软岩地层时，一般采用双刃滚刀，软硬岩采用单刃滚刀。盘形滚刀按刀圈材质主要分为耐磨层表面刀圈、标准钢刀圈、重型钢刀圈、镶齿硬质合金刀圈等，并分别适应不同的地层。

① 耐磨层表面刀圈：适用于掘进硬度40 MPa的紧密地层，硬度80～100 MPa的断裂砾岩、砂岩、砂黏土等地层。

② 标准钢刀圈：适用于掘进硬度50～150 MPa的砾岩、大理石、砂岩、灰岩地层。

③ 重型钢刀圈：适用于掘进硬度120～250 MPa的硬岩，硬度80～150 MPa的高磨损岩层，如花岗岩、闪长岩、斑岩、蛇纹石及玄武岩等地层。

④ 镶齿硬质合金刀圈：适用于掘进硬度高达150～250 MPa的花岗岩、玄武岩、斑岩及石英岩等地层。

（2）切刀。

切刀安装在刀盘开口槽的两侧，也称刮刀。用来切削未固结的土壤，并把切削土刮入土仓中，刀具的形状和位置按便于切削地层和便于将土刮入土仓来设计，在同一个轨迹上一般有多把切刀同时开挖。切刀的宽度使得每把刀的切削轨迹之间有一定的重叠。目前最有效的切刀为双层耐磨设计，配有双层碳钨合金刀齿以提高刀具的耐磨性，在第一排刀齿磨损后，第二排刀齿可以代替第一排刀齿继续发挥作用。同时在刀具的背部设有双排碳钨合金柱齿。切刀在刀盘上的安装采用背装式，可以从开挖仓内拆卸和更换。

（3）先行刀。

先行刀一般安装在辐条中间的刀箱内。采用背装式，可从土仓进行更换。先行刀超前切刀布置，使得先行刀超前先切削地层，从而保护切刀并避免其先切削到砾石或块石地层。先行刀主要有3种形式：贝壳刀、撕裂刀、齿刀。日本盾构常采用贝壳刀，德国海瑞克公司盾构较常采用齿刀，加拿大罗威特公司和法国NFM公司盾构较常采用撕裂刀。

先行刀在切刀接触地层之前特别是较硬的地层之前先松动地层。一般切削宽度较窄，从而使得先行刀在砾石地层等较硬的地层中有更高的切削效率。先行撕裂刀除先行将致密的土层松动外，同时还起着击碎砂卵石的作用，先行刀还能起到延长切刀寿命的作用。

先行撕裂刀也可采用双层耐磨设计，配有双层碳钨合金刀齿以提高刀具的耐磨性，在第一排刀具磨损后，第二排刀具可以代替第一排刀具继续发挥作用。同时在刀具的背部设有双排碳钨合金柱齿。先行刀按刀盘双向转动设计，齿刀和撕裂刀可安装在一个特殊设计的刀箱中，允许根据刀盘的转动方向做适当的微动，这种微动的设计主要用来减少先行刀侧面的磨损。必要时，齿刀和撕裂刀的刀座可设计成与滚刀可互换的结构。

（4）周边刮刀。

周边刮刀也称铲刀，安装在刀盘的外圈，用于清除边缘部分的开挖渣土防止渣土沉积、确保刀盘的开挖直径以及防止刀盘外缘的间接磨损。该刀的切削面上设有一排连续的碳钨合金齿和一个双排碳钨合金柱齿，用于增强刀具的耐磨性，确保即使在掘进几千米之后刀盘仍然有一个正确的开挖直径。周边刮刀采用背装式，可从土仓内进行更换。对周边刮刀而言，单排连续碳钨合金刀齿是足够的，因为周边刮刀仅其端部切削地层，而切刀在整个宽度范围切削地层，如图 18.25 所示。

图 18.25　周边刮刀

（5）仿形刀。

仿形刀安装在刀盘的外缘上，通过液压油缸动作，采用可编程控制，通过刀盘回转传感器来实现。驾驶员可以控制仿形刀开挖的深度（即超挖的深度），以及超挖的位置。例如，决定要对左侧进行扩挖以便盾构向左转弯时，那么仿形刀只需在左侧伸出，扩挖左侧水平直径线上、下 45°的范围内便可以了。

3．刀盘驱动方式的选择

刀盘的驱动方式主要有液压驱动方式和电机驱动方式。在 20 世纪 60 年代，大扭矩液压马达还未研制成功，各种直径的硬岩全断面隧道掘进机中大多采用的是电动机直接驱动的方式。一般电动机为双速电机，刀盘只能选择两种转速进行切土破岩工作。20 世纪 70 年代之后，大扭矩液压马达成功研制，由于可以很容易实现无级调速，逐渐取代了电动机直接驱动，在 TBM 及盾构机中得到广泛应用。到了 20 世纪 90 年代，大功率交流异步电动机的变频调速技术发展迅速，由于变频电机体积小、效率高，并且可以无级调速，电动机直接驱动方式在盾构等隧道掘进设备中又得到广泛的应用。变频驱动和液压驱动的比较如表 18.1 所示。

表 18.1　刀盘驱动方式比较

项　目	①变频驱动	②液压驱动	备　注
驱动部外形尺寸	大	小	一般①：②＝(1.5～2)：1
后续设备	少	多	② 需要液压泵、油箱、冷却装置等
效率	95%	65%	液压传动效率低

项　目	①变频驱动	②液压驱动	备　注
起动电流	小	小	① 变频起动电流小； ② 无负荷起动电流小
起动力矩	大	小	起动力矩可达到额定力矩的 120%
起动冲击	小	较小	① 利用变频软起动，冲击小； ② 控制液压泵排量，可缓慢起动，冲击较小
转速控制、微调	好	好	① 变频调速； ② 控制液压泵排量，可以控制转速和进行微调
噪声	小	大	液压系统噪声大
隧道内温度	低	高	液压系统传动效率低，功率损耗大，温度高
维护保养	容易	较困难	液压系统维护保养要求高，保养较复杂

　　液压驱动具有调速灵活，控制简单、液压马达体积小、安装方便等特点，但液压驱动效率低、发热量大。

　　变频驱动具有发热量小、效率高、控制精确等优点，在工业领域应用较广。虽然目前的中小型盾构的刀盘驱动较常采用液压驱动，大直径盾构较常采用变频驱动，但由于变频驱动效率高，从节能方向及发展趋势来看，变频电机驱动方式是刀盘驱动今后的发展方向。

第十九章 全断面岩石掘进机

第一节 全断面岩石掘进机概述

一、全断面岩石掘进机的定义和研究现状

全断面岩石掘进机（Full Face Rock Tunnel Boring Machine，简称 TBM）是集机械、电子、液压、激光、控制等技术于一体的高度机械化和自动化的大型隧道开挖衬砌成套设备，是一种由电动机（或电动机-液压马达）驱动刀盘旋转、液压缸推进，使刀盘在一定推力作用下贴紧岩石壁面，通过安装在刀盘上的刀具破碎岩石，使隧道断面一次成型的大型工程机械。TBM施工具有自动化程度高、施工速度快、节约人力、安全经济、一次成型，不受外界气候影响，开挖时可以控制地面沉陷，减少对地面建筑物的影响，水下地下施工不影响水中地面交通等优点，是目前岩石隧道掘进最有发展潜力的机械设备。

二、TBM 的分类

1．按刀盘形状的不同分类

根据刀盘形状的不同，TBM 分为平面刀盘 TBM、球面刀盘 TBM、锥面刀盘 TBM。平面刀盘 TBM 最为常用。

2．按作业岩石硬度的不同分类

根据全断面岩石掘进机作业岩石硬度的不同分为：软岩全断面掘进机（作业岩石单轴抗压强度 < 100 MPa），中硬岩全断面岩石掘进机（作业岩石单轴抗压强度 < 150 MPa）和硬岩全断面岩石掘进机（作业岩石单轴抗压强度可达 350 MPa）。

3．按开挖断面形状的不同分类

根据全断面岩石掘进机开挖断面形状的不同分为圆形断面全断面岩石掘进机和非圆形断面全断面岩石掘进机。

4．按全断面岩石掘进机与洞壁之间的关系分类

根据全断面岩石掘进机与开挖隧洞洞壁之间的关系分为开敞式全断面岩石掘进机、护盾式全断面岩石掘进机和其他类型全断面岩石掘进机。护盾式全断面岩石掘进机又可以根据护盾的多少分为单护盾、双护盾和三护盾全断面岩石掘进机。其中应用范围最广的是开敞式和护盾式全断面岩石掘进机。

第二节　开敞式 TBM

开敞式 TBM
构造原理视频

一、概述

开敞式全断面岩石掘进机（Open Type Full Face Rock Tunnel Boring Machine）也称支撑式全断面岩石掘进机，是掘进机（TBM）最早的机型，也是最基本的机型。这种机型依靠支撑机构撑紧洞壁、刀盘旋转、推进液压缸推进、盘形滚刀破碎岩石、出渣系统出渣而实现隧洞的连续循环开挖作业，适用于岩石整体性能较好的隧道。开敞式 TBM 目前主要有两种结构形式：一种为前后两组 X 形支撑的双支撑开敞式 TBM[含有内机架（Inner Kelly）和外机架（Outer Klly）]，如图 19.1 所示；另一种为单支撑主梁开敞式 TBM，如图 19.2 所示。

图 19.1　维尔特 TB880E 双支撑（凯氏）开敞式 TBM

图 19.2　罗宾斯 MB264-311 单支撑主梁开敞式 TBM

本节以德国维尔特公司制造的直径为 8.8 m 的 TBM880E 为例来介绍开敞式 TBM 的构造和原理。TBM880E 型开敞式 TBM 的主要结构如图 19.3 所示。

开敞式 TBM 由 TBM 主机和 TBM 后配套系统组成，主要特点是使用内外凯氏（Kelly）机架。

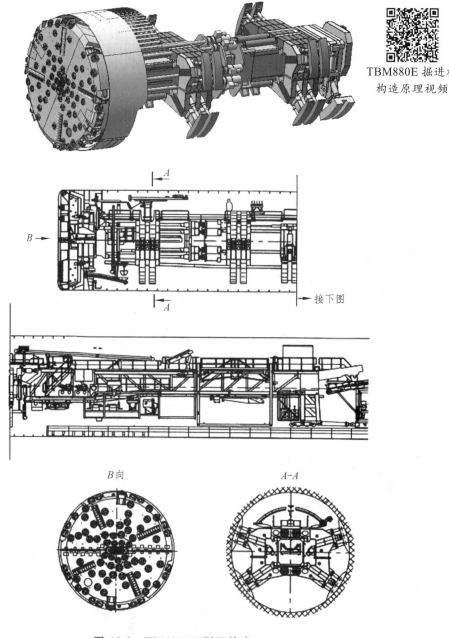

图 19.3　TBM880E 型开敞式 TBM

　　TBM 主机主要由刀盘、刀盘护盾、刀盘主轴承与刀盘驱动器、辅助液压驱动、主轴承密封与润滑、内部凯氏、外部凯氏与支撑靴、推进油缸、后支撑、液压系统、电气系统、操作室、变压器、行走装置等组成。外凯氏机架上装有 X 形支撑靴；内凯氏机架的前面安装主轴承与刀盘驱动，后面安装后支撑。刀盘与刀盘驱动由可浮动的仰拱护盾、可伸缩的顶部护盾、两侧的防尘护盾所包围并支承着。刀盘驱动安装于前后支撑靴之间，以便在刀盘护盾的后面提供尽量大的空间来安装锚杆钻机和钢拱架安装器。刀盘是中空的，其上装有盘形滚刀、刮刀和铲斗，将石渣送到置于内凯氏机架中的皮带输送机上。

后配套系统装有主机的供给设备与装运系统，由若干个平台拖车和一个设备桥组成。在后配套系统上，装有液压动力系统、配电盘、变压器、总断电开关、电缆卷筒、除尘器、通风系统、操作室、皮带输送系统、混凝土喷射系统、注浆系统、供水系统等。在拖车上还安装有钢拱架安装器、仰拱块吊装机、超前探测钻机、锚杆钻机、风管箱、辅助风机、除尘器、通风冷却系统、通信系统、数据处理系统、导向系统、瓦斯监测仪、注浆系统、混凝土喷射系统、高压电缆卷筒、应急发电机、空压机、水系统、电视监视系统等辅助设备。

二、基本结构

（一）刀盘和滚刀

刀盘结构见图 19.4，刀盘为焊接的钢结构件，由两部分通过螺栓连接成一体，以便于分块运输，也便于在隧道内吊运。刀盘上的滚刀为背装式，刀座为凹式，这种结构的刀盘安装刀具方便，并且刀盘与掌子面的距离保持最小，能有效地防止在断层破碎地质条件下刀盘被卡住。

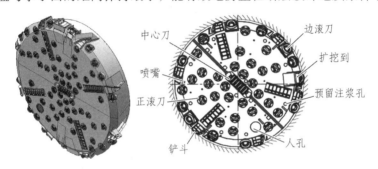

中心刀　边滚刀　喷嘴　扩挖到　正滚刀　预留注浆孔　铲斗　人孔

图 19.4　刀盘结构

沿着刀盘圆周安装的刮刀和铲斗将切削石渣从底部输送到顶部，然后沿着渣槽落到输送机的渣斗上。开敞式铲斗与刮刀向刀盘中心延伸一定距离，使得大量的石渣在落到底部之前进入到刀盘里面，减少了石渣的二次挤压和铲斗与刮刀的额外磨损。刮刀是用螺栓连接的可更换的耐磨刀片。

刀盘支承在主轴承上，用液压膨胀螺栓与轴承的旋转件相连。刀盘支撑在刚性定位的内凯氏机架与液压预载的仰拱护盾上，在岩层变化时，刀盘不会下落和摆动，从而保持刀盘的轴线位置不变，确保滚刀在各自的切缝中，减少作业时的振动和滚刀的磨损。刀盘配备有一套喷水系统，用以对掌子面的灰尘进行初步控制，也用以使滚刀冷却。通过内凯氏机架上的人孔可以进入刀盘的内部，通过刀盘上的人孔可以进入掌子面。

1. 刀　盘

刀盘是用于安装滚刀的机座，为钢结构焊接件，是岩石掘进机的重要部件之一。其前端是加强的双层钢板，通过溜槽与后隔板相接，刀盘后隔板用螺栓与刀盘轴承连接。盘形滚刀装在刀盘上来挤压破碎岩石，刀盘的前端装有径向带齿的碎石铲斗，刀座是刀盘的一部分，由于刀盘上的刀座呈凹形，且盘形刀的刀圈凸出刀盘，所以能有效破碎岩石并防止出现大块岩石阻塞、卡刀的现象发生。

根据正滚刀的刃口包络面的形状，全断面岩石掘进机的刀盘分为：锥面刀盘、平面刀盘、球面刀盘，各自的特点如表 19.1 所示。平面刀盘最为常用。

表 19.1　刀盘形式与特点

刀盘形式	锥面刀盘	平面刀盘	球面刀盘
特　点	大锥角刀盘可以充分形成破岩自由面，破岩效率高，工作稳定	1. 机身支撑稳定性好； 2. 刀盘径向力平衡性好，岩石工作面稳定； 3. 刀盘容易制造，其上刀盘的轴向力小； 4. 刀盘推力的利用率高	硬岩采用。原因为：刀盘工作稳定

全断面岩石掘进机的刀盘按结构分可分为：中心对称式、偏心对分式、中方五分式及中六角七分式 4 种形式，如图 19.5 所示。

（a）中心对分式　　　（b）偏心对分式　　　（c）中方五分式　　　（d）中六角七分式

图 19.5　刀盘形式

2．TBM 滚刀

滚刀是刀盘上用于破碎岩石的工具，根据形状的不同，滚刀分为盘形滚刀、球形滚刀、楔齿滚刀等。盘形滚刀最为常用。

盘形滚刀简称盘刀，根据刀刃的多少分为单刃滚刀、双刃滚刀和多刃滚刀，如图 19.6 所示。TBM 上普遍采用单刃盘形滚刀。单刃盘形滚刀由刀圈、刀体、刀轴、心轴组成，如图 19.7 所示。刀圈是可以拆卸的，磨损后可以更换。

 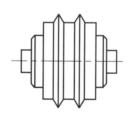 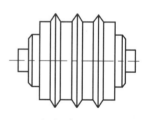

（a）单刃滚刀　　　　　　（b）双刃滚刀　　　　　　（c）多刃滚刀

图 19.6　滚刀形式

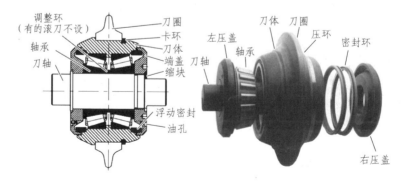

图 19.7　单刃盘形滚刀结构

刀圈的刀刃角一般有 60°、75°、90°、120° 或平刃等多种。掘进硬岩时一般用较大的刀刃角，而掘进较软的岩石时用的刀刃角较小。对于特别软的岩层，刀刃角小容易嵌入岩层中，增大刀刃角甚至做成平刃可改善掘进效果。

盘形滚刀的直径和承受载荷的额定推力的对应关系如表 19.2 所示。

表 19.2　盘形滚刀尺寸

直径	In	12	13	14	$15\frac{1}{2}$	$16\frac{3}{8}$	17	19	21
	mm	305	330	356	394	416	432	483	534
额定推力/kN		100	100	150	200	200	200	260	300
最大推力/kN		—	130	190	250	250	250	310	350

增大刀具的直径可以增大每把刀的额定推力。在一定的岩石条件下，刀盘每转一圈，刀具的切深随之增加，从而提高了掘进速度。此外，刀具直径增加，允许磨损体积也增加，因而寿命延长。但刀具直径增大使重量增加，引起换刀困难，增加了换刀停机时间；允许磨损量的增加使刚换上的新刀具和已磨损刀具的直径差值增大，使新刀刀刃超前引起载荷增大。刀具直径增大，还受轴承和刀圈失效因素的限制。

滚刀按其在刀盘上的位置又可以分为中心滚刀、正滚刀、过渡滚刀和边滚刀。中心滚刀是布置在刀盘中心区的滚刀；正滚刀是布置在中心滚刀与过渡滚刀之间的滚刀；过渡滚刀是布置在刀盘外圆过渡曲面上的滚刀；边滚刀位于刀盘外缘区。

3．刀盘和滚刀的相关规律和机理

全断面岩石掘进机盘形滚刀在刀盘上的布置规律有多种，有单螺旋线布置、双螺旋线布置、同心圆布置等。无论采用哪一种布置方式，刀间距都是要考虑的技术参数。刀间距是指相邻刀刃刃口相对刀盘中心的距离之差。

（1）滚刀在刀盘上布置的基本原则。

刀间距的布置方式：① 在同一台掘进机上刀间距不变，改变刀盘推力来适应岩石强度；② 在同一台掘进机上增减刀具数量或者改变每把盘形滚刀的刀圈数来改变刀间距，以适应岩石强度。第一种布置方式简单且可用性强，被普遍采用。

盘形滚刀在刀盘上的布置模式应尽可能满足以下两个要求：① 每把盘形滚刀在破岩时所受到的负荷相等，即每把刀的破岩量相等，刀刃两侧的侧面反力能相互抵消；② 作用在刀盘体上各点外力相互平衡，其合力通过刀盘中心，不产生倾翻力矩。

（2）平面刀盘上等刀间距布置盘形滚刀。

平面刀盘上等刀间距布置盘形滚刀是在全断面岩石掘进机上广泛使用的一种布置形式。

设全断面岩石掘进机上第 i 和第 $i+1$ 把盘形滚刀在刀盘推力作用下切入岩石深度为 h，如图 19.8 所示。

图中，S 为刀间距；$P(h)$ 为盘形滚刀切深；2θ 为岩石剥落角。

$$L = 2h\tan\theta \tag{19.1}$$

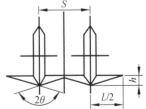

图 19.8　盘形滚刀

要使同一安装半径上的盘形滚刀在刀盘每转一周的切深相等，且破岩量又相同，在两盘形滚刀之间就不应该存在累积岩脊，则刀间距必须满足：

$$S \leqslant 2h\tan\theta \qquad (19.2)$$

（3）不同安装半径的盘形滚刀破岩分析。

设剥落的岩石为三棱柱，高度为 $2\pi is$，底面积为 A，则

$$A = h^2\tan\theta \qquad (19.3)$$

$$V = 2\pi ish^2\tan\theta \qquad (19.4)$$

可见平面刀盘上等刀间距布置盘形滚刀时，各盘形滚刀的破岩量是不等的。若设第一把盘形滚刀的破岩量为 W，则第 i 把刀的破岩量为 iW。

不同安装半径的盘形滚刀破岩量的不同，将造成不同安装半径的盘形滚刀的受力不同，从而造成全刀盘上的盘形滚刀的磨损不均匀。较先磨损的盘形滚刀的载荷由其他磨损程度较轻的盘形滚刀来承担，又加大了这些盘形滚刀的磨损，形成恶性循环，因此这种情况应尽可能避免。

在实际设计中，盘形滚刀在刀盘上的布置无论采用单螺旋线还是双螺旋线，为增加安装半径较小的盘形滚刀的破岩量，减少安装半径相对较大的盘形滚刀的破岩量，螺旋线的旋转方向与刀盘实际工作时的旋转方向应相反。刀盘实际工作一般是顺时针方向，所以螺旋线的方向一般为逆时针布置。位于安装半径较大的盘形滚刀轨迹圆上应该适当地增加盘形滚刀的数量或考虑不同安装半径的盘形滚刀的尺寸或者承载能力应有所区别。尽可能实现在全刀盘上的盘形滚刀在实际工作中的等寿命，即到一定程度，全刀盘上的盘形滚刀一起换刀，从而减少换刀次数，提高掘进生产率。

4．盘形滚刀破岩理论

盘形滚刀在掌子面的岩面上连续滚压造成岩体破碎，机器施加给刀圈的外载荷为轴压力（推力）和滚动力（扭矩）。轴压力使刀圈压入岩体，滚动力使刀圈滚压岩石。岩石的破碎方式有以下两种：

（1）挤压破碎岩石。

岩石与钢材及混凝土材料不同，它是由各种不同强度的矿物组成，各向异性和不均质性是它的特征。而且随着成因不同表现出不同的脆性和塑性。刀圈在岩面上滚动时，就像大车在软硬不同的路面上行驶一样，软的地方压入深，硬的地方压入浅，使刀体做上下往复运动，造成对岩体的冲击。

（2）剪切碾碎岩石。

TBM 在掘进中剪切和破碎岩石主要有以下几种方式：① 刀圈与岩石接触的摩擦力对接触面的岩石表面产生碾碎作用；② 刀圈做圆周运动向圈内侧岩石产生剪切作用；③ 人为地造成滚刀的滑动，从摩擦角度是有害的，但对塑性类的岩石，滑动有助于扩大岩石破碎面积，提高破碎效果，这种破碎岩石的过程类似切削，它与切削的区别是在冲击使岩石压碎的条件下，刀圈通过滑移而使岩石破碎。

综上所述，滚压破岩既有冲击压碎，又有剪切碾碎作用的复合运动，给滚压破岩机理的研究带来许多困难。研究表明，在其他条件相同时，刀刃外形为抛物线形的刀圈可承受较高的剪切力，更适合于破碎坚硬和塑性的岩石。

（二）刀盘护盾

刀盘护盾如图19.9所示。刀盘护盾由液压预载的抑拱护盾和3个可伸缩的拱形护盾组成。刀盘护盾从刮刀至隔板遮盖着刀盘，提供钢拱架安装时的安全防护，防止大块岩石堵塞刀盘，并在掘进时或掘进终了换步时，支撑住掘进机的前部。3个可伸缩的拱形护盾均可用螺栓安装格栅式护盾，在护盾托住顶部时，可安装锚杆。护盾通过油缸连接带动隔板，护盾随刀盘浮动。护盾上的预载油缸承受刀盘及驱动装置的重量，保持护盾与隧道仰拱相接触，并将石渣向前推动进行清理。

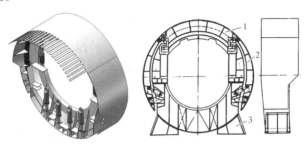

1—顶部护盾；2—侧护盾；3—临时支承。

图 19.9　开敞式 TBM 刀盘护盾

（三）主轴承与刀盘驱动

主轴承是一个双轴向、径向式三维滚柱轴承，轴向预加载荷，内圈旋转。主轴承的组成如图 19.10 所示，刀盘驱动如图 19.11 所示。轴承内圈上的内齿圈是轴承的组成部分，刀盘用液压膨胀螺栓与内齿圈相连接。刀盘由 8 套相同的刀盘驱动装置共同经由内齿圈驱动。驱动小齿轮由两个轴承支承，小齿轮的传动轴 2 通过齿形联轴节 3 与水冷式双级行星减速器 8 相连，然后通过摩擦式离合器 6 与双速水冷驱动电机 7 相连。正常作业时，刀盘由双速水冷驱动电机 7 驱动，电动机装于两外凯氏机架之间，双速可逆式电机允许刀盘在不稳定的软弱围岩地质条件下半速驱动,在不利的条件下为了刀盘脱困允许电机反转。微动时由液压马达 4 驱动，用以使刀盘旋转到换刀位置以便更换滚刀或进行维修保养作业。

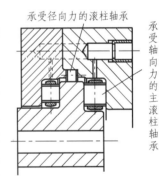

图 19.10　主轴承组成

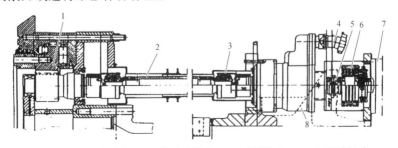

1—内齿圈；2—传动轴；3—齿形联轴节；4—液压马达；5—齿形联轴节；
6—摩擦式离合器；7—双速水冷驱动电机；
8—双级行星减速器。

图 19.11　刀盘驱动

主轴承密封由 3 个唇式密封构成，此密封又用迷宫式密封保护。迷宫式密封由自动润滑脂系统进行清洗净化，如图 19.12 所示。主轴承齿圈和驱动小齿轮为强制式机械润滑，装备有润滑泵、滤清器、电子监测系统。润滑脂润滑系统、机油润滑系统与刀盘驱动系统相互联锁，当润滑系统失效时，刀盘自动停止转动。行星减速器注入部分润滑油，为飞溅式润滑。

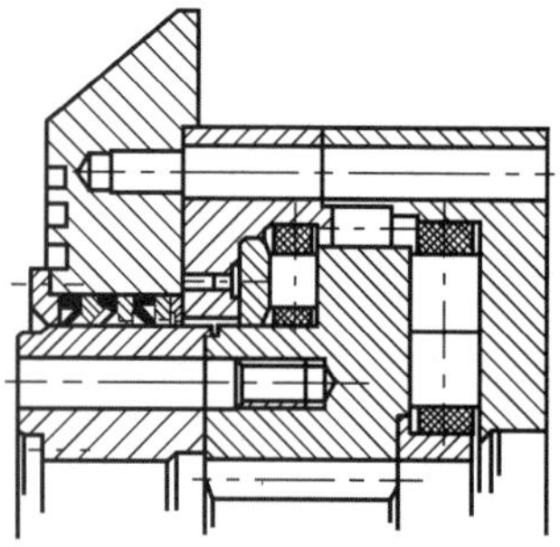

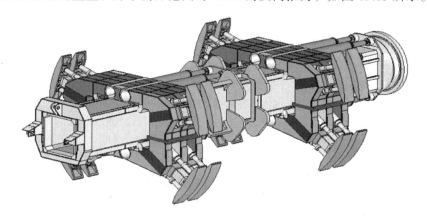

图 19.12 主轴承密封

（四）推进机构

TBM 的推进机构主要由内凯、外凯、支撑靴以及推进油缸组成，内凯可以在外凯内做轴向运动，外凯通过液压缸和撑靴板撑紧在洞壁上，在 TBM 掘进时支承 TBM 主机的重量，并平衡开挖面对 TBM 的反向推力，如图 19.13 所示。

图 19.13 TBM 三维模型

1．内凯氏机架

内凯氏机架如图 19.14 所示，内凯氏机架是箱型截面焊接结构，其上有淬火硬化的滑道，以供外凯氏机架的轴承座在其上滑行。前后外凯氏机架由推进油缸使之滑动。内凯氏机架为刀盘导向，将掘进机作业时的推进力和力矩传递给外凯氏机架。内凯氏机架连接刀盘轴承、驱动装置与后支撑，内凯氏的尾部与后支撑相连，内凯氏的前部连接着主轴承座。内凯氏机架前端设有一人孔，可由此通道进入刀盘，内凯氏机架内有足够的空间，用以安置皮带机。

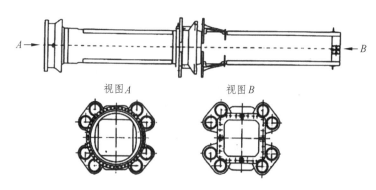

视图 A   视图 B

图 19.14 开敞式 TBM 内凯氏机架

2．外凯氏机架与支撑靴

外凯氏机架连同支撑靴一起沿内凯氏机架纵向滑动，支撑靴由 32 个液压油缸操纵，支撑靴分为两组，每组由 8 个支撑靴组成，在外凯氏机架上"X"形分布，前后外凯氏机架上各有一组支撑靴。16 个支撑靴将外凯氏机架牢牢地固定在掘进后的隧道内壁上，以承受刀盘扭矩和掘进机推进的反力。前后支撑靴能够独立移动以适应不同的钢拱架间距（见图19.15）。

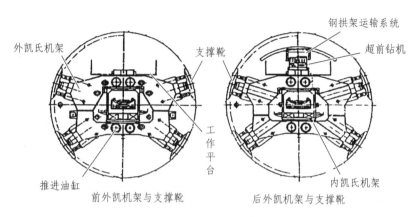

图 19.15　外凯氏机架及支撑靴

3．推进油缸

作用在刀盘上的推进力，经由内凯氏机架、外凯氏机架传到围岩。外凯氏机架是两个独立的总成，各有其独立的推进油缸。前后外凯氏机架分别设 4 个推进油缸，后外凯氏机架的推进油缸将力传到内凯氏机架，前外凯氏机架则将推进力直接传到刀盘驱动装置的壳体上。掘进循环结束时，内凯氏机架的后支撑伸出支撑到隧道底部上，外凯氏机架的支撑靴缩回，推进油缸推动外凯氏机架向前移动，为下一循环的掘进准备。

4．后支撑

后支撑装在内凯氏机架上，位于后外凯氏机架的后面，后支撑通过液压油缸控制伸缩，还可用液压油缸做横向调整。后支撑缩回时，内凯氏机架的位置能够在水平和垂直方向上调整，以调整 TBM 的隧道中线（见图 19.16）。

5．设备桥

设备桥直接铰接于 TBM 主机的后面，支承在平台拖车上，它向上搭桥以加大下面的作业空间，以便安装仰拱块和铺设钢轨。设备桥内装有皮带机系统和通风系统、仰拱块吊机、材料提升系统。

6．后配套拖车

后配套拖车在钢轨上拖行。在门架式拖车上，装有 TBM 液压动力系统、配电盘、变压器、总断电开关、电缆卷筒、除尘器、通风系统、操纵台、皮带输送系统、混凝土喷射系统、注浆系统、供水系统及其他辅助设备。

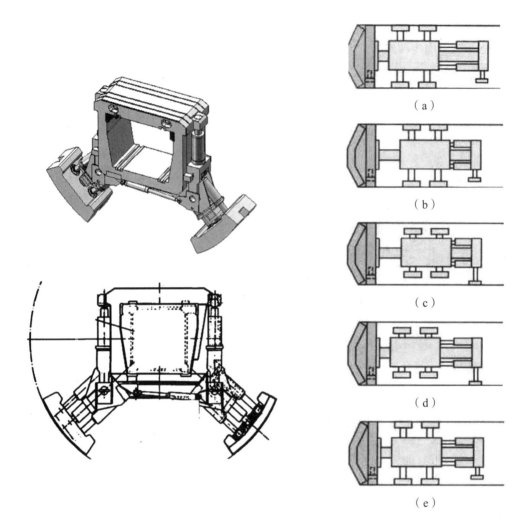

(a)

(b)

(c)

(d)

(e)

图 19.16　后支撑

7．导向系统

导向系统由装在 TBM 上的两个激光靶和装在隧道洞壁上的激光器组成，激光靶装在刀盘护盾背后，由一台工业电视监视器进行监视，监视器将 TBM 相对于激光束的位置传送到操作室的显示器上。当机械换步时，操作人员根据这些信息对 TBM 的支撑系统进行调整。

8．数据处理系统

数据处理系统监视和记录以下数据：日期与时间、掘进长度、推进速度、每 1 循环的行程长度与持续时间、驱动电机的电流、驱动电机的接合次数、推进油缸压力、支撑油缸压力。上述数据可用来监测与存储并在任何时候都能打印进行检索。随着 TBM 的推进，被记录存储的数据可制成不同的表格或制成柱状图、饼状图。发生故障时，警告灯会提醒操作人员从不同的屏幕上查找故障种类与原因。

9．除尘系统

除尘系统装于后配套拖车的前端，吸尘管与内凯及刀盘护盾相连，在刀盘与掌子面之间形成负压，使得 TBM 前约 40% 的新鲜空气进入刀盘与掌子面之间，防止含有粉尘的空气逸入隧道。除尘器的轴流风机吸入的含尘空气穿过一有若干喷水嘴的空间，湿尘吹向除尘器的集水叶片后，灰尘高度分离，流向装有循环水泵的集尘箱沉淀。

10．锚杆钻机

在刀盘护盾后面的内凯氏机架旁边及后支撑靴后面的内凯氏机架旁边安装有锚杆钻机。锚杆钻机在机器掘进时能进行锚杆的安装。

11．超前探测钻机

超前探测钻机用在 TBM 前面打探测孔，打探测孔时，TBM 必须停止掘进。超前钻机装于外凯氏机架上、前后支撑靴之间，钻孔时，移动至 TBM 护盾的外边，以微小的仰角在 TBM 前方钻孔。锥形引导能适应整个刀盘护盾导向和稳定钻杆。超前钻机的动力由锚杆钻机的动力站之一提供。

12．钢拱架安装器

钢拱架安装器可在 TBM 掘进过程中进行作业，在刀盘后面进行钢拱架的预组装和安装。钢拱架安装器由以下部分组成：在刀盘护盾后面的预组装槽、液压驱动的牵引链、在内凯上纵向移动的平台、钢拱架提升与伸展用的液压油缸。钢拱架安装器由装在刀盘护盾后面的控制台直接操作，由 TBM 的液压系统提供动力。

13．仰拱块吊机

仰拱块吊机沿皮带桥下的双轨移动，它吊起仰拱块运向安装位置。仰拱块吊机可以沿水平、垂直方向移动。移动方式是链传动。

14．注浆系统

注浆系统装于 TBM 后配套上，注浆系统把拌合砂浆用于仰拱块的灌浆、混凝土黏结、岩石的压力注浆及断层的稳固。

15．混凝土喷射系统

混凝土喷射系统装于 TBM 后配套上，由湿式喷射机、液体计量泵、混凝土喷射机械手组成。

三、掘进工况工作原理

开敞式 TBM 的掘进循环由掘进作业和换步作业交替组成。在掘进作业时，TBM 刀盘进行的是沿隧道轴线做直线运动和绕轴线做单方向回转运动的复合螺旋运动，被破碎的岩石由刀盘的铲斗落入皮带输送机向机后输出。

开敞式 TBM 使用在洞壁岩石能自稳并能经受水平支撑的巨大支撑力的条件下。掘进时，伸出水平支撑，撑紧洞壁，收起前支撑和后支撑，起动皮带机，然后刀盘回转，开始掘进；掘进一个循环后，进行换步作业。其作业循环如下：

（1）撑靴撑紧在洞壁上，前支撑和后支撑缩回，开始掘进。

（2）刀盘向前掘进一个循环后，掘进停止。

（3）前支撑和后支撑伸出，撑紧在洞壁上，撑靴缩回，外凯向前滑移一个行程长度。

（4）利用前、后支撑进行方向调整。

（5）前后外凯撑靴重新撑紧在洞壁上，前支撑和后支撑缩回，开始新的掘进循环。

第三节　护盾式 TBM

护盾式全断面岩石掘进机是在整机外围设置一个与机器直径相一致的圆筒形保护结构以利于掘进破碎复杂岩层的全断面岩石掘进机，简称护盾式掘进机。

开敞式全断面岩石掘进机主要用于开挖围岩较完整的岩石隧道，这些隧道的围岩一般都具有较好的自稳性，因此掘进机只要设有顶护盾就可以安全地工作。如果遇到局部不稳定的围岩，可以在掘进机刀盘后进行临时支护，如打锚杆、喷混凝土、加钢筋网、圈梁，以保持洞壁稳定；或钻超前孔并进行灌浆以固结前方围岩然后再掘进。但是在实际使用中，掘进机常会遇到复杂地质情况如断层、破碎带、局部软岩或者溶洞等，这时仅采用上述的临时支护可能难以稳定围岩。

为了适应在复杂岩层中开挖隧洞，人们将支撑式掘进机和盾构机结合，开发了护盾式掘进机，即在支撑式掘进机的基础上采用了一些盾构机的技术，如机器周围加圆筒形护盾、采用管片衬砌、推进油缸顶在衬砌管片上等。

护盾式 TBM 分为双护盾 TBM 和单护盾 TBM 等机型。

一、双护盾 TBM

双护盾 TBM 由 TBM 主机、连接桥、后配套拖车三大部分组成。主机主要由装有刀盘的前盾、装有支撑装置的后盾、连接前后盾的伸缩部分及安装管片的盾尾组成，如图 19.17 和图 19.18 所示。

双护盾 TBM
构造原理视频

图 19.17　海瑞克双护盾 TBM

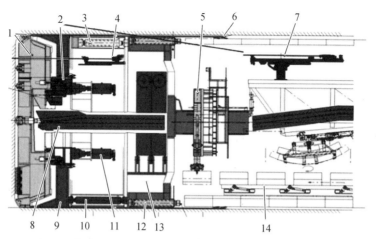

1—刀盘；2—主轴承；3—主推进油缸；4—多功能钻机；5—管片拼装机；
6—盾尾密封；7—超前钻机；8—皮带机；9—前盾；10—伸缩油缸；
11—刀盘驱动；12—辅助推进油缸；
13—支承盾；14—管片运输机。

图 19.18　双护盾 TBM

（一）护　盾

护盾由 4 个主要部分组成，即前盾、后盾（支撑盾）、连接前后盾的伸缩部分和盾尾。

1．前　盾

前盾包含刀盘与刀盘驱动装置，并支承着刀盘与刀盘驱动装置。前盾由主推进液压油缸（即伸缩液压油缸）与后盾相接。主推进液压油缸分成上下左右 4 组进行控制，对前盾进行方向控制。前盾相对于后盾的位置，由 4 个线性传感器测量，并在操作室中显示读出（见图 19.19）。

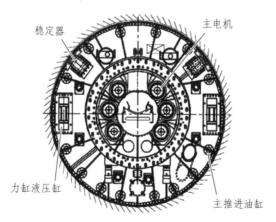

图 19.19　前盾结构示意图

刀盘的后仓板（密封隔板）将切削室与护盾隔开。仓板上有一排水孔，通向水泵的底壳。当水涌入，输送带上的闸门关闭，可用此水泵将水从切削室中排出。

在前盾顶部 1/4 的地方有 2 个液压操纵的稳定器，在硬岩中掘进时用来稳定前盾，并在后盾向前拉时起帮助作用。

换步过程借助尾盾的推进油缸推压管片，同时伸缩油缸向前支撑护盾。由于推进油缸推压着已衬砌的管片，因此支撑护盾将总是被推向前，而不会将前盾向后拉。

2. 伸缩盾

伸缩部分连接着前盾和后盾，其功能是使 TBM 的掘进与管片的安装能同时进行。

主推进液压缸连接着前后盾，既传递推力，又传递拉力。这一性能在遇到不稳定的地质条件而覆盖层负荷又大时，可用以防止护盾向下倾斜。

刀盘扭矩通过 2 个重型扭矩梁传递到支撑靴上，这个装置有效地防止盾体扭转。2 个力矩装置将刀盘的扭矩从前盾传给后盾。前后护盾间滚动的调整用力矩液压缸实现，不需伸缩油缸来纠正滚动。

伸缩部分两个壳体之间的间隙可以检查、可以清洁。为了检查设有若干个窗口。当伸缩部分在收缩位置，内壳体与前端的一个密封相接触，可将水或膨润土泵入两壳体之间的间隙，以清除石渣。有一刮刀装在外壳体顶部的 120° 范围内，以保持两壳体间的清洁。

当需要处理盾壳外的障碍物或需要到刀盘前方时，可以利用铰接油缸使伸缩内盾和支撑盾脱开，并露出与围岩接触的工作面。

3. 后盾

后盾也称支撑盾，后盾内设有副推进液压油缸和支撑装置。后盾承受前盾的全部推进反力，也可将前盾回拉。后盾尺寸宽大，对围岩的压力不大，这在软弱围岩掘进时，特别重要。

副推进液压油缸也分成 4 组，以利 TBM 转向，当在软弱围岩中掘进时，不用支撑与伸缩盾。副推进液压油缸在相应的 4 组内，连到一共同的推力靴上。推力靴面上覆盖以聚氨酯靴面，以保护隧道的衬砌管片。

后盾总推力相当大，用于施加需要的力于刀盘，并用于克服全部护盾的摩擦阻力。副推进液压油缸有一共用的液压动力站。4 组液压油缸的每一组均由供油量控制，由 TBM 操作者监控。正常掘进时，即用支撑靴提供反力来推进前盾与刀盘，主推进液压油缸可由共用的油流操作。每一液压油缸装有测量装置或线性传感器，使操作者能监控其位置。这种正常掘进是在围岩状态良好，能给支撑靴提供足够的推力反力与刀盘切削反力矩的情况下采用。这时，掘进与安装管片同时进行。在主推进液压油缸推进一行程（一步）的同时，后护盾后面安装一环管片。此后，缩回支撑靴，用主副推进液压油缸一拉一推，将后盾前移以实现换步，再支撑好。然后，再进行掘进与安装管片。

当双护盾 TBM 像一台简单盾构作业运转时，也就是说，伸缩部分（伸缩盾）保持在收缩位置，支撑也不用，刀盘的力矩由护盾与洞壁间的摩擦力提供反力矩，刀盘的推力则由副推进液压油缸支承在管片上而实现。遇软弱围岩，掘进与安装管片不能同时进行。

作业时刀盘的反力矩，除盾壳摩擦力提供外，另一方式则是由护盾的副推进液压油缸的斜置，来补偿刀盘作业时的反力力矩。即每一推力靴上的两液压油缸保持其活塞杆端在一可调的固定装置上。此固定装置能用液压调整，使副推进液压油缸斜置，从而产生圆周方向的分力以承受刀盘的力矩。

4. 盾尾

盾尾装在后盾上，其上装有由弹簧钢片罩盖的钢丝刷盾尾密封，置于上面的 270° 的圆面上，从里面向外翻，以防止（作为混凝土骨料的）碎石进入尾部。

（二）管片拼装机

管片拼装机装在安装机桥上，可在淬硬的滑道上前后纵向移动。安装机桥又用作将后配套接到 TBM 上。管片拼装机为单体回转式，其移动可以精确地进行控制，以保证管片拼装位置的准确性。管片拼装机控制分有线控制和无线控制 2 种，施工中主要采用无线遥控器安装管片，有线控制器在无线遥控器出现故障时临时使用。

管片拼装机在 2 个方向都可旋转 220°，其支撑和驱动装置由一个单座球轴承、内齿圈、两个小齿圈、行星齿轮减速箱与液压马达组成。驱动为无级变速，能产生足够的扭矩以安装管片。安装机具有 6 个自由度，管片安装机具有紧急状况的自锁能力，确保施工中的安全。

（三）工作原理

双护盾 TBM 按照隧道管片拼装作业与开挖掘进作业并进而连续开挖的概念进行设计，按快速施工的设计要求，掘进机的管片安装机具有管片储运和管片拼装双作业功能。

双护盾 TBM 具有全圆的护盾，在地质良好时可以掘进与安装管片同时进行，且在任何循环模式下都是在开敞状态下掘进。

双护盾 TBM 具有两种掘进模式：即双护盾掘进模式和单护盾掘进模式。双护盾掘进模式适用于稳定性好的地层及围岩有小规模剥落而具有较稳定性的地层，此进洞壁岩石能自稳并能经受水平支撑的巨大支撑力，掘进时，伸出水平支撑，撑紧洞壁，由支撑靴提供掘进反力。单护盾掘进模式则适应于不稳定及不良地质地段，由管片提供掘进反力。

1．双护盾掘进模式

在围岩稳定性较好的硬岩地层中掘进时，撑靴紧撑洞壁为主推进油缸提供反力，使 TBM 向前推进，刀盘的反扭矩由两个位于支撑盾的反扭矩油缸提供，掘进与管片安装同步进行。此时 TBM 作业循环为：掘进与安装管片→撑靴收回换步→再支撑→再掘进与安装管片，具体见图 19.20。

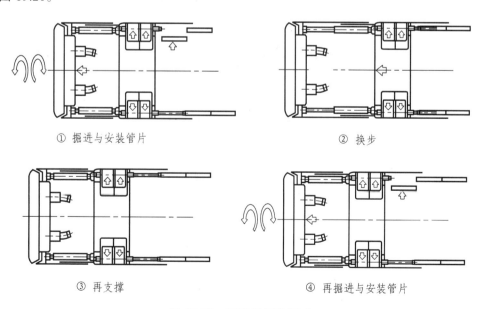

① 掘进与安装管片　　　　　　　　　　② 换步

③ 再支撑　　　　　　　　　　④ 再掘进与安装管片

图 19.20　双护盾掘进模式

2．单护盾掘进模式

在软弱围岩地层中掘进时，洞壁岩石不能为水平支撑提供足够的支撑力，支撑系统与主推进系统不再使用，伸缩护盾处于收缩位置。刀盘掘进时的反扭矩由盾壳与围岩的摩擦力提供，刀盘的推力由辅助推进油缸支撑在管片上提供，TBM 掘进与管片安装不能同步。此时 TBM 作业循环为：掘进→辅助油缸回收→安装管片→再掘进，具体见图 19.21。

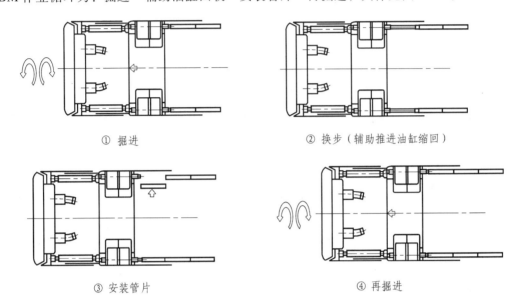

① 掘进   ② 换步（辅助推进油缸缩回）

③ 安装管片   ④ 再掘进

图 19.21　单护盾掘进模式

（四）双护盾 TBM 施工特点

1．双护盾 TBM 施工的优点

（1）安全、高效、快速。

双护盾 TBM 配置有前后护盾，在前后护盾之间设计有伸缩盾，后护盾配置支撑靴。在地质条件良好时，通过支撑靴支撑洞壁来提供推进反力，掘进和安装管片同时进行，具有较快的进度。如在引黄入晋工程使用双护盾 TBM 施工时，最高月进尺达 1 637 m。双护盾 TBM 施工，人员及设备在护盾的保护下进行工作，安全性也较开敞式 TBM 为好；双护盾 TBM 施工使隧道掘进、衬砌、出渣、运输作业完全在护盾的保护下连续一次完成，实现了安全、高效、快速施工。

（2）对不良地质有较强的适应性。

对富水地段，采用红外探测为主、超前地质钻探为辅的综合超前地质预报方法进行涌水预报。对涌水可实施堵、排结合的防水技术，TBM 主机区域配置潜水泵，将水抽至位于 TBM 后配套台车上的污水箱内，同时 TBM 配置有超前钻机，可以利用超前钻机钻孔，利用注浆设备进行超前地层加固堵水。

对断层破碎带，双护盾 TBM 能采用单护盾模式掘进。同时可对断层破碎带进行超前地质预报，利用红外探水仪和 TBM 配置的超前钻机探水。利用 TBM 配置的超前钻机和注浆设备对地层进行超前加固，同时刀盘面板预留注浆孔的设计能满足对掌子面加固的需要。

对深埋隧道，因地质构造复杂，在深埋条件下，不可避免地会引起围岩应力的强烈集中和围岩的应力型破坏。双护盾 TBM 掘进时，因掌子面较圆顺，对岩体的损伤可以降低到很低的程度，保护了围岩的原始状态，不易发生应力集中。

对岩爆地段，由于 TBM 刀盘设有喷水装置，在预测的地应力高、易发生岩爆地段，利用 TBM 配置的超前钻机钻孔，在钻孔中注水湿化岩石，喷水对掌子面岩石能起到软化的作用，提前将应力释放。同时，通过管片安装、豆砾石回填和水泥浆灌注，使 TBM 能快速支护并通过岩爆地段。

对岩溶地段，先停机，然后通过机头上的人孔对岩溶情况进行观察，首先对底部进行豆砾石或混凝土回填并使其密实，当填至开挖直径高程时，边前进边安装管片，对两边管片上开凿人孔，对两侧及顶拱进行填筑灌浆或填筑混凝土，使岩溶部分都用混凝土填密实，并且和安装的管片结合成整体。为了预防因岩溶造成 TMB 机头下沉，双护盾 TBM 配有超前钻探设备，而对于一些小溶洞的处理，可在 TBM 通过后，向管片与围岩间回填豆砾石后，再通过灌浆固结即可。对规模较大的溶洞，因管片接缝不易闭合，应采用钢板将安装的管片进行纵向连接。

对膨胀岩及软岩塑性变形地段，由于双护盾 TBM 刀盘的偏心布置及刀盘设置的超挖刀，能增大 TBM 开挖直径，为 TBM 在围岩变形量小的情况下快速通过围岩变形地段起到了一定作用。在围岩变形量大时，可利用 TBM 配置的超前钻机和注浆设备加固地层。同时双护盾 TBM 的高强度结构设计和足够的推力储备及扭矩储备能保证 TBM 不易被变形的围岩卡住。

对塌方地段，由于双护盾 TBM 采用了封闭式的刀盘设计，能有效地支撑掌子面，防止围岩发生大面积坍塌。TBM 撑靴压力能根据地质条件调整，以免支撑力过大而破坏洞壁岩石。同时，双护盾 TBM 的高强度结构设计和足够的推力储备及扭矩储备能保证 TBM 不易被坍塌的围岩卡住。

对瓦斯地层，双护盾 TBM 配置有地质预报仪和超前钻机，能根据需要对可能的瓦斯聚集煤层采用超前钻探检验其浓度，并对聚集的瓦斯采取打孔卸压的方法卸压并稀释。TBM 配置有瓦斯监测系统，监测器采集的数据与 TBM 数据采集系统相连，并输入 PLC 控制系统。当瓦斯浓度达到一级警报临界值时，瓦斯警报器发出警报；当瓦斯浓度达到二级警报临界值时，TBM 自动停止工作，并启动防爆应急设备，通过通风机对瓦斯气体进行稀释。

（3）实现了工厂化作业。

双护盾 TBM 施工，由刀盘开挖地层，在护盾的保护下完成隧道掘进、出渣、管片拼装等作业而形成隧道，豆砾石的喷灌、注浆、通风、供电等辅助作业也实施了平行作业，充分利用了洞内空间。双护盾 TBM 施工具有机械化程度高，施工工序连续的特点。隧道衬砌采用管片衬砌技术，管片采用工厂化预制生产，运到现场进行装配施工，预制钢筋混凝土管片具有质量好、精度高的特点，与传统的现浇混凝土隧道衬砌方法相比，施工进度快，施工周期短，无须支模、绑筋、浇筑、养护、拆模等工艺；避免了湿作业，施工现场噪声小，减少了环境污染。隧道衬砌的装配式施工，不仅实现了隧道施工的工厂化，且更方便隧道运营后的更换与维修。

（4）自动化、信息化程度高。

双护盾 TBM 采用了计算机控制、遥控、传感器、激光导向、测量、超前地质探测、通信技术，是集机、光、电、气、液、传感、信息技术于一体的隧道施工成套设备，具有自动化程度高、对周围地层影响小、有利于环境保护的优点。施工中用人少，且降低了劳动强度、降低了材料消耗。双护盾 TBM 具有施工数据采集功能，TBM 姿态管理功能，施工数据管理功能，施工数据实时远传功能，实现了信息化施工。

2．双护盾 TBM 施工的缺点

（1）双护盾 TBM 价格较贵。同直径的双护盾 TBM 的造价一般比开敞式 TBM 高 20%，双护盾 TBM 设备一次性性投入较大。目前，直径 $\phi6$ m 左右的 TBM 出厂价约为 1 000 万美元，直径 $\phi9$ m 左右的 TBM 出厂价约为 1 600 万美元。

（2）开挖中遇到不稳定或稳定性差的围岩时，会发生局部围岩松动塌落，需采用超前钻探提前了解前方地层情况并采取预防措施。

（3）在深埋软岩隧洞施工时，高地应力可能引起软岩塑性变形，易卡住护盾，施工前需准确勘探地质，并先行释放地应力，施工成本较高。

（4）对深埋软岩隧洞，地应力较大，由于 TBM 掘进的表面比较光滑，因此地应力不容易释放，与钻爆法相比，更容易诱发岩爆。

（5）在通过膨胀岩时，由于膨胀岩的膨胀、收缩、崩解、软化等一系列不良的工程特性，在进行管片的结构设计时，应充分考虑围岩膨胀力对管片可能施加的载荷，确保衬砌结构安全。应注意管片的止水防渗，防止膨胀岩因含水量损失而发生崩解或软化而造成 TBM 下沉事故。

（6）在断层破碎带，因松散岩层对 TBM 护盾的压力较大，易发生卡机事故；在岩溶地段，易发生 TBM 机头下沉事故；施工中应采取相应对策。

（7）由于隧道管片接缝多，在不良地质洞段其不漏水性和运行安全性是个较薄弱的环节。

（8）由于护盾将围岩隔绝，只能从护盾侧面的观察窗了解围岩情况，不能系统地进行施工地质描述，也难以进行收敛变形量测。

（9）双护盾 TBM 掘进时产生岩粉，易沉积在隧道底部约 120° 范围内，且岩粉被主机自重压得十分密实，水泥灌浆难以灌入岩粉层，易形成强度低于灌浆后豆砾石层的一个弱层。

（10）双护盾 TBM 属岩石隧道掘进机，不适宜在软土地层施工。通过软土段时，土体易黏结在刀具上，不能顺利从出渣漏斗排出。

二、单护盾 TBM

由于护盾式全断面岩石掘进机的破岩机理及基本结构与开敞式全断面岩石掘进机的相同，前面章节已经介绍了开敞式和双护盾 TBM 的具体结构和工作原理，因此，在本节将思点介绍单护盾 TBM 与开敞式 TBM 不同的结构特点。

1．结构组成

单护盾全断面岩石掘进机（见图 19.22）主要由护盾、刀盘部件及驱动机构、刀盘支承壳体、刀盘轴承及密封、推进系统、激光导向机构、出渣系统、通风除尘系统和衬砌管片安装系统等组成。

为避免在隧洞覆盖层较厚或围岩收缩挤压作用较大时护盾被挤住、护盾沿隧洞轴线方向的长度应尽可能短些。这样也可使机器的方向调整更为容易。

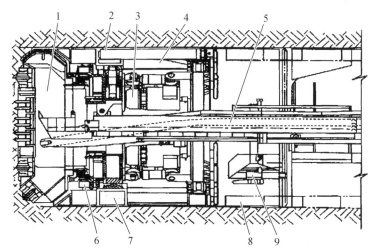

1—刀盘；2—护盾；3—驱动装置；4—推进油缸；5—皮带输送机；
6—主轴承及大齿圈；7—刀盘支承壳体；8—混凝土管片；
9—混凝土管片铺设机。

图 19.22　单护盾全断面岩石掘进机结构

2．应用特点

单护盾全断面岩石掘进机主要用于开敞式 TBM 的支撑板不起作用或者不能充分发挥作用的地质条件，如大面积断层、破碎带、局部软岩或溶洞等。因此单护盾 TBM 只有一个护盾，不采用像开敞式 TBM 那样的支撑板。在开挖隧洞时，机器的作业和隧洞管片安装是在护盾的保护下进行的。由于不使用支撑靴板，机器的前推力是靠护盾尾部的推进油缸支撑在管片上获得的，即掘进机的前进要靠管片作为"后座"。预应力钢筋混凝土衬砌管片在洞外预制，用单护盾 TBM 内的衬砌管片安装器来进行安装。衬砌块可设计成最终衬砌，也可设计成初步衬砌，随后再进行混凝土现场浇注。单护盾 TBM 的施工过程与双护盾 TBM 的单护盾掘进模式相同。

由于单护盾 TBM 的掘进需靠衬砌管片来承受后坐力，因此在安装衬砌管片时必须停止掘进。即机器的岩石开挖和管片衬砌块的铺设不能同时进行，从而限制了掘进速度。但由于隧洞衬砌紧接在机器后部进行，可以消除采用开敞式 TBM 时因岩石支护可能引起的停机延误，因此掘进速度会有所补偿。

单护盾 TBM 与土压平衡式（EPB）盾构机在结构上和工作工程上都比较相似，它们有以下几点共性：

（1）都只有一个护盾。

（2）都有大刀盘，刀盘上都装有一些盘形滚刀和一些刮刀。

（3）推进力都靠尾部的一圈油缸顶推混凝土衬砌管片来获得。

但是它们同样有着明显的区别：

（1）土压平衡式盾构的开挖室或压力平衡室是封闭的，能保持住一定的水压力和土压力，而单护盾 TBM 没有压力平衡室。

（2）刀盘上的刀具也有差别。一般来说，掘进机安装的盘形滚刀较多，辅之以刮刀。但盾构机则反之，一般安装割刀和刮刀，只在有可能遇到较硬地层时才安装盘形滚刀。

（3）土压平衡式盾构出渣是由螺旋输送机在压力平衡的条件下进行的，而掘进机出渣是由带式输送机在常压下进行的。

当前的趋势是，单护盾掘进机逐步与盾构机技术相结合，取长补短，使单护盾掘进机兼有 EPB 的工作模式，纯粹的单护盾掘进机已经越来越少了。

第四节　TBM 的主要参数

一、推力计算

1．TBM 推力理论表达式

掘进机向前开挖掘进时所需总推力为各刀具推力之和加上机器与洞壁及内、外大梁之间摩擦力之和。

$$F_{总} = F_{刀} + F_1 + F_2 + F_3 + F_4 + F_5 \qquad (19.5)$$

式中　$F_{刀}$——破岩时所需刀具总推力，即各刀具沿洞轴方向的分力之和；

　　　F_1——机器推进时刀盘下部浮动支撑与洞壁之间的滑动摩擦力；

　　　F_2——顶护盾与洞壁之间滑动摩擦力；

　　　F_3——刀盘侧支撑与洞壁之间滑动摩擦力；

　　　F_4——大梁水平导轨间滑动摩擦力；

　　　F_5——掘进时随刀盘向前移动部分的后配套装置对机器的拖动力。

2．TBM 推力的经验算法

设计和选用 TBM 时，也常按经验公式估算掘进时刀盘所需的总推进力。TBM 向前掘进时，所需要的刀盘总推进力主要取决于滚刀载荷 F_{s1}、TBM 刀头在机架上向前移动的滑动摩擦力 F_{s2} 和 TBM 牵引后配套设备所需要的牵引力 F_{s3}。在估算刀盘推力时，也可以根据每把盘形滚刀能够承受的最大轴向载荷（滚刀轴承所能承受的载荷），近似求出刀盘的驱动载荷。

（1）滚刀能够承受的最大轴向载荷。

装在刀盘上的所有盘形滚刀所能承受的总载荷为

$$F_{s1} = F_d \cdot n \qquad (19.6)$$

式中　F_d——每把盘形滚刀所能承受的最大轴向载荷；

　　　n——刀头上所安装的盘形滚刀的总数。

（2）TBM 主机在机架上向前移动的滑动摩擦力：

$$F_{s2} = \mu(W + 0.8F_F)g \qquad (19.7)$$

式中　W——TBM 主机质量；

　　　F_F——刀盘护盾支撑力；

　　　μ——TBM 外表面与隧道洞壁之间的摩擦系数，一般取 0.3。

（3）TBM 牵引后配套设备所需要的牵引力：

$$F_{s3} = \mu' W_b \qquad (19.8)$$

式中　W_b——TBM 后配套系统的总质量；

　　　μ'——后配套系统的滚轮与轨道之间的摩擦系数，一般取 0.2。

TBM 向前掘进时所需要的总推力为

$$F = F_{s1} + F_{s2} + F_{s3} \qquad (19.9)$$

3．TBM 滚刀轴向推力表达式

由滚刀破岩机理可知，刀盘的推力用来压碎刀前岩石，并使滚刀产生侧向剪力。因此，每把盘形滚刀所需要的推压力包括压碎刀前岩石所需要的推压力和产生侧向剪力所需要的推压力两部分。

（1）压碎刀前岩石所需要的推压力：

$$F_1 = \delta_b A_c = \delta_b r^2 \tan\theta(\phi - \sin\phi\cos\phi) \qquad (19.10)$$

式中　δ_b——岩石的单轴抗压强度，MPa；

　　　A_c——滚刀压入岩石处的接触面积，mm^2，其中

$$A_c = r^2 \tan\theta(\phi - \sin\phi\cos\phi)$$
$$\phi = \arccos\frac{r - P_c}{r} \qquad (19.11)$$

式中　r——盘形滚刀的半径，mm；

　　　P_c——切深，mm；

　　　θ——盘形滚刀的刀尖角。

（2）产生侧向剪力所需要的推力：

盘形滚刀对岩石的侧向剪力

$$f_s = \tau \cdot r\phi(S - 2P_c\tan\theta) \qquad (19.12)$$

式中　S——盘形滚刀相邻切槽距离，$S = D/n$；

　　　τ——岩石的抗剪切强度，一般为 $0.05\delta_b \sim 0.1\delta_b$，MPa。

此侧向剪力是刀刃通过破碎区作用到岩石上的，产生所需要的推压力为

$$F_2 = 2f_s\cot\theta = 2\tau \cdot r\phi(S - 2P_c\tan\theta)\cot\theta \qquad (19.13)$$

（3）每把盘形滚刀所需要的推力：

$$P_i = F_1 + F_2 = \delta_b r^2 \tan\theta(\phi - \sin\phi\cos\phi) + 2\tau \cdot r\phi(S - 2P_c\tan\theta)\cot\theta \qquad (19.14)$$

（4）驱动刀盘所需要的总推力：

$$P = \sum_{i=1}^{n} P_i \qquad (19.15)$$

计算出刀盘总推力 P 后，再根据刀盘上中心刀、正刀、边刀的布置和分布情况，乘以适当的系数（0.7~0.8），就是刀盘驱动所需要的实际总推力。

二、扭矩计算

1. 扭矩的理论表达式

TBM 刀盘总回转扭矩

$$T = \sum (f \cdot F_i \cdot R_i) + \sum T_m \qquad (19.16)$$

式中　　T ——掘进机刀盘回转扭矩；

f ——滚刀滚动阻力系数，可取 0.15~0.2；

F_i ——每把滚刀最大承受载荷能力，可取 210~310 kN，常用 240 kN；

R_i ——每把滚刀在刀盘上的回转半径，m；

T_m ——摩擦转矩，可按常规方法计算，kN·m。

掘进机刀盘最大回转扭矩是由刀盘驱动电机功率及传动系统效率所决定。掘进机实际使用扭矩是在最大转矩范围内，由所有刀具的滚动阻转矩和相对转动部件的摩擦阻转矩决定。

2. 按经验估算滚动阻力系数算法

滚动阻力系数的计算方法是：

$$k = \frac{4}{5} \sqrt{\frac{P_c}{d}} \qquad (19.17)$$

式中　　d ——滚刀直径，mm；

P_c ——切深，mm，一般设定为 7~15 mm/r。

TBM 的刀盘驱动扭矩：

$$T = k \omega n D^2 \qquad (19.18)$$

式中　　ω ——刀盘最大驱动转速，kN·m；

D ——刀盘直径，m。

这种估算方法，在地质条件比较确定的单一工况下，有一定的参考价值。对于复杂地质适用性不强。

3. 滚动摩擦系数算法

滚动摩擦系数：

$$f_r = F_t / F_d \qquad (19.19)$$

式中　　F_t ——盘形滚刀的切向力，kN；

F_d ——盘形滚刀的径向力，kN。

TBM 刀盘所需驱动扭矩：

$$T = F_t n r = F_d f_t n r \qquad (19.20)$$

式中　n——滚刀数量；

　　　r——刀盘上盘形滚刀的平均回转半径，m。

在此计算值的基础上，再考虑一定的安全储备系数，就是 TBM 所需要的驱动扭矩。

三、直径计算

掘进机理论开挖直径

$$D_{理} = D_{通} + 2\delta_{衬\,max} \tag{19.21}$$

式中　$D_{理}$——理论开挖直径，m；

　　　$D_{通}$——成洞后的直径，m；

　　　$\delta_{衬\,max}$——最大衬砌厚度，mm。

四、掘进速度

掘进机的实际月掘进尺速度计算

$$v_{月} = 24v_{max} \cdot d \cdot \mu \tag{19.22}$$

式中　$v_{月}$——月进尺速度，m/月；

　　　v_{max}——最大设计每小时掘进速度，m/h；

　　　d——每月工作天数；

　　　μ——掘进机作业率，一般取 0.4 ~ 0.6。

五、刀盘转速

掘进机掘进岩石时，刀盘转速按公式计算：

$$n = \frac{60v_{max}}{D_{理}} \tag{19.23}$$

式中　V_{max}——边刀回转最大线速度（ < 2.5 m/s ）m/s；

　　　$D_{理}$——理论开挖直径，m；

　　　n——刀盘转速，r/min。

六、刀盘回转功率

掘进机刀盘回转功率可按式计算

$$W = \frac{T \cdot n}{0.975\eta} \tag{19.24}$$

式中　W——刀盘回转功率，kW；

　　　T——刀盘回转扭矩，kN · m；

　　　n——刀盘转速，r/min；

　　　η——机械回转效率，$\eta = 0.9 ~ 0.95$。

七、换步行程

合理选用掘进机行程对加快掘进速度、提高施工质量是十分有利的。目前，可供选择的一次掘进行程（S）有 0.6 m、0.8 m、1 m、1.2 m、1.4 m、1.5 m、1.8 m 和 2.1 m。

掘进行程在设备制造能力许可的条件下，建议选用长的行程，这样可以减少换行程次数，从而提高总体施工速度。减少停开机次数有利于延长掘进机寿命。在水利隧洞中可减少混凝土管片数量，减少管片间拼缝数量从而减少渗漏水的概率。

选择掘进行程还涉及混凝土管片宽度、后配套接轨长度。要求这些参数与掘进行程互为公倍数，这样有利于施工的配套作业。

第五节　TBM 的选型

一、影响 TBM 选型的关键因素

影响 TBM 选型的关键因素包括技术和成本两个方面：

（1）从技术角度分析，地质条件是 TBM 选型的基础，不仅要考虑围岩的完整性、硬度、岩性、成分等，但稳定围岩的比例不是 TBM 选型的唯一标准，很多情况下还要必须考虑围岩收敛变形的因素，需要探明该隧道施工过程中可能发生的最大变形量以及变形速度，结合 TBM 预计在该洞段的掘进速度共同确定。如果围岩从盾尾出露之前的变形量超过了开挖轮廓与盾尾之间的间距、并且这种现象预计较多，则不论围岩完整性如何均不建议选择该类型的 TBM。

目前任何形式的 TBM，超前支护的能力都不够强大，一旦围岩地质条件很差需要超前加固，都会占用大量时间且效果不一定很理想；隧道开挖后需要的支护和衬砌类型，也会影响到 TBM 形式选择；同步衬砌施工技术的发展和应用，刚刚起步，已经得以成功应用，在某种程度上缩短了开敞式 TBM 与双护盾 TBM 在同等地质条件下综合成洞进度的差别。

（2）成本方面，不仅仅要对比设备采购成本，更多需要关注施工成本，包括施工材料、施工设备成本，劳动力成本、工期对施工成本的影响等方面，需全面对比分析。

二、TBM 选型的内容

TBM 选型应包括 3 方面内容：①长隧洞采用钻爆法（DBM 法）施工与采用 TBM 法施工之间选择；②支撑式（开敞式）TBM 与双护盾（伸缩式）TBM 之间的选择；③同类 TBM 之间结构、参数比较选型。

（一）TBM 法与 DBM 法两种施工方案的选择

1. TBM 法施工的优点

（1）快速。TBM 可以实现连续掘进，能同时完成破岩、出碴、支护等作业，并一次成洞，掘进速度快，效率高。

（2）优质。TBM 实行机械破岩，避免了爆破作业，围岩不会受到爆破震动而破坏，洞壁完整光滑，超挖量少，一般小于开挖隧洞断面积的 5%，减少了衬砌量。

（3）安全。TBM开挖隧道对洞壁外的围岩扰动少，影响范围一般小于50 cm，容易保持围岩的稳定性；TBM自身带有局部或整体护盾使人员可以在护盾下工作，有利于保护人员安全；TBM配置有一系列的支护设备，在不良地质处可及时支护以保安全；TBM是机械破岩，没有钻爆法的炸药等化学物质的爆炸和污染；TBM操作自动化程度高，作业人员少，便于安全管理。

（4）经济。TBM施工若只核算纯开挖成本是会高于钻爆法的，但成洞的综合成本是经济的。采用TBM施工，使单头掘进20 km隧道成为可能。可以改变钻爆法长洞短打、直洞折打的施工方法，代之以聚短为长、裁弯取直从而省时省钱。TBM施工洞径尺寸精确，对洞壁影响小，可以不衬砌或减少衬砌从而降低衬砌成本。掘进机的作业人员少，人员费用少。掘进机的掘进速度快，提早成洞，可提早得益。

2. TBM法施工的缺点

（1）全断面隧道掘进机的一次性投资成本较高。

（2）全断面隧道掘进机的设计制造需要一定周期，还有运输和安装调试时间，因此，从订货到实际能使用上掘进机需预留11～12个月的时间。

（3）全断面隧道掘进机对地质比较敏感，不同的地质应需要不同种类的掘进机并配相应的设施。从上述的对比分析比较可以看出，TBM法比钻爆法具有明显的快速、优质、经济、安全及环保等优点，如设计、工期、资金等条件许可，一般长隧洞施工应优选TBM法。

3. TBM法与钻爆发施工特点比较

（1）TBM能同时进行破岩、出渣、支护、衬砌、一次成洞，其单端的施工速度较钻爆法双端开挖速度快2～3倍。

（2）在合适的断面施工中，TBM比钻爆法超挖小。

（3）TBM较钻爆法对人员素质的要求较高，但使用劳动力少，作业强度低。钻爆法虽使用人工较多，但在我国工费低廉，又能解决大量就业人口，适宜国情。

（4）钻爆法粉尘、毒气排放量大，而TBM相对较小。

（5）TBM前期准备时间较钻爆法要长得多。

（6）TBM在其经济长度即开挖在600～800D范围内较经济。低于此数，TBM单位掘进费用比钻爆法高。

（7）TBM大大改善了作业条件，安全度大大提高，避免了钻爆法中不必要的人员伤亡。

（8）钻爆法对地质条件变化适应能力强，而TBM相对较差。

（9）钻爆法前期投入相对TBM大为减少。

（10）钻爆法在地质复杂时有较强的持续生产能力。TBM与钻爆法各有优势，由于我国各地条件的多样性，哪种方法适合很难精确地定论。一般认为其经济性是重要的取舍标准。TBM法与钻爆法施工特点比较如表19.3所示。

表 19.3　TBM 法与钻爆法施工特点比较

项　目		TBM 法施工		DBM 法施工
掘进速度	快速	① 月平均掘进 700～800 m； ② 连续掘进，一次成洞； ③ 一般不开挖支洞，可单头掘进	较慢	① 月平均掘进 150～250 m； ② 钻孔—装药—放炮—通风照明—排水—出渣等作业是间断进行；大断面隧洞分块开挖，不能一次成洞； ③ 要开挖出碴、通风支洞，约间隔 2～3 km 一条支洞
围岩质量	优质	① 机械破岩对围岩振动破坏质量低小； ② 洞壁完整光滑，超挖量小于开挖隧洞断面积的 5%	质量低	① 爆破成洞，围岩震裂，强度低，易渗漏水； ② 洞壁粗糙且凹凸不平，超挖量大于开挖隧洞面积的 20%
经济核算	经济	① 掘进快，缩短了工期，大大提高了经济效益与社会效益； ② 超挖量小，围岩质量高，减少了衬砌量和灌浆量并节省了相应费用； ③ TBM 及后配套设备一次性投资高	欠经济	① 掘进慢，工期长，影响了效益的发挥； ② 超挖量大，围岩震裂，增加了衬砌量和灌浆量并增多了相应费用； ③ 设备投资相对较低
安全保障	安全	① TBM 及后配套具有各项安全联锁系统、安全监控及应急措施，保证人员、设备的安全操作运行； ② 极少有人员伤亡事故发生	不安全	① 爆破具有不确定因素，有定风险； ② 人员伤亡、设备损失事故频频发生
环境保护	环保	① 机械破岩，污染小。 ② 振动与噪音相对要小，对操作人员健康影响也小	环保差	① 炸药爆破化学反应产生有毒气体及大量岩粉影响施工现场环境； ② 凿岩机振动与噪音大，对操作人员健康伤害大

（二）TBM 机型的选择

TBM 选型主要考虑地质条件、隧洞埋深及其断面尺寸等，地质条件是最主要的；详细的评价包括：岩性、围岩类别、节理情况、裂隙宽度、涌水情况、断层破碎带宽度、膨胀岩存在的可能性等。

首先根据工程的地质情况，确定 TBM 的类型。根据工程所在区域的地质条件，分析洞壁稳定的情况。洞壁稳定性主要包括两个方面：一是隧洞成型后，自身是否稳定，即"是否稳得住"；二是洞壁能否为 TBM 撑靴支撑提供可靠的着力点，在 TBM 撑靴支撑的情况下洞壁是否稳定，即"是否撑得住"。

根据这两个指标来进行 TBM 机型的初选：① 如果稳得住、撑得住，采用全开敞式 TBM；② 如果稳不住、撑不住，采用护盾式 TBM。

1．开敞式 TBM 适用范围

开敞式 TBM 主要适用于岩石整体较完整，有较好自稳性的中硬岩地层。

在开敞式 TBM 上，配置了钢拱架安装器和喷锚等辅助设备，以适应地质的变化；当采取有效支护手段后，开敞式 TBM 也可应用于软岩隧道。开敞式 TBM 只需要有顶护盾就可以进行安全施工，如遇有局部不稳定的围岩，由 TBM 所附带的辅助设备通过打锚杆、加钢丝网、喷混凝土、架圈梁等方法加固，以保持洞壁稳定；当遇到局部地段特软围岩及破碎带，则 TBM 可由所附带的超前钻及灌浆设备，预先固结前方上部周边一圈岩石，待围岩强度达到能自稳后，然后再进行安全掘进。采用开敞式 TBM 施工，掘进过程可直接观测到洞壁岩性变化，便于地质图描绘。采用开敞式 TBM 施工时，永久性的衬砌待全线贯通后集中进行。

开敞式 TBM 支撑机构撑紧洞壁以承受向前推进的反作用力及反扭矩；刀盘旋转，推进液压缸推压刀盘，盘形滚刀切入岩石，在岩石面上作同心圆轨迹滚动破岩，岩碴靠自重掉入洞底，由铲斗铲起岩碴靠岩碴自重经溜槽落入皮带机出碴，连续掘进成洞。

开敞式 TBM 主要用在岩石整体性较好、有一定自稳性的围岩的隧洞，特别是在硬岩、中硬岩掘进中，强大的支撑系统为刀盘提供了足够的推力。使用开敞式 TBM 施工，可以直接观测到被开挖的岩面，从而能方便地对已开挖的隧道进行地质描述。由于开挖和支护分开进行，使开敞式 TBM 刀盘附近有足够的空间用来安装一些临时、初期支护的设备如圈梁安装器、锚杆钻机、超前钻机、喷射混凝土设备等。如遇有局部不稳定的围岩，可以在 TBM 刀盘后进行临时支护，如打锚杆、喷混凝土、加钢筋网、圈梁，以保持洞壁稳定；或钻超前孔并进行灌浆以固结前方围岩然后再掘进。因此，开敞式 TBM 运用及时有效的支护措施，能够胜任软弱围岩和不确定地质隧道的掘进功能。

在实际应用中，TBM 常会遇到复杂地质情况如断层、破碎带、局部软岩或者溶洞等，仅采用这些临时支护可能难以稳定围岩。在较软的破碎岩层中由于洞壁围岩的抗压强度低于 TBM 支撑板的最小接地比压，以致 TBM 无法支撑而不得不停止掘进。

2．双护盾 TBM 适用范围

双护盾 TBM 是在 20 世纪 70 年代在开敞式 TBM、单护盾 TBM 及盾构的基础上发展起来的，双护盾 TBM 装备有两节护盾壳体，具有防止开挖面坍塌的功能，常用于复合岩层的隧道掘进。双护盾 TBM 具有两种掘进模式，即双护盾掘进模式和单护盾掘进模式，分别适用于围岩稳定性好的地层、有小规模剥落的稳定性较好的地层和不良地质地段。当岩石软硬兼有，又有断层及破碎带，此时双护盾 TBM 能充分发挥其优势。

遇软岩时，软岩不能承受支撑靴的压应力，TBM 不可能进行支撑盾支撑，机器便像一台简单的盾构那样工作，由位于盾尾的副推进液压缸支撑在已拼装的预制衬砌管片上以推进刀盘破岩前进。

遇硬岩时，岩石条件允许对洞壁进行适当的支撑，则靠支撑靴撑紧洞壁，由主推进液压油缸推进刀盘破岩前进，在双护盾开挖模式情况时，前护盾和刀盘通过支撑靴被锁定在岩面的后护盾向前推进，因此推进力和扭矩的反力都不传递到衬砌管片上。在支撑护盾后面，在尾盾壳的保护之下，依靠管片安装机的帮助，安装预制的钢筋混凝土衬砌管片。在较好的岩层，双护盾 TBM 的管片拼装作业和开挖作业能同步进行，进而实现高速、连续的掘进。在良好的岩石条件下，也可以省去隧道支护。

双护盾 TBM 对岩层具有广泛的适应性。既可以在非常硬的岩石中施工，目前有用这种

TBM 在南非金矿项目中成功地实施和完成了在 450 MPa 超硬岩中的掘进的工程实例，也可以像普通单护盾 TBM 一样在软岩、破碎带地层等不稳定地层中施工。

双护盾 TBM 常用于复杂岩层的长隧道开挖，一般适应于中厚埋深、中高强度、稳定性基本良好地质的隧道，并能适应占部分隧道里程的各种不良地质，对岩石强度变化有较好适应性。

双护盾 TBM 在岩石单轴抗压强度为 30～120 MPa 时可掘性较好，以Ⅲ、Ⅳ级围岩为主的岩石隧道较适合采用双护盾 TBM 施工。

3．单护盾 TBM 适用范围

当隧道以软弱围岩为主，抗压强度较低时，适用于护盾式，但如果采用双护盾，护盾盾体相对于单护盾长，而且大多数情况下都采用单模工作，无法发挥双护盾的作业优势。单护盾盾体短，更能快速通过挤压收敛地层段；从经济角度看单护盾比双护盾便宜，可以节约施工成本。所以这种地质情况，宜采用单护盾 TBM。

4．TBM 3 种机型比较

（1）开敞式掘进机主要适用于岩石整体较完整，有较好自稳性的中硬岩地层（50～350 MPa）。当采取有效支护手段后，也可适用于软岩隧道。

（2）双护盾式掘进机具有两种掘进模式，能有效地切削单轴抗压强度 5～250 MPa 的岩石（30～120 MPa 最为理想）。

（3）单护盾式掘进机适用于软岩（岩石单轴抗压强度小于 50 MPa 隧道的掘进。

TBM 3 种机型对比如表 19.4 所示。

表 19.4 TBM 3 种机型对比表

对比项目	开敞式 TBM	双护盾 TBM	单护盾 TBM
掘进性能	可根据不同地质，采用不同的掘进参数，随时调整	可根据不同地质，采用不同的掘进参数，随时调整	可根据不同地质，采用不同的掘进参数，随时调整
支护速度	地质好时只需进行锚网喷，支护工作量小，速度快。地质差时需要超前加固，支护工作量大，速度慢	采用管片支护，支护速度快	采用管片支护，支护速度快
地质适应性	硬岩掘进的适应性好，软弱围岩需对地层超前加固。较适合Ⅱ、Ⅲ级围岩为主的隧道	硬岩掘进的适应性同开敞式，软弱围岩采用单护盾模式掘进，比开敞式有更好的适应性。较适合Ⅲ、Ⅳ级围岩主要针对软弱围岩为主的隧道	主要针对软弱围岩为主的隧道
安全性	设备与人员暴露在围岩下，需加强防护	处于护盾保护下，安全性好	安全性高
掘进速度	受地质条件影响大	受地质条件影响比开敞式小	受地质条件影响比开敞式小

对比项目	开敞式 TBM	双护盾 TBM	单护盾 TBM
衬砌方式	根据情况可进行二次混凝土衬砌	采用管片衬砌,岩层好时不用管片衬砌,节约成本	采用管片衬砌
施工地质描述	掘进过程可直接观测到洞壁岩性变化,便于地质图描绘。地质勘测资料不详细时,施工风险较小	不能系统地进行施工地质描述,难以进行收敛变形量测。地质勘测资料不详细时,施工风险较大	不能系统地进行施工地质描述,也难以进行收敛变形量测。地质勘测资料不详细时,施工风险较大
开挖洞径	1.5~15 m(优选 3~9 m)	1.6~12 m(优选 3.5~9 m)	—
岩石单轴抗压强度	40~300 m	10~300 m	—
围岩稳定性	较好,岩石等级Ⅰ~Ⅲ	较好、较差都有岩石等级Ⅱ~Ⅴ	—
断层数量及宽度	断层少,宽度小于 1 m	断层多,宽度大于 1 m	—
埋深及地应力	深浅均可;大小均可	深浅均可;小为好,过大盾壳易被箍筋	—
地下水活动	① 多数洞段干燥或轻微潮湿; ② 局部洞段有渗、滴水或线状涌水	① 洞段干燥或轻微潮湿; ② 洞段有渗、滴水或线状涌水; ③ 局部洞段有较大涌水并引起围岩失稳、坍塌	—
洞壁地质图描绘	能	不能	—
支护与衬砌	① 临时支护:锚杆、钢丝网、喷砼、圈梁、超前钻及灌浆等支护方式; ② 喷浆或喷砼:围岩良好时采用; ③ 永久性的衬砌:待全线贯通后集中进行现浇钢筋砼衬砌	边掘进边衬砌交替进行	—
TBM 价格(估算)	① 国外 TBM 每直径米约 100 万美元; ② 整机国内组装,结构件国内生产,TBM 价格可降低 20%~30%	① 国外 TBM 每直径(1.1~1.2)m×100 万美元; ② 整机国内组装,结构件国内生产,TBM 价格可降低 25%~35%	—

（三）同类 TBM 之间结构、参数比较选型

当支撑式 TBM 与双护盾 TBM 之间已经确定采用一种 TBM 类型后，下一步就要进行同一类不同品牌的 TBM 结构比较及特征分析，根据工程地质与水文地质条件、隧洞设计和工程特征确定 TBM 结构及主要参数。我国自主产权的新一代 TBM 产品还待研发，因此国内施工需要的 TBM 及后配套，目前一般是采购国外优质产品，采取投标方式进行采购。

第二十章 隧道支护机械

第一节 隧道支护施工工艺

在隧道施工中，采用超前支护方式对不良地质进行预加固。对隧道自稳时间小于完成支护所需时间的地段进行超前支护。对于隧道洞口Ⅴ级围岩段一般采用大管棚支护施工工艺进行超前支护。

隧道开挖后，围岩原有的应力平衡遭到破坏，产生围岩应力释放和变形，过量变形将引起隧道坍塌。因此，除坚硬、完整、稳定的围岩外，为控制围岩变形、保证施工安全，须及时进行初期支护。初期支护一般是由喷射混凝土、锚杆、钢筋网及钢拱架组成，特殊地质条件下可采用纤维喷射混凝土或采用辅助施工措施与锚喷支护相结合的支护。

一、喷射混凝土施工

（一）喷射混凝土施工流程

喷射混凝土是利用混凝土喷射机，按一定的混合程序，将掺有速凝剂的混凝土喷射到岩壁表面上，并迅速凝固结成一层支护结构，从而对围岩起到支护作用。隧道开挖后，及时进行初喷混凝土，厚度不少于4 cm，待钢筋网、钢拱架、锚杆施作完成后再进行复喷混凝土，复喷厚度须达到设计要求，其施工流程如图20.1所示。

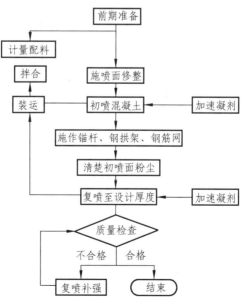

图 20.1　喷射混凝土施工流程

（二）喷射混凝土工艺种类

喷射混凝土的工艺种类有干喷、潮喷、湿喷和混合喷4种。它们之间的主要区别是各工艺流程的投料程序不同，尤其是加水和速凝剂的时机不同。

1．干喷和潮喷

干喷是将骨料、水泥和粉状速凝剂按一定比例搅拌均匀，然后装入喷射机，用压缩空气使干混合料在软管内呈悬浮状态压送到喷枪，再在喷嘴处与高压水混合，以较高速度喷射到岩面上。干喷缺点是产生的粉尘量大，回弹量大，加水由喷嘴处阀门控制，水灰比由喷射手根据经验和肉眼观察来调节，混凝土品质受喷射手影响较大。但其使用的机械较简单，机械清洗和故障处理较容易。干喷、潮喷工艺流程如图20.2所示。

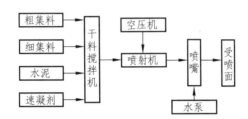

图 20.2　干喷、潮喷工艺流程

潮喷是将骨料预加少量水，使之呈潮湿状，再加水泥拌合，从而降低上料、拌合和喷射时的粉尘，但大量水仍是在喷头处加入和喷出。潮喷工艺流程和使用机械同干喷一致，但粉尘和回弹率都比干喷小很多。

2．湿　喷

湿喷是将骨料、水泥和水按设计比例搅拌成混凝土，用湿喷机将搅拌好的混凝土送至喷头处，再与液体速凝剂混合后喷出，如图20.3所示。湿喷粉尘小、回弹率低，并且由于湿喷比干喷具有更高的射流速度，湿喷混凝土更加密实、耐久性能更好。但湿喷对机械设备要求较高，机械清理和故障处理较困难。喷射作业一般优先选用湿喷方式。

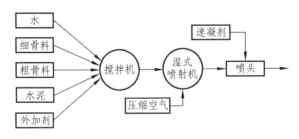

图 20.3　湿喷工艺流程

3．混合喷射

混合喷射又称水泥裹砂造壳喷射法（SEC式喷射法），其实质是用水泥裹住砂料并调制成SEC砂浆，泵送并与干喷机输送的干混合料混合，经喷头喷出。其工艺流程如图20.4所示。混合喷射工艺较复杂，使用机械设备较多，一般只在喷射混凝土量大和大断面隧道工程中。

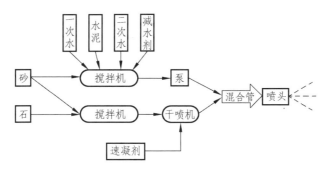

图 20.4　混合喷射工艺流程

（三）湿喷混凝土施工工艺要点

湿喷混凝土有利于改善隧道施工环境，质量较容易控制，能够满足高质量、高标准的要求。湿喷技术在发达国家已得到广泛发展和应用，也是国内大力推广的喷射技术。

1．喷射角度和相对受喷面的距离

喷头应尽量与受喷面保持垂直，由于操作、现场工况等原因不能保持垂直时，可稍微倾斜，但喷射角不宜小于 70°。如果喷头与受喷面的角度太小，会增加回弹量，影响喷射效果。喷嘴距受喷面应保持合适的距离，一般控制在 0.8～1.2 m，过大或过小的距离都会增加回弹率。

2．喷头运动方式

喷头应做连续不断的圆周运动，一圈压半圈，形成螺旋状运动。喷射应先墙后拱，自下而上，呈 "S" 形运动，如图 20.5 所示。

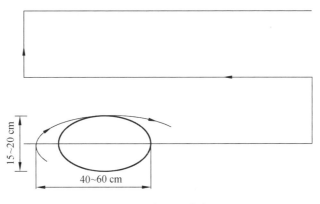

图 20.5　喷头运动路线

3．喷射厚度

湿喷混凝土的一次喷层厚度根据喷射部位和设计厚度确定，拱部一次喷射混凝土厚度可达到 7 cm 以上，边墙 10 cm 以上。喷层厚度主要受混凝土坍落度、速凝剂作用效果和作业面气温影响。一般 8 cm 左右的坍落度可获得较厚的喷层，能保证混凝土在 2 min 内凝结的速凝剂效果较好，作业面气温保持在 15 ℃ 以上为宜。

（四）喷射混凝土工艺优缺点及适用范围

1．优缺点

（1）干喷。

优点：使用的干喷机结构较简单，体积小、质量轻，便于移动，适于高边坡及狭窄部位；机械清洗较容易，出现故障时可快速拆卸处理。

缺点：① 由于输料不均匀、不稳定，工作风压突然变化等原因，造成喷射过程中产生大量的粉尘；② 回弹量大，一般超过 15%，且一次性喷射厚度一般小于 3 mm；③ 加水由阀门控制，水灰比不稳定，常出现干斑或流淌现象混凝土质量难以控制；④ 干喷机生产能力低，每小时产量 5 m³ 以下。

（2）湿喷。

优点：① 由于采取湿式拌和，大大降低了施工区的粉尘浓度，消除了对工人健康的危害；② 湿喷混凝土混合料按水灰比精确控制，拌和及水化作用充分，速凝剂按比例计量添加，喷射质量较易控制，提高混凝土的匀质性；③ 回弹量小，回弹率可降低到 10% 以下；④ 喷层厚度有可靠保证，支护质量得以提高。

缺点：① 采用液态速凝剂，相对成本较高；② 对湿喷机械要求较高，机械清洗较困难，出现故障时难以处理；③ 设备体积较大，移动相对困难。

（3）潮喷。

优点：使用干喷机械，一方面具有干喷优点，另一方面在混合料拌制过程中预加少量的水，降低上料、拌和与喷射过程中产生的粉尘。

缺点：大量的水仍由阀门控制，水灰比不稳定，混凝土质量难以控制；回弹量仍然较大。

（4）混合喷。

优点：分次投料搅拌工艺与喷射工艺相结合，喷混凝土质量好，粉尘少，回弹量小。

缺点：使用机械设备多，工艺复杂，机械清洗较困难，出现故障时难以处理。

2．适用范围

（1）干喷：只少量使用于对环境保护要求不高的明挖边坡部位，如路基、路堑、大坝边坡。随设备和工艺的更新，环保要求的提高，正逐步被淘汰。

（2）湿喷：广泛用于公路隧道、矿山巷掘进、水工地下洞室群。

（3）潮喷：较为广泛的用于明挖边坡的支护，洞内施工因回弹量大（尤其为洞顶），使用较少。

（4）混合喷：因使用机械设备多，工艺复杂，一般只用在喷混凝土量大、断面较大的地下洞室工程中，其他部位使用较少。

二、锚杆施工

（一）锚杆类型

锚杆是用金属或其他高抗拉性能的材料制作的一种杆状构件，它是使用机械装置或黏结介质，通过一定的施工操作，将其安设在地下工程的岩体中或其他工程结构体中，利用杆端锚头的膨胀作用或利用灌浆黏结，增加岩体的强度和抗变形能力，从而提高围岩的自稳能力，实现对岩体或工程结构体的加固。锚杆种类和形式繁多,按锚固方式不同,我国较为普遍采用的锚杆有如下几种。

1. 机械式锚固锚杆

这种锚杆是通过其端部的锚头锚固在围岩中,杆的另一端则由垫板同岩面接触,拧紧螺母使垫板紧压在岩面上,此时锚杆即进入工作状态,对围岩产生预加压应力,以增强围岩的稳定性和阻止围岩的变形。常用的机械式锚固锚杆有楔缝式锚杆和胀壳式锚杆,分别如图 20.6 和图 20.7 所示。

机械式锚固锚杆的结构构造简单,容易加工,施工安装方便,一般适用于中等以上的硬质围岩。但由于爆破震动可能引起锚头滑动,因此,当开挖面向前掘进后,应有计划地将螺母重复拧紧,使其始终处于工作状态。

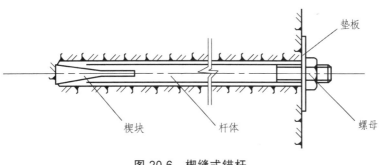

图 20.6　楔缝式锚杆

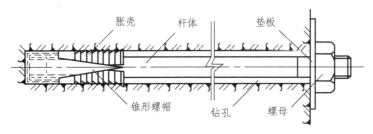

图 20.7　胀壳式锚杆

2. 黏结式锚固锚杆

黏结式锚固锚杆可分为端部黏结式锚固锚杆和全长黏结式锚固锚杆。我国铁路隧道使用最多的是全长黏结式砂浆锚杆,如图 20.8 所示。这种锚杆一般不带锚头,通常采用先灌后锚式,即通过风动灌浆器向锚杆孔内灌注水泥砂浆(最好为早强水泥砂浆),然后插入锚杆杆体使之与围岩黏结在一起,让杆体牵制围岩的变形,以达到增强围岩稳定性和减少围岩变形的目的。

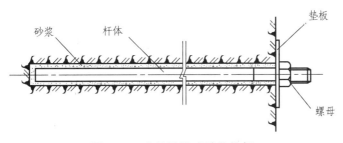

图 20.8　全长黏结式砂浆锚杆

砂浆锚杆的特点是：在整个钻孔壁上岩体与杆体紧密联结，具有较高的锚固力，抗冲击和抗震动性能好，对围岩的适应性强，而且结构简单，加工、安装方便，价格便宜。但如砂浆的强度不足或充填不饱满，则限制围岩变形的能力大大削弱。砂浆的早期强度不足，则不能限制开挖后围岩的最初变形而减弱砂浆锚杆的应有作用。

端部黏结式锚杆可采用药包式快硬水泥或早强砂浆或树脂作为黏结剂，其结构如图 20.9 所示。这种锚杆的工作原理是：当药包式高分子合成树脂锚固剂被麻花状杆体端部搅破后，立即起化学反应，一般在 5 min 内固化，把锚杆的麻花状端部与孔壁紧密地黏结在一起，形成高锚固力的内锚头，再通过垫板的安装和拧紧螺母对围岩起到支护作用。

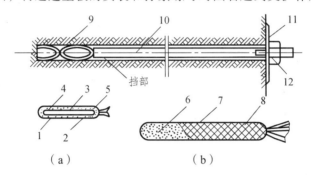

1—不饱和聚酯树脂＋加速剂＋填料；2—纤维纸或塑料袋；
3—固化剂＋填料；4—玻璃管；5—堵头（树脂胶泥封口）；
6—快硬水泥；7—湿强度较大的滤纸筒；
8—玻璃纤维纱网；9—树脂锚固剂；
10—带麻花头杆体；11—垫板；
12—螺母。

图 20.9　端部黏结式锚杆

3. 摩擦式锚固锚杆

当隧道通过软弱围岩、破碎带、断层带、有水地段时，机械式锚杆锚固容易失效，全长黏结式砂浆锚杆施工不便，且不能及早提供支护能力，而采用摩擦式锚杆则可以收到良好的支护效果。这种锚杆又有缝管式和水力膨胀式两种。

缝管式摩擦锚杆，由前端冠部制成锥体的开缝钢管杆体、挡环及垫板组成，如图 20.10 所示。由于缝管式锚杆的外径大于孔径，当其被强行顶入锚杆孔后，管体受到挤压，孔壁产生弹性抗力，在杆体全长产生摩擦锚固力，阻止围岩的松动、变形。缝管式摩擦锚杆遇水易锈蚀，不适宜在含水量大的岩层和含膨胀性矿物质的软岩层中。

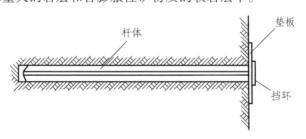

图 20.10　缝管式锚杆

水力膨胀式锚杆是用无缝钢管加工成双层异形管状杆体，杆体一端焊接上端套，另一端焊接上挡圈和注水嘴，注水嘴上水孔与杆体内腔连通，如图20.11所示。使用时先把锚杆插入锚杆孔，然后向锚杆内腔注入高压水，迫使杆体膨胀，靠杆体膨胀压力与孔壁挤紧的摩擦力作锚固力进行支护，适合于软岩、破碎带。

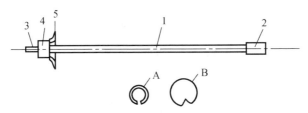

1—杆体；2—端套；3—注液嘴；4—挡圈；5—锚盘；
A—杆体原双层断面；B—膨胀后杆体断面。

图20.11　水力膨胀式锚杆

（二）砂浆锚杆施工工艺流程

由于锚杆种类繁多，这里只介绍我国隧道中普遍使用的砂浆锚杆的施工工艺流程。根据砂浆锚杆的形式，主要有"先注浆后安装锚杆"和"先安装锚杆后注浆"两种工艺流程，分别如图20.12和图20.13所示。对于普通砂浆锚杆，采用"先注浆后安装锚杆"工艺，施工简便，但人为因素对注浆饱满度影响较大，特别是当施工向上倾斜且长度大于3.0 m的锚杆，注浆饱满度更难于控制，导致有效锚固长度往往与设计要求相差甚远。对于中空注浆锚杆采用"先安装锚杆后注浆"工艺，可阻止浆液外溢，保证杆体与孔壁间的注浆饱满，使锚杆伸入范围内的岩体都得到有效加固。

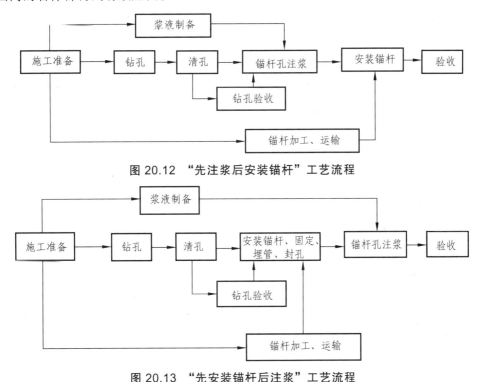

图20.12　"先注浆后安装锚杆"工艺流程

图20.13　"先安装锚杆后注浆"工艺流程

在软弱破碎、成孔困难的地层中，可将中空杆体作为钻杆，形成自进式中空注浆锚杆，其施工工艺如图 20.14 所示。自进式中空注浆锚杆集钻进、注浆、锚固功能于一体，确保注浆饱满，充分发挥锚杆的锚固效应，并能提高支护施工速度和工程质量。

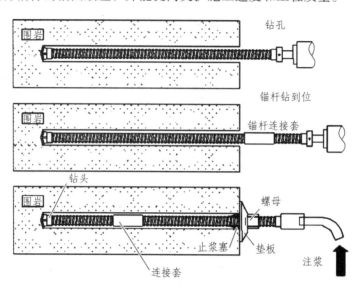

图 20.14　自进式中空注浆锚杆施工工艺

三、钢拱架施工

（一）钢拱架类型

在隧道施工中，当围岩软弱破碎严重（Ⅳ～Ⅵ级），要求初期支护具有较大的刚度，柔性较大而刚度较小的锚杆喷射混凝土难以满足要求，这时就必须采用钢拱架这种刚度较大的结构作为初期支护。钢拱架有型钢拱架和格栅钢架两类。型钢拱架通常由工字钢或 H 型钢制成，承受隧道开挖后的初期受力的能力强，能有效控制隧道开挖后的初期变形。但型钢拱架的制作需要大型加工设备，且背后的混凝土不易填充密实，影响支护效果。格栅钢架采用钢筋焊接而成，如图 20.15 所示，其断面有三边形、四边形等形式，如图 20.16 所示。格栅钢架重量轻，制作容易，造价低，经济性较好，且混凝土可完全包裹格栅，整体性好。但格栅钢架须与混凝土配合才能发挥其力学作用，抵抗初始变形能力弱，整体刚度低。

2．钢拱架安装要求

（1）安装前应清除地脚的虚渣及杂物。

（2）安装允许偏差：横向和高程为 ±5 cm，垂直度为 ±2°。

（3）各节钢拱架间应以螺栓连接，连接板应密贴，连接板局部缝隙不超过 2 mm。

（4）钢拱架外缘应与基面密贴，如有缝隙应每隔 2 m 用钢楔或混凝土预制块楔紧。

（5）钢拱架之间宜用直径为 $\phi 22$ mm 的钢筋采用焊接方式连接，环向间距符合设计要求。

3．钢拱架施工流程

钢拱架施工流程如图 20.17 所示。

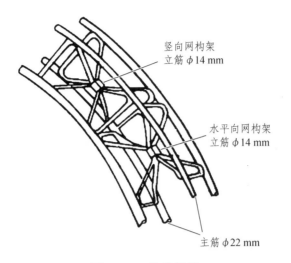

图 20.15 格栅钢架

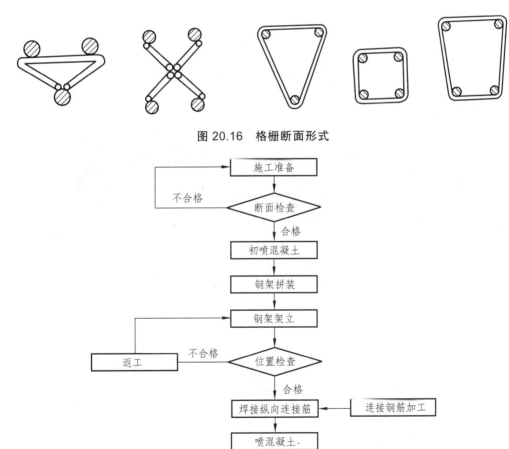

图 20.16 格栅断面形式

图 20.17 钢拱架施工流程图

四、预切槽施工

1．预切槽法概述及原理

预切槽法是一种独特的施工技术，是介于浅埋暗挖法和盾构法之间的一种方法，它和浅埋暗挖法配合可以形成复杂地质和地面环境下的新型隧道施工技术。

机械预切槽法是用专用的预切槽机沿隧道横断面周边预先切割或钻一条有限厚度的沟槽，在硬岩中，切槽可作为爆破的临空面，起爆顺序与传统爆破相反，不是由里向外而是由外向里逐层起爆，这种方法可以显著降低钻爆法施工的爆破振动速度。在松散地层中，切槽后立即向槽内喷入混凝土，在开挖面前方形成一个预筑拱，随后才将切槽所界定的掌子面开挖出来，这样就能有效地减少因掌子面开挖而产生的围岩变形与地表沉降，并使开挖工作能在预筑拱保护下安全高效进行。

在隧道预切槽工法施工中，利用专门的预切槽机械沿隧道拱部或拱墙切槽（见图20.18），并随即在切槽内充入混凝土（见图20.19），待混凝土形成一定强度的拱壳后（见图20.20、图20.21），就可以在其下进行大断面土体开挖。这种工法结合了盾构盾壳保护开挖理念和浅埋暗挖法的自由灵活理念，在砂土等强度极低场合以及近接施工方面具有显著的优势。

图20.18　隧道预切槽机切槽

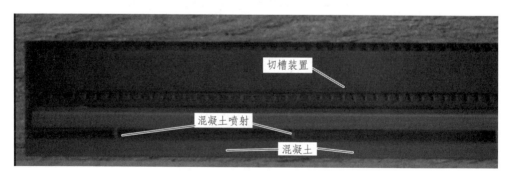

切槽装置

混凝土喷射

混凝土

图20.19　向切槽内注入混凝土

图 20.20　注入的混凝土形成的拱壳

图 20.21　连续工作形成的混凝土拱壳

2．作业过程

（1）用预切槽锯沿隧道外廓弧形拱深切一宽 15～30 cm，长约 5 m 的切槽。

（2）在切槽内立即填充高强度喷射混凝土，形成长 3～5 m 的整体连续拱，两次连续拱的搭接长度为 0.5～2.0 m，视围岩的不同而定。

（3）在安全稳定的作业环境下，用挖掘机或臂式掘进机开挖前作业面。自卸汽车或翻斗车可穿行于预切槽机内。

（4）必要时，作业面装以玻璃纤维锚杆，以稳定作业面。随后在作业面上喷混凝土。

（5）紧随其后，安装隧道防水层，进行二次衬砌。

3．预切槽技术的优点

预切槽法在技术上具有超前预支护以控制地层的变形，同时也能提供施工支护及永久支护的功能，其特点如下：

（1）预槽开挖和混凝土灌注同时完成，避免了导致土层应变的应力释放。

（2）由于沿隧道横向预置连续拱壳，沿隧道纵向拱与拱之间也有搭接，从而形成连续的空间拱形结构，具有高度的力学安定性。

（3）由于采用机械化切割施工，可以减少对围岩的破坏。

（4）作为独立的隧道挖掘施工技术使用。避免喷混凝土等二次衬砌和钢支架支护等作业。在施工上具有高效、安全、质量易于控制和适用范围广等优势。

（5）预切槽法采用了标准高效的机械进行开挖和除渣作业，机械化程度较高，节约了大量的工期，而且可以进行多工作面同时作业，在工期比较紧张的情况下仍然可以满足要求。

（6）可以安全地全断面开挖大断面隧道，大大降低了地表沉降和对周围建筑结构损坏的风险，并且改善了作业人员的安全性和工作环境。

（7）适合于特殊地质条件下施工，特别黄土、中硬均匀介质等地区。

（8）采用机械切槽机，减少了超挖及欠挖现象，消除了轮廓偏差，质量易于控制。

这种方法特别适用于以下场合：① 土砂等强度极低的场合；② 埋深浅，需严格控制地表沉降的场合；③ 近接重要建筑物的场合。

五、管棚法施工

1．管棚法施工工法概述

当隧道位于松软地层中，或遇到坍方，需要从坍方体中穿过，或浅埋隧道要求限制地表沉陷量，或在很差的地质条件下进洞时，均可采用管棚进行预支护。

管棚施工法或称伞拱法，是地下结构工程浅埋暗挖时的超前支护结构。其实质是在拟开挖的地下隧道或结构工程的衬砌拱圈隐埋弧线上，预先钻孔并安设惯性力矩较大的厚壁钢管，起临时超前支护作用，防止土层坍塌和地表下沉，以保证掘进与后续支护工艺安全运作。由于管径较粗，故管棚的承载能力比超前锚杆（或小钢管）要大。在所有的预支护措施中，它是支护能力最强大的，但其施工技术也较复杂，造价较高。管棚应与钢拱架（格栅钢拱架或型钢拱架）一起使用，如图 20.22 所示。

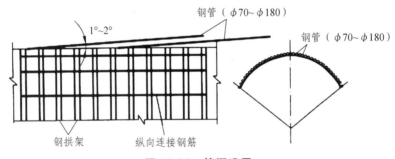

图 20.22　管棚设置

2．管棚施工工艺

（1）洞口管棚先施作套拱，洞内应开挖管棚工作室，工作室应比设计断面大 30 ~ 50 cm。

（2）施工导拱，安装导管（见图 20.23），沿隧道开挖工作面的拱部，呈扇形向地层中钻一排孔眼，导管直径比钢管管径大 20 ~ 30 mm。

（3）施钻工作平台，工作平台必须能承受钻机的活载能力，因此必须牢固可靠，在洞口段施工，最好设在地面上。

（4）钻机就位，施钻到设计位置（先施作有孔钢管，后施作无孔钢管）。钻孔外插角约为 1° ~ 2°。孔眼间距为 30 ~ 50 cm。钻眼需要用到大型水平钻（如土星-880 型液压钻机）。管棚钻机钻孔如图 20.24 所示。

（5）将钢管捅入钻孔内形成管棚（见图 20.25），钢管采用外径为 70 ~ 180 mm 的热轧无缝钢管，单根长 4 ~ 6 m，前后两排管棚应有不小于 3.0 m 的搭接长度，管棚搭接如图 20.26 所示。

图 20.23　在导拱上安装导管

图 20.24　管棚钻机钻孔

图 20.25　把钢管插入钻孔形成管棚

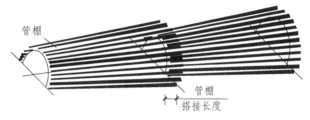

图 20.26　管棚搭接

（6）钢管注浆。为了达到注浆效果，在管壁上需留注浆孔，孔径为 10～16 mm，孔眼间距为 100～200 mm。呈梅花形布置。钢管构造如图 20.27 所示。注浆有两种方式：一种是通过管壁上的注浆管向地层内注浆，这既加固了地层又增加了钢管刚度；另一种主要是为了增加钢管刚度，向钢管内注入混凝土，因管径较粗，为增加刚度还可以在管内置入钢筋笼，再注入混凝土。

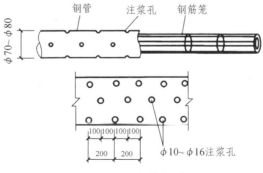

图 20.27　钢管构造

（7）施作导拱下部墙，先做一边，再做另一边，防止拱下沉。

（8）洞内开挖，洞内开挖一般采用半断面进行，即先挖上部，在做完锚杆胶喷射混凝土后，再做下部。如是液压台车施工，可做全断面开挖，开挖进尺不大于 1.5 m，一般为 1 m。

挖完一次，做一次的锚杆喷射混凝土或安装钢支架，以此循环进行直至做完全部管棚段。其详细工艺流程如图 20.28 所示。

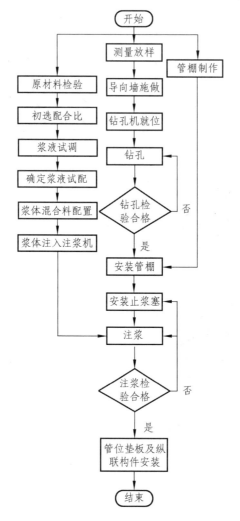

图 20.28　管棚施工详细工艺流程

管棚钻孔、安设施工注意事项如下：

① 当钻进地层易于成孔时，一般采用先钻孔、后铺管的方法（引孔顶入法），即钻孔完成经检查合格后，将管棚连续接长，由钻机旋转顶进将其装入孔内。

② 当地质状况复杂，遇有砂卵石、岩堆、漂石或破碎带不易成孔时，可采用跟管钻进工艺。即将套管及钻杆同时钻入，成孔后取出内钻杆。

③ 每循环进行管棚施工前，应开挖管棚工作室，工作室的大小根据钻机的要求确定。管棚施工前，在长管棚设计位置安放至少三榀用工字钢组拼的管棚导向拱架，导向拱架内设置孔口管作为长管棚的导向管，要求在钻机作业过程中导向拱架不变形、不移位。

④ 洞口管棚一般采用套拱定位，套拱部位的开挖应视现场地质条件搜配套设备确定，要做到套拱底脚坚实、孔口管位置准确。

⑤ 管棚节间用丝扣连接。管棚单序孔第一节长 6（9）m，双序孔第一节长 3（4.5）m，其余管节长度均为 6（9）m。

⑥ 管棚安装后，管口用麻丝和锚固剂封堵钢管与孔壁间的空隙，连接压浆管及三通接头。

⑦管棚注浆前，应向开挖工作面、拱圈及孔口管周围岩面喷射 10 cm 的 C25 混凝土，以防钢管注浆时岩面缝隙跑浆。

管棚钻机应具备可钻深孔的大转矩，又要有能破碎地层中坚硬孤石的高冲击力，应能准确定位，可多方位钻孔，深孔钻进精确度高。管棚钻机最好轻便、移动灵活方便。

3．管棚的作用与工作原理

（1）管棚的作用。

管棚工程在隧道开挖前的预支护中的作用主要有以下两方面：

① 提高围岩土体强度，提高开挖线拱部土体承载力，加固隧道围岩，确保隧道施工安全。在隧道穿越破碎带、松散带、软弱地层、涌水、涌沙等地段时，管棚的这种作用比较明显。

② 控制地表沉降。在隧道穿越既有线、下穿既有建筑物、构筑物等时，管棚的作用主要就是控制地表沉降，防止既有线路、建筑物、构筑物因隧道开挖而遭到破坏，确保既有线路、建筑物和构筑物的安全及隧道开挖的顺利进行。

（2）管棚工作的原理。

管棚工作的原理主要有以下两方面：

① 利用简支梁作用的原理；由于管棚的直径大、刚度大，同时又是较密排布置的，当钢管两端支撑梁的刚度达到足够大之后，开挖引起的变形量非常小，这时候管棚就相当于一道简支梁，阻隔隧道开挖时释放应力对围岩的作用。

② 利用水泥浆液的流动性和围岩的裂缝或孔隙，使注入的水泥浆液能与土体进行黏合而形成一种类似混凝土的固结体，从而起到加固围岩土体的功能。对于含水较小的地层还能起到一定的止水效果。

4．施工准备

（1）施工前必须根据施工图标示的工程及水文地质资料进行研究。

（2）根据工程进展情况，提前加工好大管棚。

（3）根据现场的地质条件进行试验确定注浆液的各种参数，来指导现场施工。

（4）检查机具设备和风、水、电等管线路，并试运转，确保各项作业正常进行。

5．管棚工法的优点

管棚工法与前期超前预支护工法相比，具有明显的优点，主要表现在以下几方面：

（1）管棚工法所采用的钢管具有较高的刚性强度，而且管径相对较大，能够承载较大上部负荷。

（2）管棚支护需要与型钢拱架配合使用，钢管作为纵向支护，型钢拱架作为横向支护，同时作为管棚末端的支撑。管棚注浆后，其与围岩共同组成刚度和承载力较大的承载拱，随着掘进的推进，它将支承岩巷上面的破碎围岩。

（3）管棚采用充填挤压注浆，稠度较大的浆液通过管壁孔注入周围岩体，对其充填挤压，改善管棚附近围岩的整体性，并起阻水帷幕的作用。

（4）管棚工法打设的钢管长度较大。目前施作管棚长度可以达到 100 m 以上，这样可以大大地减少预支护循环次数，加快施工进度。

（5）管棚工法能够通过专用导向仪精确控制管棚钢管铺设的轨迹线，确保管棚钢管按设计要求铺设，有利于控制隧道施工时的开挖量，减少施工成本。

（6）最新技术可以在软弱地层中高精度一次性打设数百米的管棚。

（7）管棚工法因为采用大功率的水平定向钻机，施工效率比较高，大幅度地减少隧道开挖过程中辅助时间，提高施工效率。

（8）管棚与初期支护配合可发挥更强大的支护作用。

（9）管棚可作为独立的加固围岩方法，用作永久支护结构。

应当指出，管棚钢管注入砂浆后将会形成类似钢管混凝土的"钢管砂浆"，从而大大提高砂浆的抗压强度，所以没有必要再于钢管中放入钢筋笼。

管棚支护的刚度大，能阻止和限制围岩变形，提前承受早期围岩压力，它的承载力和加固范围比超前小导管预注浆大。管棚支护，可以防止围岩松弛，减少拱顶下沉和地表沉降，提高掘进工作面的稳定性，有效降低塌方的危险，但管棚支护的施工技术复杂，精度要求高，造价高，施工速度慢。因此，只有在必需时才采用管棚超前支护。

第二节　隧道支护施工机械

锚杆钻机构造原理视频

一、锚杆钻机

1．锚杆钻机分类

锚杆钻机是一种钻孔工具，主要用于地下矿山采矿、交通隧道以及其他地下工程的锚杆支护施工，其形式、种类较多，可按结构形式、动力形式、破岩方式对其进行分类。

（1）按结构结形式分。按结构形式可将锚杆钻机分为单体式钻机、台车式钻机和机载式钻机。台车式钻机一般采用履带或轮式底盘，其上可安装 1 到 4 台钻机。机载式钻机是将钻机安装在隧道掘进机等设备上。

（2）按动力形式分。按动力形式可将锚杆钻机分为电动、液压和气动 3 类。电动锚杆钻机一般由专用防爆电机驱动实现回转钻孔，不需要二次能量转换，能耗少，效率高，但受到电机重量影响，功率一般较小。气动锚杆钻机以高压气体为动力，在单体式钻机中应用较多，钻孔速度较快，特别适合中硬岩的钻孔，质量轻，操作简单，但噪声大、粉尘大，工作环境艰苦，对工人身心健康影响较大，在风压低时会影响钻孔效率。液压锚杆钻机由泵站输出的液压油提供动力，带动液压动力头旋转或冲击，噪声小，钻孔速度快，与台车结合，可实现锚杆的快速作业。

（3）按破岩方式分。按破岩方式可分为回转式、冲击式、冲击回转式和回转冲击式 4 种。目前国内外锚杆钻机的破岩方式主要有回转式切削破岩和冲击回转式破岩两种。回转式破岩是采用多刃切削钻头回转切削岩石,在岩石上形成圆形岩孔。回转式破岩必须具备以下条件:① 钻机具有一定的转矩,以克服钻头切削时的阻力矩;② 钻机具有一定的输出转速,带动钻杆、钻头旋转;③ 对钻机要施加一定的轴向推力,即对钻头施加一定的正压力,实现钻头切削的进给。冲击回转式破岩机理是:凿岩钎头在冲击应力波的作用下,以一定的冲击频率将钎头刃面下的局部岩体表面凿碎,钎头做冲击运动的同时做回转运动,使钎头在孔中360°范围内凿碎岩石。冲击回转式破岩必须具备的条件:① 凿岩机具有一定的冲击功及冲击频率;② 凿岩机输出轴在做冲击直线运动的同时能实现360°旋转;③ 给凿岩机施加一定的轴向推力。

2. 锚杆台车基本结构与工作原理

锚杆台车基本结构如图 20.29 所示,采用铰接式底盘,其可完成钻孔、注浆、由锚杆架上取锚杆并安装捣实等动作。用同样的锚杆机头可灌注树脂和水泥,无须更换任何部件。锚杆机头结构如图 20.30 所示,其中锚杆架子为回转式,可装 8 根锚杆。支臂结构如图 20.31 所示,其为伸缩式结构,伸缩距离 1 200 mm,并可旋转 360°。水泥料灌注系统如图 20.32 所示,可灌注树脂和水泥两种锚固剂。

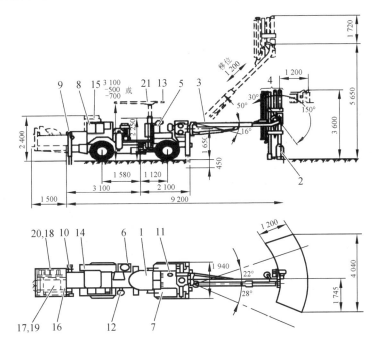

1—底盘;2—凿岩机;3—支臂;4—供灌浆筒和水泥料用的锚杆机头;5—控制盘;
6 动力箱;7—油冷却器;8—主开关系统;9—液压支腿;10—水减压阀;
11—钎尾集中注油器;12—空气净化器;13—作业照明和行驶照明;
14—水压泵;15—钎尾润滑装置;16—接地保护和过电流保护装置;
17—自动电缆卷筒;18—自动水管卷筒;19—手动电缆卷轮;
20—手动水管卷轮;21—安全棚;14～21—选配件。

图 20.29　锚杆台车基本结构

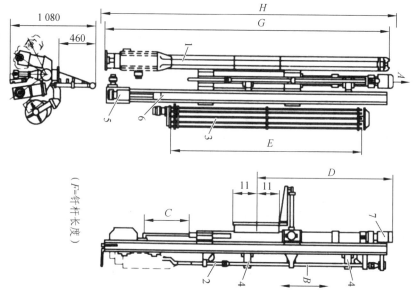

1—凿岩机推进器；2—筒状树脂注入器；3—锚杆架子；
4—锚杆操作臂（2个）；5—锚杆回转马达；
6—锚杆推进器；7—直立稳定器。

图 20.30　锚杆机头结构

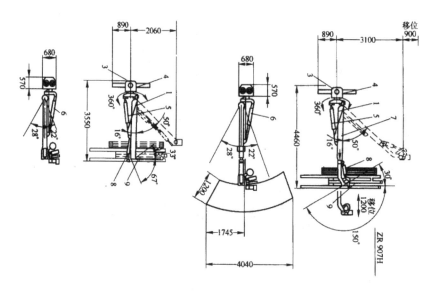

1—支臂；3—支臂装配板；4—支臂回转机构；5—支臂举升缸；
6—支臂摆动缸；7—支臂伸缩缸；8—锚杆机头倾斜缸；
9—锚杆机头装配板。

图 20.31　锚杆台车支臂结构

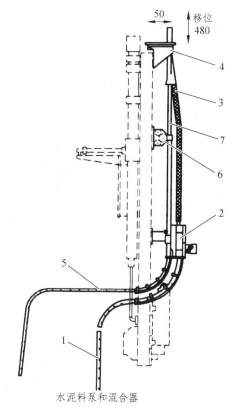

水泥料泵和混合器

1—水泥料软管；2—软管给进装置；3—软管引导器；
4—软管/管子中心器；5—浆筒软管；
6—浆筒管给进装置；
7—浆筒管。

图 20.32　水泥料灌注系统

混凝土喷射机组
构造原理视频

二、混凝土喷射机组

（一）工作原理与结构组成

混凝土喷射机组是将喷射机、喷射机械手以及空压机等设备安装在自带动力的专用底盘上，实现快速喷射支护作业。国外混凝土喷射技术发展较早，在隧道施工中喷射机组已得到广泛应用。国外混凝土喷射机组技术先进，生产厂家较多，主要有瑞士 ALIVA 公司、瑞典 Stabilator、德国 Putzmeister、日本古河等。我国混凝土喷射机组发展较晚，与国外发达国家有较大差距。目前国内生产厂家主要有三一重工、中联重科、铁建重工、成都新筑等。

1．组成和配置

Sika-PM500PC 型是瑞士 Sika 公司与德国 Putzmeister 公司联合研制推出的混凝土喷射机组，其主要应用于隧道、边坡等大规模混凝土喷射施工。Sika-PM500PC 型喷射机组主要由 Putzmeister BSA1005 活塞式混凝土泵、Aliva-403.5 液态添加剂计量输送泵、Putzmeister SA13.9 型喷射机械手、液态速凝剂箱、Betico PM77 空压机、电缆卷盘、LM 4WD 型刚性底盘等部分组成，如图 20.33 所示。PM500PC 型喷射机组采用刚性底盘，内燃-静液压传动，四轮驱动，四轮转向，双向驾驶，并配有安全顶棚司机室。SA13.9 型喷射机械手为全液压驱动，有线遥控操纵，作业时由动力电缆提供电力。PM500PC 型喷射机主要性能参数如表 20.1 所示。

1—底盘；2—Aliva-403.5 计量输送泵；3—高压水泵；4—电控箱；5—电缆卷盘；
6—1000L 液压速凝剂箱；7—BSA1005 活塞式混凝土泵；8—PM77 空压机；
9—喷射附件；10—SA13.9 型喷射机械手。

图 20.33 Sika-PM500PC 型喷射机组配置

表 20.1 PM500PC 型喷射机组主要技术参数

型　号			Sika-PM500PC
整车尺寸	外形尺寸（长×宽×高）/mm		7 572×2 400×3 512
	整机质量/kg		16 000
	最小转弯半径（内/外）/mm		2 620 mm/6 100 mm
底盘	发动机输出功率		75 kW/2 500 rpm
	最大行驶速度/(km/h)		18
	爬坡能力		25°
工作范围	最大喷射范围（高×宽）/m		16.9×29
	最大喷射深度/m		8.7
混凝土喷射能力	混凝土喷射泵	型号	Putzmeister BSA1005
		缸径/mm	ϕ180
		行程/mm	1 000
	理论泵送能力/(m³/h)		4～30
	喂料高度/m		1.28
	喷射最大骨料直径/mm		16
速凝剂输送能力	速凝剂计量输送泵		Aliva-403.5 凸轮转子软管泵
	输送能力/(L/h)		30～700
	电动机功率/kW		1.1（变频调速）
液压系统	电动机功率/kW		55
	工作压力/MPa		22
	输出流量/(L/min)		187

2．喷射机械手

Putzmeister SA13.9 型喷射机械手主要由臂座、大臂、小臂托架、小臂回转架、小臂、喷射头以及液压缸等部分组成，如图 20.34 所示。通过随动油缸 4 和小臂俯仰油缸 11 形成静液压调平机构，即油缸 4 和油缸 11 结构尺寸相同且它们的无杆腔和有杆腔分别相连，实现大臂俯仰过程中小臂自动保持水平。小臂回转架为三角形结构，其与小臂回转油缸组成小臂回转机构，实现小臂的左右摆动、折叠和回转动作，如图 20.35 所示。在运输时通过小臂向回转座方向的折叠，可缩小喷射机械手的运输尺寸，提高通行能力。

喷射机械手可实现大臂的回转、俯仰和伸缩，小臂的俯仰、伸缩和折叠以及喷射头的回转、摆动和喷嘴的刷动，如图 20.36 所示。喷射机械手的运动可以通过有线遥控器控制，也可以手动操作控制阀组作业。喷射机械手的控制阀组位于回转座上，并有防护罩保护。

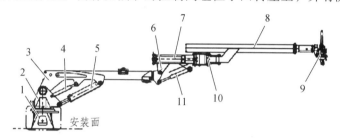

1—回转座；2—臂座；3—大臂；4—随动油缸；5—大臂俯仰油缸；
6—小臂托架；7—小臂回转油缸；8—小臂；9—喷射头；
10—小臂回转架；11—小臂俯仰油缸。

图 20.34　SA13.9 型喷射机械手结构

图 20.35　处于折叠状态的喷射机械手

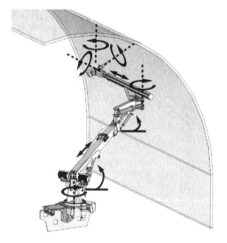

图 20.36　SA13.9 型喷射机械手运动方式

3．速凝剂系统

速凝剂系统组成如图 20.37 所示。在混凝土中加入速凝剂，可使喷射出的混凝土快凝早强，增加一次喷层厚度，提高喷射效率。速凝剂一般贮存在速凝剂箱 10 中，也可用速凝剂吸管 11 从速凝剂罐中抽取。选择阀 9 用于选择接通速凝剂箱 10 或速凝剂吸管 11。速凝剂从输送泵 8 泵出，与压缩空气混合，经过止回阀 5 进入喷射头 3 中。压力表 7 带有限压开关，当管路压力超过限定压力，则自动关闭输送泵 8，必要时可打开管路排放阀 4 以释放管路压力。止回阀 5 的作用是保证进入喷射头 3 中的速凝剂不会回流。

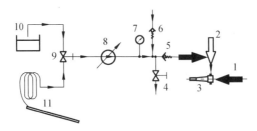

1—混凝土输送系统；2—压缩空气系统；3—喷射头；
4—管路排放阀；5—止回阀；6—压缩空气输入管和
止回阀；7—压力表；8—速凝剂输送泵；
9—选择阀；10—速凝剂箱；
11—速凝剂吸管。

图 20.37　速凝剂系统组成

（二）国内外典型产品

1．国内产品

铁建重工研制的 HPS3016 型喷射机组主要结构如图 20.38 所示。其主要特点是采用带滑动导轨的两级转盘结构，如图 20.39 所示。一级转盘通过单个液压马达驱动，使臂架能够在

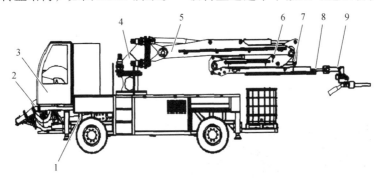

1—底盘；2—泵送机构；3—操作机构；4—转盘；5—大臂；
6—二臂；7—三臂；8—伸缩臂；9—喷射头。

图 20.38　HPS3016 型喷射机组主要结构

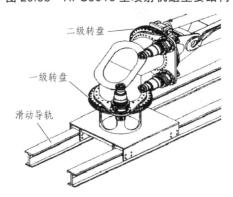

二级转盘

一级转盘

滑动导轨

图 20.39　带滑动导轨的两级转盘结构

水平面内实现±90°回转，从而增加了喷射宽度，能够达到半径14 m的喷射范围。二级转盘通过两个液压马达驱动，使臂架能够给在垂直面内实现360°旋转，喷射面形成拱形断面，轻松实现隧道施工的需要。转盘能够沿着滑动导轨移动2.9 m，使一次喷射的距离加长，减少喷射过程中整机的移动，提高工作效率。

　　HPS30型喷射机组采用柴油机和电动机双动力工作系统，两套系统各配备泵组，相互独立，工作时二者可任选，并可快速切换；喷射机械手采用全液压驱动，小臂可折叠以缩小运输尺寸；采用全液压驱动闭环控制计量系统，根据泵送排量自动实时调节速凝剂排量，以达到最佳喷射效果和经济效益；喷射机械手可近控，也可有线、无线遥控，最大遥控距离达到100 m。HPS30型喷射机组行走作业如图20.40所示。HPS30A型与HPS30型的主要性能参数接近，主要区别是HPS30A型行走和喷射作业均由柴油机驱动。

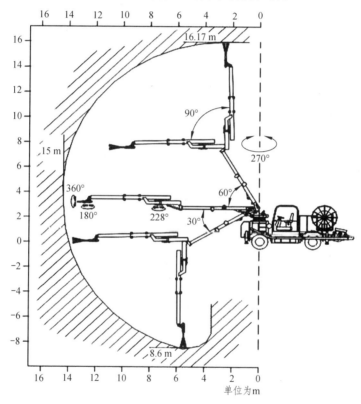

图20.40　HPS30型喷射机组行走作业

目前国内混凝土喷射机组部分型号和主要技术参数如表20.2所示。

表20.2　国内混凝土喷射机组部分型号及参数

型号		HPS3016	HPSD3010	HPS30	XZPS30	TTPJ3012A
	厂家	铁建重工	铁建重工	三一重工	新筑股份	天业通联
整车尺寸	长/mm	11 234	6 933	8 710	8 450	8 660
	宽/mm	2 500	2 280	2 600	2 400	2 440
	高/mm	3 340	2 900	3 440	3 280	3 500
	整机质量/kg	19 500	7 000	18 410	17 500	17 000

型号		HPS3016	HPSD3010	HPS30	XZPS30	TTPJ3012A
底盘	型式	轮式	履带式	轮式	轮式	轮式
	发动机/kW	75	45	电动机 160	93	100
				柴油机 181		
	最大速度/(km/h)	22	5	22	20	17
	爬坡能力	20°	30%	25°	25°	25°
工作范围	最大高度/m	17.5	11.5	16	16	16
	最大宽度/m	28.2	21	28	28	30
	最大深度/m	7.6	7	8.6	—	8
混凝土喷射能力	理论排量/(m³/h)	最大 30	最大 30	电动机 28	最大 30	4～30
				柴油机 32		
	喷射骨料直径/mm	15	15	—		16
速凝剂输送能力/(L/h)		50～700	30～700	50～1 000	—	128～900
空压机	功率/kW	75	55	75	—	55
	排量/(m³/min)	11	11	11.5	—	10.8
	压力/MPa	0.8	0.7	0.7	—	0.7

2. 国外产品

国外发达国家对于混凝土喷射设备研究较早，技术先进，生产厂家和型号较多，主要有芬兰 Normet 公司的 Spraymec 系列和 Alpha 系列、意大利 CIFA 公司的 CSS-3 型和 CSS-3C 型、日本古河的 CJM 系列、瑞士 Sika 和德国 Putzmeister 联合推出的 Sila-PM 系列等等。

（1）Spaymec 9150WPC 型喷射机组。

Spaymec 9150WPC 型喷射机组是芬兰 Normet 公司 20 世纪 90 年代推出的产品，主要由底盘、大臂、工作平台、喷射臂、混凝土泵、空压机以及电缆卷盘等部分组成，其外形尺寸如图 20.41 所示。Spaymec 9150WPC 型喷射机组采用专门为井下工作设计的 NC98 型铰接式底盘，液力机械式传动，四轮驱动。NC98 型底盘采用多盘双回路制动、停车制动和紧急制动，保证制动在恶劣的井下仍安全可靠。该喷射机组的走行依靠柴油机驱动，电缆提供电缆驱动混凝土泵、大臂和喷射臂，其中大臂和喷射臂也可由柴油机液压系统驱动。大臂和喷射臂采用比例控制，保证运动的平稳和准确。大臂、工作平台和喷射臂的控制均由设置在工作平台内的操纵台控制。Spaymec 9150WPC 型喷射机组的主要性能参数如表 20.3 所示。

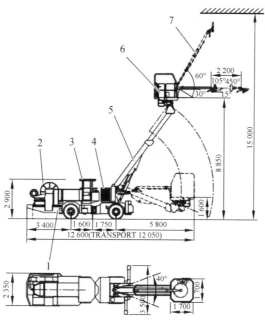

1—底盘；2—电缆卷盘；3—安全棚；4—空压机；
5—大臂；6—工作平台；7—喷射臂。

图 20.41 Spaymec 9150WPC 型喷射机组

表 20.3 Spaymec 9150WPC 型喷射机组的主要性能参数

型号	Normet Spaymec 9150WPC	
整车尺寸	外形尺寸（长×宽×高）/mm	12 600×2 350×2 900
	设备总重/kg	21 000
底盘	发动机	81 kW/2 300 r/min
	最大牵引力/kN	85
	最大速度/(km/h)	25
喷射范围	最大喷射断面（高×宽）/m	15×16
工作平台	承载能力/kg	500
	左右摆角/(°)	340
混凝土喷射能力	混凝土泵型号	BPN 300 RD 活塞泵
	理论泵送能力/(m³/h)	4～33
	最大骨料直径/mm	16
速凝剂输送能力	60～900 L/h	
空压机	排量/(m³/min)	10（700 kPa 时）
	驱动电动机/kW	55

三、隧道钢拱架安装车

1．国内外发展状况

在隧道施工中，当围岩软弱破碎严重时，需及时安装钢拱架作为初期支护，以控制围岩变形，防止坍塌。国外发达国家对于隧道机械化施工研究较早，各施工工序都配置了配套的机械化作业线，机械化程度高，设备配套齐全，在软弱围岩的支护作业中，拱架安装设备被广泛使用。国外拱架安装设备主要有以下两种。

（1）专用拱架安装车。这类拱架安装车专门用来进行钢拱架的安装，根据举升钢拱架的机械臂的数目可分为单臂和双臂两种结构，分别如图 20.42 和图 20.43 所示。单臂式拱架安装车只能进行整体式或已组装好的钢拱架的安装。由于钢拱架挠度较大，且单臂式安装车只有一个抓举点，不易克服拱架挠度，造成就位困难、安装时间增长。双臂式拱架安装车具有两个举升臂，将拱架分为两节进行安装，举升的拱架挠度较小，可解决单臂式安装车所遇到的问题。

图 20.42　单臂拱架安装车

图 20.43　双臂拱架安装车

（2）由现有设备改装而来的拱架安装车。这类拱架安装车是对挖掘机、叉装车等现有设备改装而来的，如图 20.44 所示。这类拱架安装车结构相对简单，当无须进行拱架安装时，可将其迅速恢复为原来的功能。但这类安装车也存在着与单臂拱架安装车同样的问题。

图 20.44　由叉装车改装而来的拱架安装车

钢拱架安装车
施工视频

2．工作原理与结构组成

相比其他类型拱架安装车，双臂式钢拱架安装车具有安装就位容易、安装速度快等优点，因此双臂式是拱架安装车的发展趋势，也是国产化研究的主要对象。因此这里只介绍双臂钢拱架安装车的结构和工作原理。

（1）拱架安装车结构组成。

双臂式拱架安装车主要由底盘、拱架安装机械手、工作平台、平台举升臂以及液压系统、电控系统等部分组成，如图 20.45 所示。滑台可沿轨道前后移动，安装机械手铰接于滑台上，其结构组成如图 20.46 所示。

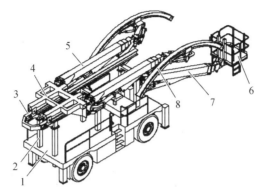

1—底盘；2—轨道支承；3—轨道；4—滑台；
5—安装机械手；6—工作平台；
7—平台举升臂；
8—钢拱架。

图 20.45　拱架安装车结构

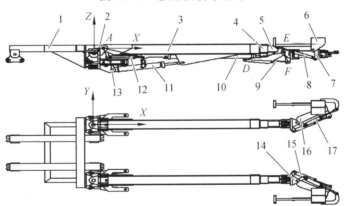

1—滑台；2—基座；3—基臂；4—第一节伸缩臂；5—第二节伸缩臂；
6—夹持器；7—夹持器与小臂连接件；8—夹持器俯仰油缸；
9—平衡油缸；10—第一节伸缩臂油缸；11—基臂变幅油缸；
12—随动油缸；13—基臂摆动油缸；14—伸缩臂与小臂连接件；
15—小臂摆动油缸；16—小臂；
17—夹持器摆动油缸。

图 20.46　拱架安装机械手结构

沿拱架安装机械手伸缩臂伸缩方向建立 X 轴，基座 2 转动轴线为 Z 轴。为完成拱架的举升和姿态调整，机械手能够实现以下自由度的动作：伸缩臂的伸缩、俯仰和绕 Z 轴的摆动；小臂 16 保持水平、绕 Z 轴的左右摆动；夹持器 6 绕 Y 轴的摆动、绕 Z 轴的摆动以及沿 Y 轴的夹紧。采用静液压调平方式实现小臂的自动调平。随动油缸 12 和平衡油缸 9 的结构尺寸完全相同，它们的有杆腔和无杆腔分别相连，使得油缸 12 伸长（缩短）的长度与油缸 9 缩短（伸长）的长度相等。当基臂 3 举升时，随动油缸 12 伸长，$\angle BAC$ 增大，平衡油缸 9 缩短相同距离，$\angle DEF$ 减小，合理设计 $\triangle CAB$ 和 $\triangle FED$ 的边长，可使 $\angle DEF$ 减小的角度约等于 $\angle BAC$ 增大的角度，实现小臂的水平调节。

3．作业流程

（1）抓取并运输钢拱架：拱架安装车利用安装机械手抓取钢拱架并运输到安装位置，抓取及运输钢拱架过程中滑台处于轨道靠近车尾一端，这样可增加运输过程中车辆的稳定性。

（2）举升钢拱架并进行姿态调整：到达安装位置后，液压支腿张开，滑台移动到轨道靠近车头一端，安装机械手进行钢拱架的举升和姿态调整，使钢拱架达到安装高度并平行于隧道截面，如图 20.47 所示。

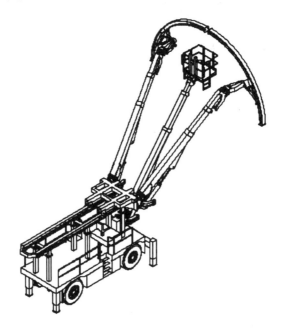

图 20.47　处于安装状态的拱架安装车

（3）安装螺栓：对两个钢拱架进行点动，进一步调整姿态，实现钢拱架在空中的对接，通过工作平台将安装人员提升到一定高度，安装拱架接头端板的连接螺栓。

4．国内外典型产品

国外发达国家对于拱架安装设备研究较早，在 20 世纪 90 年代已掌握拱架安装车的设计和制造技术。国外具有代表性的产品主要有芬兰 Normet 公司的 Himec 9915BA 和 UTILIFT 2000、德国 GTA 公司的 NormLifter 2500A 和 M 2000 RS 以及日本古河的 MCH1220Z 等。

国内隧道拱架安装设备起步较晚，还没有专用的拱架安装设备，目前只有中铁隧道集团利用挖掘机改装开发的拱架安装车。

（1）Himec 9915BA 型拱架安装车。

如图 20.48 所示为芬兰 Normet 公司生产的 Himec 9915BA 型单臂钢拱架安装车，其主要由铰接式底盘、大臂、工作平台以及托举拱架的小臂等部分组成。Himec 9915BA 主要技术参数如表 20.4 所示。

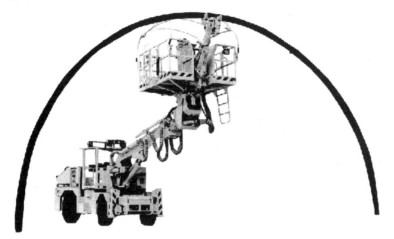

图 20.48　Himec 9915BA 型单臂拱架安装车

表 20.4　Himec 9915BA 型拱架安装车主要技术参数

型号		Normet Himec 9915BA
整车尺寸	长/mm	10 000
	车体宽/支腿伸出宽/mm	2 050/3 500
	高/mm	2 900
	工作质量/kg	20 300
	转弯半径（内/外）/mm	3 500/8 050
底盘	柴油发动机功率/kW	96
	最大牵引力/kN	85
	最大行驶速度/(km/h)	25
大臂	俯仰/(°)	−20～＋53
	摆动/(°)	±30
	伸缩距离/mm	2 400
小臂	最大举升质量/kg	1 350
	最大举升高度/m	11.1
工作平台	平台尺寸/m	2.16×2.30
	回转角度/(°)	340
	提升能力/kg	1 615
	最大提升高度/m	9.1

（2）UTILIFT 2000 双臂拱架安装车。

UTILIFT 2000 型双臂拱架安装车是 Normet 公司的研制的专用拱架安装设备，结构尺寸如图 20.49 所示，其主要由轮式底盘、两个拱架安装臂、两个工作平台以及滑台等部分组成。底盘为四轮驱动刚性重载底盘，前轮为双轮胎形式。前后桥都是全液压双回路多片式油浸行车制动，失压保安全型紧急制动。拱架安装臂可由驾驶室内控制，也可使用有线遥控的方式控制。工作平台可分别从平台上的控制盘和底盘上驾驶室独立控制。UTILIFT 2000 的主要性能参数如表 20.5 所示。

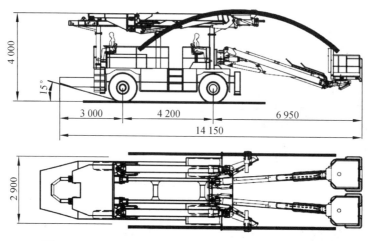

图 20.49　UTILIFT 2000 型双臂拱架安装车结构尺寸

表 20.5　UTILIFT 2000 型双臂拱架安装车主要性能参数

型号	Normet UTILIFT 2000		
整车尺寸	长/mm		14 150
	宽/mm		2 900
	高/mm		4 000
	设备总质量/kg		34 000
底盘	发动机	型号	DEUTZ TCD 2012 L6
		功率	155 kW/2 300 r/min
	后桥摆动/(°)		±10
	最大行驶速度/(km/h)		15
	爬坡能力/(°)		15
	最大牵引力/kN		168
拱架安装臂	最大举升高度/m		11
	最大侧伸/m		8.5
	举升能力/kg		1 000/臂
	伸缩距离/mm		4 000
	滑台移动距离/mm		4 300
工作平台	最大提升高度/m		11.6 m
	最大负荷/kg		400/臂
	回转角度/(°)		45

复习思考题

1-1　盾构由哪些部分组成？其推进阻力包含哪些方面？

1-2　试述盾壳的组成及作用。

1-3　试描述土压平衡盾构的工作原理和施工过程。

1-4　试述螺旋输送机的主要功能。

1-5　试述盾构的盾壳和盾尾密封的作用。

1-6　盾构选型的依据是什么？地质条件对选型的影响？

1-7　盾构与 TBM 在构造、原理和适应性上有哪些不同？

1-8　试说明隧道初期支护的组成及其作用。

1-9　管棚的作用与工作原理是什么？

1-10　隧道支护机械有哪几种？

参考文献

[1] 管会生. 土木工程机械[M]. 成都：西南交通大学出版社，2018.

[2] 黄士基，赵奇平，王宁. 土木工程机械[M]. 北京：中国建筑工业出版社，2010.

[3] 高国安，唐经世. 工程机械（上册）[M]. 北京：中国铁道出版社，2010.

[4] 杨晋生. 铲土运输机械设计[M]. 北京：机械工业出版社，1981.

[5] 杜海若，黄松和，管会生，等. 工程机械概论[M]. 成都：西南交通大学出版社，2008.

[6] 西南交通大学. 工程机械[M]. 北京：中国铁道出版社，1980.

[7] 吴永平. 工程机械设计[M]. 北京：人民交通出版社，2005.

[8] 管会生. 盾构机设计及计算[M]. 成都：西南交通大学出版社，2018.

[9] 周复光. 铲土运输机械设计与计算[M]. 北京：水利电力出版社，1986.

[10] 唐经世，唐宁元. 掘进机与盾构机[M]. 北京：中国铁道出版社，2009.

[11] 刘飞香. 隧道全电脑凿岩台车技术及应用[M]. 北京：人民交通出版社，2019.

[12] 李自光. 施工成套机械设备[M]. 北京：人民交通出版社，2003.

[13] 吴庆鸣. 工程机械设计[M]. 武汉：武汉大学出版社，2006.

[14] 邓永，管会生，任霄.《成都特殊地质条件下地铁盾构选型与施工关键技术》[M]. 成都：西南交通大学出版社，2018.

[15] 狄赞荣. 施工机械概论[M]. 北京：人民交通出版社，1995.

[16] 李启月. 工程机械[M]. 长沙：中南大学出版社，2007.

[17] 许光君，李成功. 工程机械概论[M]. 沈阳：东北大学出版社，2014.

[18] 唐经世，高国安. 工程机械（上）[M]. 北京：中国铁道出版社，1998.

[19] 周尊秋. 现代工程机械应用技术[M]. 长沙：国防科技大学出版社，1997.

[20] 张世英. 筑路机械工程[M]. 北京：机械工业出版社，1998.

[21] 王进. 工程机械概论[M]. 北京：人民交通出版社，2011.

[22] 周春华. 土、石方机械[M]. 北京：机械工业出版社，2001.

[23] 陈馈，孙振川，李涛. TBM 设计与施工[M]. 北京：人民交通出版社，2018.

[24] 寇长青. 工程机械基础[M]. 成都：西南交通大学出版社，2001.

[25] 张照煌. 全断面岩石掘进机及其刀具破岩理论[M]. 北京：中国铁道出版社，2003.

[26] 刘军，维尔特.TB880E 全断面岩石掘进机概述. 建筑机械，2000（7）.

[27] 本书编撰委员会.岩石隧道掘进机（TBM）施工及工程实例[M]. 北京：中国铁道出版社，2004.

[28] 王梦恕. 工程机械施工手册 7 隧道机械施工[M]. 北京：中国铁道出版社，1992.

[29] 周爱国. 隧道工程现场施工技术[M]. 北京：人民交通出版社，2004.

[30] 同济大学. 单斗液压挖掘机[M]. 北京：中国建筑工业出版社，1986.

[31] 关宝树. 隧道工程施工要点集[M]. 北京：人民交通出版社，2003.

[32] 邓爱民. 商品混凝土机械[M]. 北京：人民交通出版社，2000.

[33] 金钟振. 挖掘机原理、测试与维修[M]. 上海：上海交通大学出版社，2011.

[34] 铁道部工程设计鉴定中心. 高速铁路隧道[M]. 北京：中国铁道出版社，2006.

[35] 于金帆，苗丽雯，等. 现代铁路工程师手册[M]. 北京：当代音像出版社，2004.

[36] 洪开荣. 山区高速公路隧道施工关键技术[M]. 北京：人民交通出版社，2011.

[37] 陈宜通. 混凝土机械[M]. 北京：中国建材工业出版社，2002.

[38] 汪奕. 钢轨打磨列车[M]. 北京：中国铁道出版社，2008.

[39] 寇长青，宋慧京. 全断面枕底清筛机[M]. 北京：中国铁道出版社，1998.

[40] 赵凤德. 动力稳定车[M]. 北京：中国铁道出版社，1995.

[41] 韩志青，唐定全. 超平起拨道捣固车[M]. 北京：中国铁道出版社，1997.

[42] 何满潮，袁和生，等. 中国煤矿锚杆支护理论与实践[M]. 北京：科学出版社，2004.

[43] 程润喜. 全长粘结型锚杆用砂浆试验与施工研究. 商品混凝土，2004（3）

[44] 徐希民，黄宗益. 铲土运输机械设计[M]. 北京：机械工业出版社，1989.

[45] 阮光华. 混凝土骨料制备工程[M]. 北京：中国电力出版社，2014.

[46] 廖林清. 机械设计方法学[M]. 重庆：重庆大学出版社，1996.

[47] 鲁明山. 机械设计学[M]. 北京：机械工业出版社，1997.

[48] 中铁隧道集团有限公司. 铁路隧道钻爆法施工工序及作业指南[Z]. 洛阳：中铁隧道集团有限公司，2007.

[49] 唐经世. 隧道与地下工程机械——掘进机[M]. 北京：中国铁道出版社，1998.

[50] 中国水利水电建设集团公司. 工程机械选型手册[M]. 北京：中国水利水电出版社，2006.

[51] 铁道部第二工程局第三工程处. 液压挖掘机[M]. 北京：人民铁道出版社，1980.

[52] 《中国筑养路机械设备手册》编委会. 中国筑养路机械设备手册[M]. 北京：人民交通出版社，2011.

[53] 周萼秋，等. 现代工程机械[M]. 北京：人民交通出版社，1997.

[54] 康宝生. 一种新型隧道施工用拱架安装机. 隧道建设，2011，31（5）.

[55] 罗克龙，管会生，蒲青松. 拱架安装机械手正向运动学研究及工作空间仿真. 工程机械，2012，43（4）.

[56] 王梦恕，宋廷坤，王潜. 工程机械施工手册[M]. 北京：中国铁道出版社，1992.

[57] 王虹，李炳文. 综合机械化掘进成套设备[M]. 徐州：中国矿业大学出版社，2008.

[58] 陈馈，洪开荣，吴学松. 盾构施工技术[M]. 北京：人民交通出版社，2009.

[59] 高亮. 轨道工程[M]. 上海：同济大学出版社，2014.

[60] 张洪，贾志绚. 工程机械概论[M]. 北京：冶金工业出版社，2006.

[61] 王启广，李炳文，黄嘉兴. 采掘机械与支护设备[M]. 徐州：中国矿业大学出版社，2006.

[62] 李怡厚. 铁路客运专线架梁铺轨施工设备[M]. 北京：中国铁道出版社，2003.

[63] 田劼. 悬臂掘进机掘进自动截割成形控制系统研究[D]. 徐州：中国矿业大学博士学位论文，2009.

[64] 许斌. 新型悬臂掘进机振动截割机构的动力学分析研究[D]. 长春：吉林大学硕士学位论文，2006.

[65] 鹿守杭. 纵轴式悬臂掘进机的动态特性分析[D]. 西安：西安科技大学硕士学位论文，2008.

[66] 许光君. 土石方机械构造与维修[M]. 东北大学出版社，2012.

[67] 诸文农. 履带推土机结构与设计[M]. 北京：机械工业出版社，1986.

[68] 李自光. 桥梁施工成套机械设备[M]. 北京：人民交通出版社，2003.

[69] 唐经世. 铁路客运专线工程机械文集[M]. 北京：中国铁道出版社，2005.

[70] 杨林德. 软土工程施工技术与环境保护[M]. 北京：人民交通出版社，2000.

[71] 陈剑龙. 铁路客运专线混凝土箱梁制梁运梁架梁施工设备[M]. 北京：中国铁道出版社，2007.

[72] 孙立功. 桥梁工程[M]. 成都：西南交通大学出版社，2008.

[73] 栾显国. 铁路客运专线施工与组织[M]. 成都：西南交通大学出版社，2006.

[74] 王修正，等. 工程机械施工手册（3）[M]. 北京：中国铁道出版社，1986.

[75] 寇长青. 建筑机械基础[M]. 长沙：中南工业大学出版社，1994.

[76] 刘古岷，等. 桩工机械[M]. 北京：机械工业出版社，2001.

[77] 寇长青，等. 铁道工程施工机械[M]. 北京：机械工业出版社，2001.

[78] 倪志锵. 铁道工程机械化施工[M]. 北京：中国铁道出版社，1981.

[79] 黄方林. 现代铁路运输设备[M]. 成都：西南交通大学出版社，2003.

[80] 张青，宋世军，张瑞军. 工程机械概论[M]. 北京：化学工业出版社，2016.

[81] 张照煌，李福田. 全断面隧道掘进机施工技术[M]. 北京：中国水利水电出版社，2006.

[82] 郑训等. 路基与路面机械[M]. 北京：机械工业出版社，2001.

[83] 冯忠绪. 工程机械理论[M]. 北京：人民交通出版社，2004.

[84] 张铁. 液压挖掘机结构原理及使用[M]. 山东：石油大学出版社，2002.

[85] 寇长青. 工程机械基础[M]. 成都：西南交通大学出版社，2001.

[86] 周智勇，刘洪海. 摊铺机为主导机械的施工设备配套模式研究. 筑路机械与施工机械化，2015，（04）：84-87.

[87] 刘瑜. 公路工程施工机械选择与配套方法探讨[J]. 机电信息，2012，（03）：62-63.

[88] 刘在政，刘金书，马慧坤. HPS3016 型混凝土喷射机械手[J]. 工程机械，2011，42（8）.

[89] 董新宇. 三一重工 HPS30 型混凝土湿喷机[J]. 今日工程机械，2010（8）.

[90] 胡长仁. 水力膨胀式锚杆处理综采面片帮[J]. 煤炭科学技术，1990（12）.

[91] 刘俊. MBEC900W 型轮胎式运梁车设计[J]. 科协论坛（下半月），2009（031）：63-164.

[92] 鲁志军. 海瑞克土压平衡盾构机分析[C]. 地下铁道新技术文集，2003.

[93] 刘惠敏，王国彪，刘和平. PJI 型混凝土喷射机械手. 工程机械，1999（8）.

[94] 刘祥恒，温成国，朱多一. 自进式中空锚杆在Ⅳ～Ⅴ类围岩洞挖的应用[J]. 广东水利电力职业技术学院学报，2005，3（4）.

[95] 陈龙剑，赵梅桥，何建豫，等. MBEC900 型轮胎式运梁台车[J]. 桥梁建设，2007,（S2）：119121+129.